职业教育计算机网络技术专业
校企互动应用型系列教材

Linux 操作系统管理与服务器配置
（Rocky Linux 8.6）

鲍洪艳　李秋实　张文库◎主编

电子工业出版社

Publishing House of Electronics Industry

北京·BEIJING

内 容 简 介

本书以 Rocky Linux 8.6 操作系统为基础，按照"项目-任务"的编写方式，以岗位技能为导向，将理论与实践相结合，力求做到理论够用、依托实践、深入浅出。

本书共 12 个项目、29 个任务，主要介绍了安装与配置 Rocky Linux 8.6 操作系统、文件系统与磁盘管理、软件包管理、配置常规网络和使用远程服务、系统与进程管理、用户和权限管理、配置与管理 DNS 服务器、配置与管理 DHCP 服务器、配置与管理文件共享、配置与管理 Web 服务器、配置与管理邮件服务器、配置与管理 MariaDB 服务器等内容。

本书既可作为中、高等职业院校及技工院校计算机网络技术及相关专业的教材，也可作为技能竞赛培训和 Linux 应用技术培训的指导书，还可作为 Linux 初学者的入门参考书。

未经许可，不得以任何方式复制或抄袭本书之部分或全部内容。
版权所有，侵权必究。

图书在版编目（CIP）数据

Linux 操作系统管理与服务器配置：Rocky Linux 8.6 / 鲍洪艳，李秋实，张文库主编. —北京：电子工业出版社，2024.1
ISBN 978-7-121-47155-1

Ⅰ. ①L… Ⅱ. ①鲍… ②李… ③张… Ⅲ. ①Linux 操作系统—网络服务器—系统管理 Ⅳ. ①TP316.85

中国国家版本馆 CIP 数据核字（2024）第 017681 号

责任编辑：罗美娜
印　　刷：三河市良远印务有限公司
装　　订：三河市良远印务有限公司
出版发行：电子工业出版社
　　　　　北京市海淀区万寿路 173 信箱　邮编　100036
开　　本：880×1 230　1/16　印张：18　字数：392 千字
版　　次：2024 年 1 月第 1 版
印　　次：2025 年 9 月第 4 次印刷
定　　价：49.80 元

凡所购买电子工业出版社图书有缺损问题，请向购买书店调换。若书店售缺，请与本社发行部联系，联系及邮购电话：（010）88254888，88258888。
质量投诉请发邮件至 zlts@phei.com.cn，盗版侵权举报请发邮件至 dbqq@phei.com.cn。
本书咨询联系方式：（010）88254617，luomn@phei.com.cn。

PREFACE 前言

随着计算机及网络技术的迅猛发展，计算机网络及应用已渗透到社会各个领域，并影响和改变着人们的工作、学习和生活方式。在计算机网络化的今天，学习和掌握网络技术显得至关重要和迫切。为了突出职业院校学生以培养技能为主的特点，"理论知识够用，强化动手能力"是本书的编写原则。

1. 本书特色

"Linux 操作系统管理与服务器配置（Rocky Linux 8.6）"是一门职业院校网络技术专业学生必修的专业课，实践性非常强，动手实践是学好这门课程最好的方法之一。本书通过 VMware Workstation 软件创建虚拟机系统并安装 Rocky Linux 8.6 操作系统，可以很好地对 Rocky Linux 8.6 操作系统进行学习，读者在自己的计算机上就可以模拟真实的网络环境，能快速地学习和掌握 Rocky Linux 8.6 操作系统的相关知识，而且形象、直观，从而突破了由于硬件配置不足而影响学习操作系统技术的局限性。

本书在编写过程中坚持"科技是第一生产力、人才是第一资源、创新是第一动力"的思想理念。本书采用最新的 Rocky Linux 8.6 操作系统为平台，用"项目-任务"的结构体系，把安装与配置 Rocky Linux 8.6 操作系统、文件系统与磁盘管理、软件包管理、配置常规网络和使用远程服务、系统与进程管理、用户和权限管理、配置与管理 DNS 服务器、配置与管理 DHCP 服务器、配置与管理文件共享、配置与管理 Web 服务器、配置与管理邮件服务器和配置与管理 MariaDB 服务器等内容，通过一个个任务让学生掌握相关知识和技能。每个任务又基本细分为"任务描述—任务要求—任务资讯—任务实施—任务小结"的结构。书中的项目是从工作现场需求与实践应用中引入的，旨在培养学生完成工作任务及解决实际问题的技能。全部项目紧密跟踪先进技术，与真实的工作过程相一致，完全符合企业需求，贴近生产实际。

2. 课时分配

本书参考学时为 108 学时，可以根据学生的接受能力与专业需求灵活选择，具体课时参考下面表格：

课时参考分配表

项 目	项 目 名	课时分配 讲 授	课时分配 实 训	课时分配 合 计
1	安装与配置 Rocky Linux 8.6 操作系统	2	4	6
2	文件系统与磁盘管理	4	12	16
3	软件包管理	2	4	6
4	配置常规网络和使用远程服务	4	4	8
5	操作系统初始化与进程管理	2	6	8
6	用户和权限管理	2	6	8
7	配置与管理 DNS 服务器	4	8	12
8	配置与管理 DHCP 服务器	4	4	8
9	配置与管理文件共享	4	4	8
10	配置与管理 Web 服务器	4	8	12
11	配置与管理邮件服务器	2	6	8
12	配置与管理 MariaDB 服务器	2	6	8
合计		36	72	108

3．教学资源

为了提高学习效率和教学效果，方便教师教学，作者为本书配备了教学大纲、教学计划、电子课件、视频和教案等教学资源。有需求的读者可登录华信教育资源网免费注册后进行下载，有问题时请在网站留言板留言或与电子工业出版社联系（E-mail:hxedu@phei.com.cn）。

4．本书编者

本书由鲍洪艳、李秋实和张文库任主编，韩冬梅、段妍和李侠任副主编，参加编写的人员还有蔡惠英、刘姗姗、娄阁、李广荣、王爱红和司马晶钰。本书具体编写分工如下：司马晶钰编写项目 1，鲍洪艳和李秋实编写项目 2，段妍和李侠编写项目 3 和项目 4，张文库和韩冬梅编写项目 5 和项目 6，蔡惠英和刘姗姗编写项目 7 和项目 8，编写项目 9，娄阁和李广荣编写项目 10 和项目 11，王爱红编写项目 12；全书由鲍洪艳和张文库负责统稿和审校。

由于计算机网络技术发展日新月异，书中难免存在一些疏漏和不足，敬请专家和读者不吝赐教，联系邮箱：113506995@qq.com。

编 者

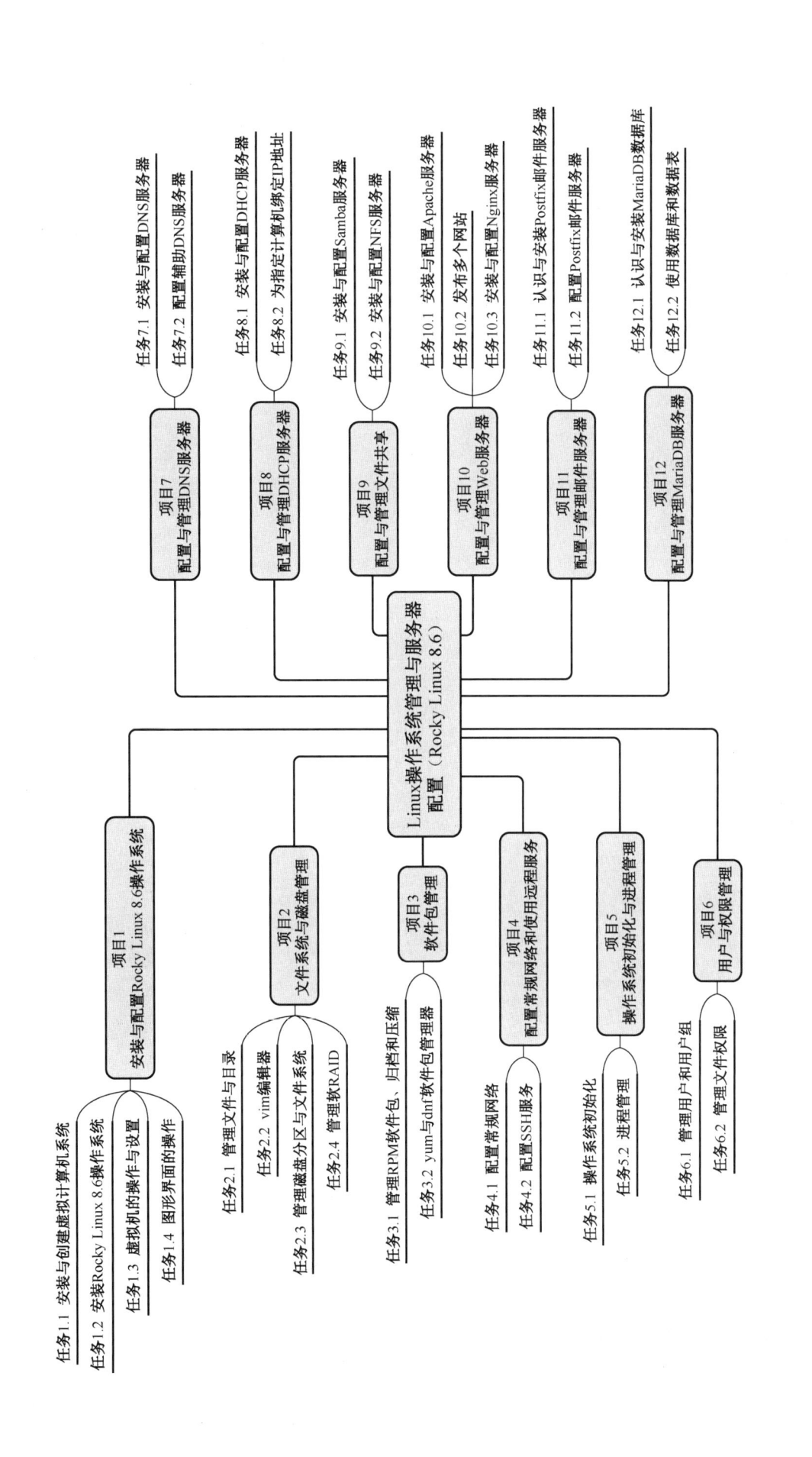

Linux操作系统管理与服务器配置（Rocky Linux 8.6）

项目1 安装与创建虚拟计算机系统
- 任务1.1 安装与创建虚拟计算机系统
- 任务1.2 安装Rocky Linux 8.6操作系统
- 任务1.3 虚拟机的操作与设置
- 任务1.4 图形界面的操作

项目2 文件系统与磁盘管理
- 任务2.1 管理文件与目录
- 任务2.2 vim编辑器
- 任务2.3 管理磁盘分区与文件系统
- 任务2.4 管理软RAID

项目3 软件包管理
- 任务3.1 管理RPM软件包、归档和压缩
- 任务3.2 yum与dnf软件包管理器

项目4 配置常规网络和使用远程服务
- 任务4.1 配置常规网络
- 任务4.2 配置SSH服务

项目5 操作系统初始化与进程管理
- 任务5.1 操作系统初始化
- 任务5.2 进程管理

项目6 用户与权限管理
- 任务6.1 管理用户和用户组
- 任务6.2 管理文件权限

项目7 配置与管理DNS服务器
- 任务7.1 安装与配置DNS服务器
- 任务7.2 配置辅助DNS服务器

项目8 配置与管理DHCP服务器
- 任务8.1 安装与配置DHCP服务器
- 任务8.2 为指定计算机绑定IP地址

项目9 配置与管理文件夹共享
- 任务9.1 安装与配置Samba服务器
- 任务9.2 安装与配置NFS服务器

项目10 配置与管理Web服务器
- 任务10.1 安装与配置Apache服务器
- 任务10.2 发布多个网站
- 任务10.3 安装与配置Nginx服务器

项目11 配置与管理邮件服务器
- 任务11.1 认识与安装Postfix邮件服务器
- 任务11.2 配置Postfix邮件服务器

项目12 配置与管理MariaDB服务器
- 任务12.1 认识与安装MariaDB数据库
- 任务12.2 使用数据库和数据表

目 录

项目 1 安装与配置 Rocky Linux 8.6 操作系统 ... 1

任务 1.1 安装与创建虚拟计算机系统 ... 3

任务 1.2 安装 Rocky Linux 8.6 操作系统 ... 13

任务 1.3 虚拟机的操作与设置 ... 26

任务 1.4 图形界面的操作 ... 36

项目实训 ... 40

项目 2 文件系统与磁盘管理 ... 41

任务 2.1 管理文件与目录 ... 43

任务 2.2 vim 编辑器 ... 68

任务 2.3 管理磁盘分区与文件系统 ... 73

任务 2.4 管理软 RAID ... 87

项目实训 ... 93

项目 3 软件包管理 ... 95

任务 3.1 管理 RPM 软件包、归档和压缩 ... 97

任务 3.2 yum 与 dnf 软件包管理器 ... 104

项目实训 ... 111

项目 4 配置常规网络和使用远程服务 ... 113

任务 4.1 配置常规网络 ... 115

任务 4.2 配置 SSH 服务 ... 125

项目实训 ... 131

项目 5 操作系统初始化与进程管理 ... 133

任务 5.1 操作系统初始化 ... 135

任务 5.2 进程管理 ... 142

项目实训 ... 153

项目 6　用户和权限管理 — 155

任务 6.1　管理用户和用户组 — 157
任务 6.2　管理文件权限 — 170
项目实训 — 175

项目 7　配置与管理 DNS 服务器 — 177

任务 7.1　安装与配置 DNS 服务器 — 179
任务 7.2　配置辅助 DNS 服务器 — 190
项目实训 — 194

项目 8　配置与管理 DHCP 服务器 — 195

任务 8.1　安装与配置 DHCP 服务器 — 197
任务 8.2　为指定计算机绑定 IP 地址 — 205
项目实训 — 208

项目 9　配置与管理文件共享 — 209

任务 9.1　安装与配置 Samba 服务器 — 211
任务 9.2　安装与配置 NFS 服务器 — 220
项目实训 — 227

项目 10　配置与管理 Web 服务器 — 229

任务 10.1　安装与配置 Apache 服务器 — 231
任务 10.2　发布多个网站 — 237
任务 10.3　安装与配置 Nginx 服务器 — 242
项目实训 — 248

项目 11　配置与管理邮件服务器 — 251

任务 11.1　认识与安装 Postfix 邮件服务器 — 253
任务 11.2　配置 Postfix 邮件服务器 — 257
项目实训 — 262

项目 12　配置与管理 MariaDB 服务器 — 265

任务 12.1　认识与安装 MariaDB 数据库 — 267
任务 12.2　使用数据库和数据表 — 272
项目实训 — 279

项目 1

安装与配置 Rocky Linux 8.6ens 操作系统

项目描述

A 公司是一家电子商务运营公司,由于该公司推广做得非常好,其用户数量激增,为了给用户提供更优质的服务,该公司购买了一批高性能服务器。因 Linux 操作系统成本低,安全性高,稳定性好,容易识别和定位故障,性能强,所以该公司从资金、人力、设备、安全、性能等多方面综合考虑后,决定采用 Linux 作为服务器的操作系统。

Linux 是一套免费使用和自由开放的类 UNIX 操作系统,因其稳定、开源、免费、安全、高效的特点,发展迅猛,目前在服务器市场占有率超过 95%。目前市面上存在许多不同版本的 Linux 操作系统,如 Ubuntu、Fedora、openSUSE 等,它们都是基于 Linux 内核的操作系统。Linux 操作系统主要应用于服务器端、嵌入式开发、PC 桌面等领域,国内的大部分互联网龙头企业以 Linux 作为其服务器后端操作系统,并且全球排名前 10 的网站均在使用 Linux,可见 Linux 的表现十分出色。要想成为一名合格的运维工程师,掌握 Linux 操作系统是一项必备技能。对于初学者来说,通过虚拟机软件安装和配置 Linux 操作系统是最好的选择。

本项目主要介绍 Linux 操作系统的发展和应用、Linux 操作系统的主要版本、Linux 操作系统的命令行界面和图形界面的操作,以及通过 VMware Workstation 16 Pro 学习 Rocky Linux 8.6 操作系统的安装和使用方法。

知识目标

1. 了解不同的虚拟机软件。

2. 了解 Linux 操作系统的发展历史、特点、组成及应用。
3. 了解 Linux 操作系统的内核版本和发行版本。
4. 了解虚拟机的概念、特点和作用。

能力目标

1. 能够安装 VMware Workstation 虚拟机软件。
2. 能够在 VMware Workstation 虚拟机软件中创建虚拟机并安装 Rocky Linux 8.6 操作系统。
3. 能够实现虚拟机的克隆和快照。
4. 能够熟练操作 Linux 操作系统的命令行界面和图形界面。
5. 能够掌握 Linux 操作系统的启动、关闭和登录。

素质目标

1. 崇尚宪法、遵纪守法,打好专业基础,提高学生的自主学习能力。
2. 培养读者正确使用软件、合理下载软件、安全使用软件、保护知识产权的意识。
3. 激发读者科技报国的决心,理解实现软件自主的重要性。

任务 1.1 安装与创建虚拟计算机系统

任务描述

A 公司的网络管理员小彭,想学习 Rocky Linux 8.6 操作系统的安装和使用,现准备使用 VMware Workstation 虚拟机软件搭建网络实验环境。

任务要求

利用 VMware 虚拟化技术,用户可以在一台计算机上虚拟出多台计算机,将它们连成一个网络,甚至也可以让它们连接 Internet,模拟真实的网络环境。多台虚拟机之间或虚拟机和物理主机之间也可以通过虚拟网络共享文件和复制文件。本任务的具体要求如下所示。

(1) 准备"VMware Workstation 16 Pro for Windows"安装文件,可从官网下载其试用版。
(2) 安装"VMware Workstation 16 Pro for Windows"应用程序。
(3) 创建一个新的虚拟机,其项目参数及说明见表 1-1-1。

表 1-1-1 创建虚拟机的项目参数及说明

项目参数	说 明
类型	自定义
客户机操作系统类型	Linux 的 CentOS 8 64 位
虚拟机名称	Server1
存储位置	D:\Server1
内存大小	2 048 MB
网络类型	使用桥接网络
硬盘类型和大小	SCSI、30 GB

任务资讯

1. 虚拟机

虚拟机(Virtual Machine)是一个软件,用户通过它能够模拟具有完整硬件系统功能的计算机系统。虚拟机可以像真正的物理计算机一样进行工作,如安装操作系统、安装应用程序、访问网络资源等。虚拟机符合 x86 PC 标准,拥有自己的 CPU、内存、硬盘、光驱、软驱、声卡和网卡等一系列设备。这些设备都是由虚拟机软件工具"虚拟"出来的。但是在操作系统看来,这些"虚拟"设备也是标准的计算机硬件设备,并把它们当作真正的硬件来使用。虚拟机在虚拟机软件工具的窗口中运行,可以在虚拟机中安装能在标准 PC 上运行的操作系统及软件,如 UNIX、Linux、Windows、Netware 和 MS-DOS 等。

在虚拟环境的计算机系统中常用到以下概念。

(1)物理机(Host):运行虚拟机软件(如 VMware Workstation、Virtual PC 等)的物理计算机硬件系统,又称为宿主机。

(2)主机操作系统(Host OS):在物理机上运行的操作系统,在它之上运行虚拟机软件(如 VMware Workstation、Virtual PC 等)。

(3)客户机操作系统(Guest OS):运行在虚拟机中的操作系统。需要注意的是,它不等于桌面操作系统(Desktop Operating System)和客户端操作系统(Client Operating System),因为虚拟机中的客户机操作系统可以是服务器操作系统,如在虚拟机上安装 Debian 10。

(4)虚拟硬件(Virtual Hardware):虚拟机通过软件模拟出来的硬件系统,如 CPU、HDD、RAM 等。

例如:在一台安装了 Windows 10 操作系统的计算机上安装了虚拟机软件,那么 Host 指的是安装了 Windows 10 操作系统的这台物理机,Host OS 指的是 Windows 10 操作系统,如果虚拟机上运行的是 Rocky Linux 8.6 的 Linux 操作系统,那么 Guest OS 指的就是 Rocky Linux 8.6 操作系统。

2. 虚拟机软件

目前,虚拟机软件的种类比较多。有功能相对简单的 PC 桌面版本,适合个人使用,如 VirtualBox 和 VMware Workstation 等;有功能和性能都非常完善的服务器版本,适合服务器虚拟化使用,如 Xen、KVM、Hyper-V 及 VMware vSphere 等。

VMware 是全球云基础架构和移动商务解决方案厂商,提供基于 VMware 的解决方案,该企业主要涉及的业务包括数据中心改造、公有云整合等。VMware 最常用的产品就是 VMware Workstation(VMware 工作站)。VMware 的桌面产品非常简单、便捷,目前支持多种主流操作系统,如 Windows、Linux 等,并且提供多平台版本。

3. 虚拟机的特点和作用

(1)虚拟机可同时在同一台物理机上运行多个操作系统,这些操作系统可以完全不同(如 Windows 各个版本及 Linux 各个发行版本等),这些不同的虚拟机相互独立和隔离,就如同网络上一个个独立的 PC,虚拟机和物理机之间也相互隔离,即使虚拟机崩溃了也不会影响物理机。

(2)虚拟机可以直接使用物理硬盘,也可以以文件(虚拟硬盘)的方式安装,管理方便,即可以非常方便地进行复制、迁移,甚至可以安装在移动硬盘和 NFS(Network File System,

网络文件系统）上。虚拟机镜像可以复制到其他已安装虚拟软件的计算机上直接使用。现在的虚拟机软件对于虚拟硬盘的相互支持也做得越来越好。

（3）虚拟机软件基本都提供了克隆和快照功能，克隆可以非常快速地部署虚拟机，快照可以迅速建立备份还原点。

（4）虚拟机之间可以通过网络共享文件、应用、网络资源等，也可以在一台计算机上部署多台虚拟机使其连成一个网络。

任务实施

1. 安装 VMware Workstation 16 Pro

步骤 1：运行下载好的 VMware Workstation 16 Pro 安装包，将会看到虚拟机软件的"安装向导"界面，单击"下一步"按钮，"VMware Workstation Pro 安装向导"界面如图 1-1-1 所示。

步骤 2：在"最终用户许可协议"界面中，勾选"我接受许可协议中的条款"复选框，然后单击"下一步"按钮，如图 1-1-2 所示。

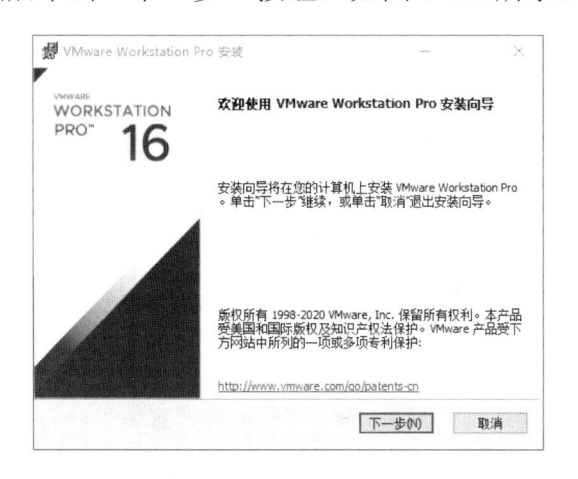

图 1-1-1　"欢迎使用 VMware Workstation Pro 安装向导"界面

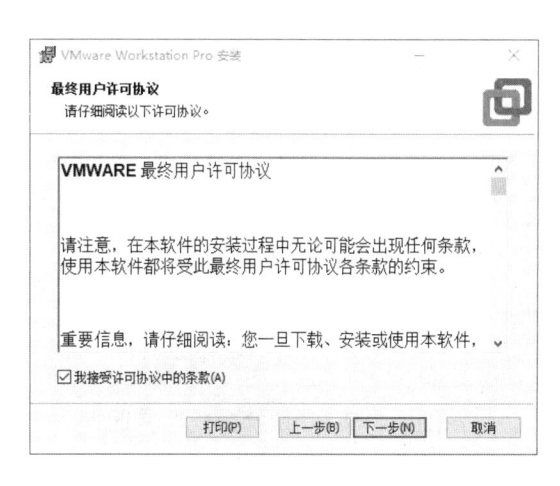

图 1-1-2　"最终用户许可协议"界面

步骤 3：在"自定义安装"界面中，单击"下一步"按钮，如图 1-1-3 所示。

步骤 4：在"用户体验设置"界面中，取消勾选"启动时检查产品更新"及"加入 VMware 客户体验提升计划"复选框，然后单击"下一步"按钮，如图 1-1-4 所示。

步骤 5：在"快捷方式"界面中，选择快捷方式的保存位置，单击"下一步"按钮，如图 1-1-5 所示。

步骤 6：在"已准备好安装 VMware Workstation Pro"界面中，单击"安装"按钮，开始安装软件，如图 1-1-6 所示。

步骤 7：在"正在安装 VMware Workstation Pro"界面中，可以看到软件安装的状态，如

图 1-1-7 所示。

步骤 8：在"VMware Workstation Pro 安装向导已完成"界面中选择是否输入软件许可证密钥，若需试用 30 天则直接单击"完成"按钮，若已经购买软件许可证，则可单击"许可证"按钮，如图 1-1-8 所示。

图 1-1-3 "自定义安装"界面

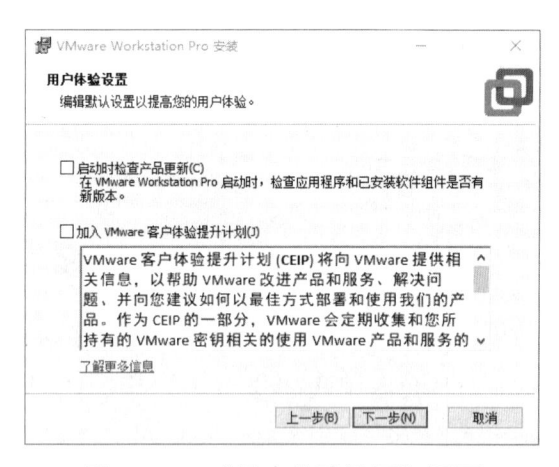

图 1-1-4 "用户体验设置"界面

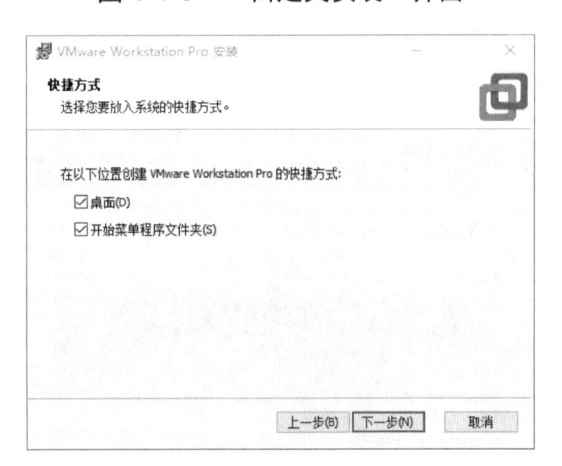

图 1-1-5 "快捷方式"界面

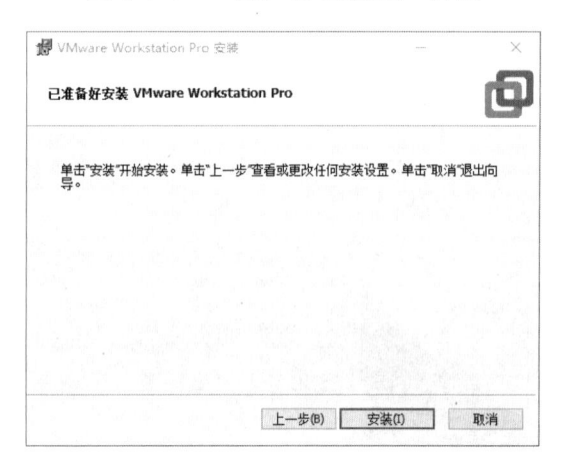

图 1-1-6 "已准备好安装 VMware Workstation Pro"界面

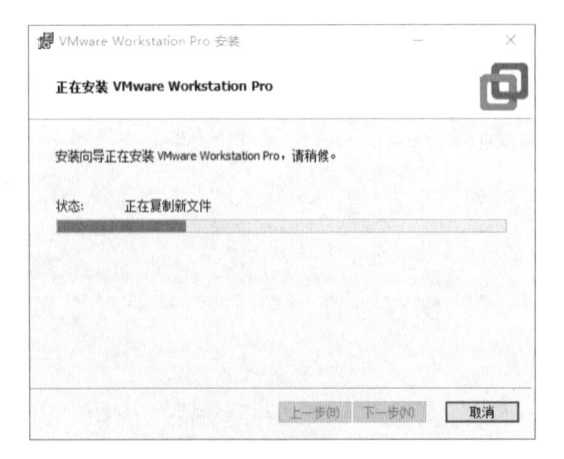

图 1-1-7 "正在安装 VMware Workstation Pro"界面

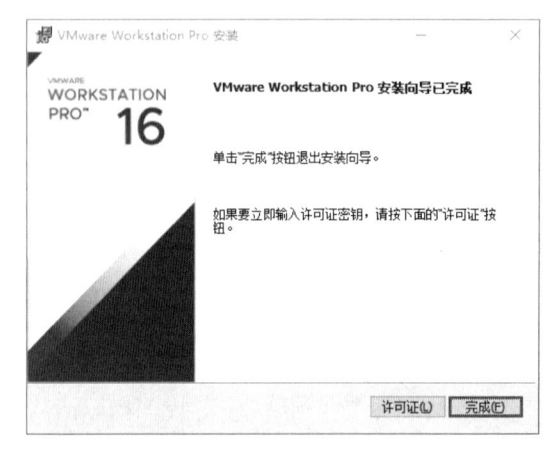

图 1-1-8 "VMware Workstation Pro 安装向导已完成"界面

步骤 9：在"输入许可证密钥"界面中按指定格式输入许可证密钥，然后单击"输入"按钮，如图 1-1-9 所示。

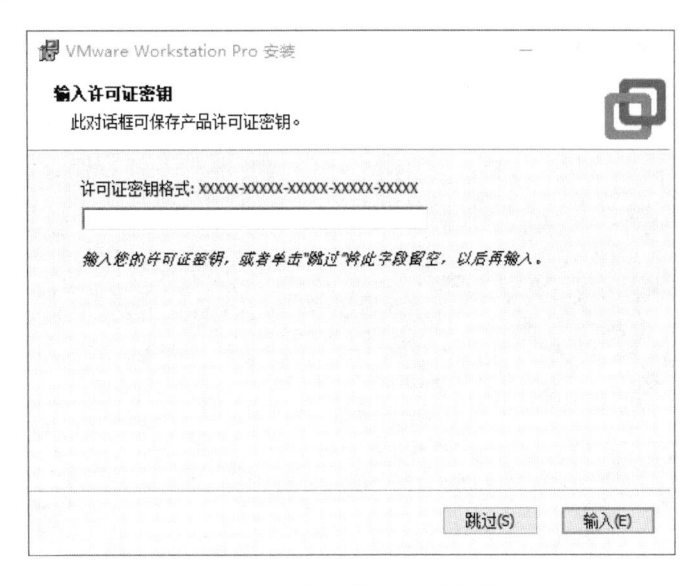

图 1-1-9　"输入许可证密钥"界面

步骤 10：再次出现"VMware Workstation Pro 安装向导已完成"界面，直接单击"完成"按钮。至此，VMware Workstation 16 Pro 安装完毕。

步骤 11：双击桌面上"VMware Workstation Pro"图标，打开 VMware Workstation 16 Pro 虚拟机软件"主页"界面，表示安装完成，如图 1-1-10 所示。

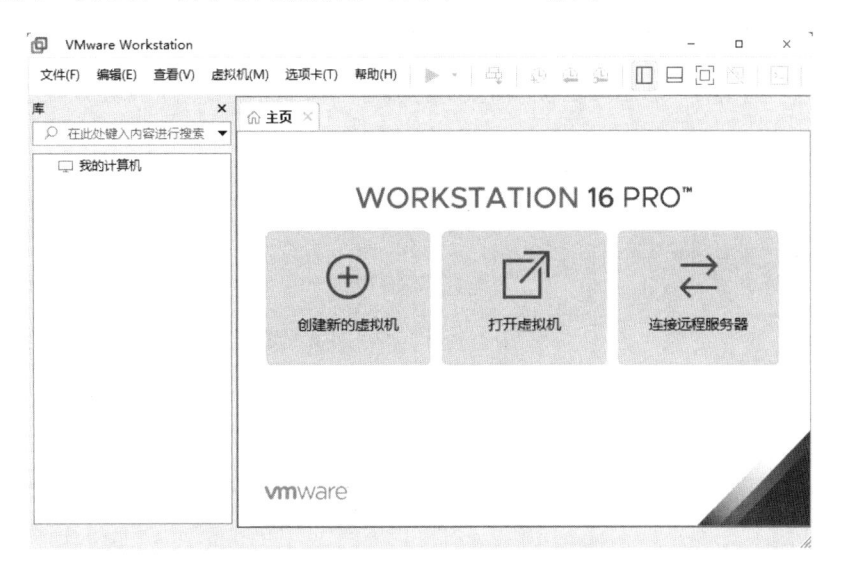

图 1-1-10　VMware Workstation 16 Pro 虚拟机软件"主页"界面

2. 创建虚拟机

（1）设置虚拟机默认存储位置。

步骤 1：运行 VMware Workstation 16 Pro，在"主页"界面中选择"编辑"→"首选项"

选项，如图 1-1-11 所示。

步骤 2：在"首选项"对话框中单击"工作区"选项，然后单击"浏览"按钮或在其左侧的文本框中手动输入虚拟机的默认位置，本任务设置为"D:\"，设置完成后单击"确定"按钮，如图 1-1-12 所示。

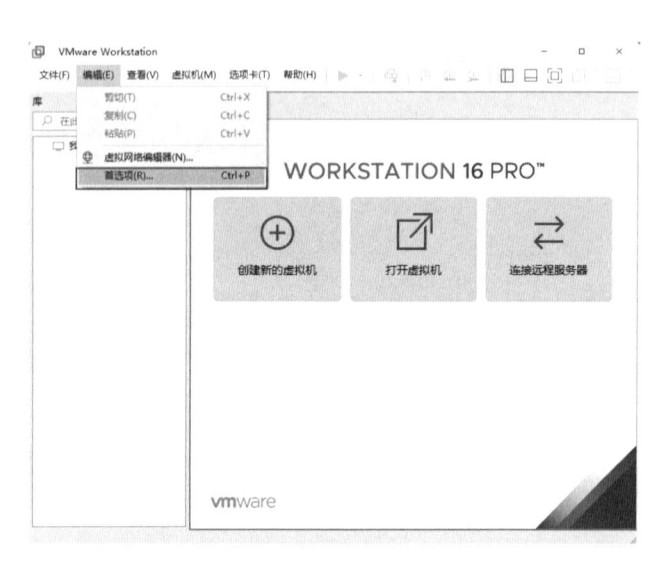

图 1-1-11　VMware Workstation 16 Pro 虚拟机"主页"界面

图 1-1-12　"首选项"对话框

（2）创建新的虚拟机。

步骤 1：双击桌面上"VMware Workstation Pro"图标，打开 VMware Workstation 16 Pro 虚拟机软件"主页"界面，单击"创建新的虚拟机"按钮，如图 1-1-13 所示。

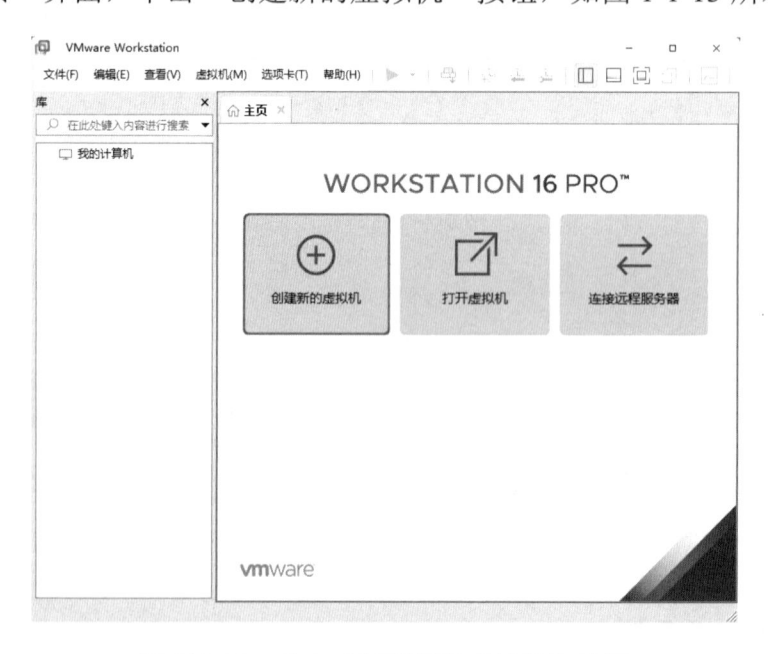

图 1-1-13　单击"创建新的虚拟机"按钮

步骤 2：在"新建虚拟机向导"对话框中选择虚拟机的类型,"典型(推荐)"表示使用推荐设置快速创建虚拟机,"自定义(高级)"表示根据需要设置虚拟机的硬件类型、兼容性、存储位置等。本任务应单击"自定义(高级)"单选按钮,然后单击"下一步"按钮,如图 1-1-14 所示。

步骤 3：在"选择虚拟机硬件兼容性"界面中,单击"下一步"按钮,如图 1-1-15 所示。

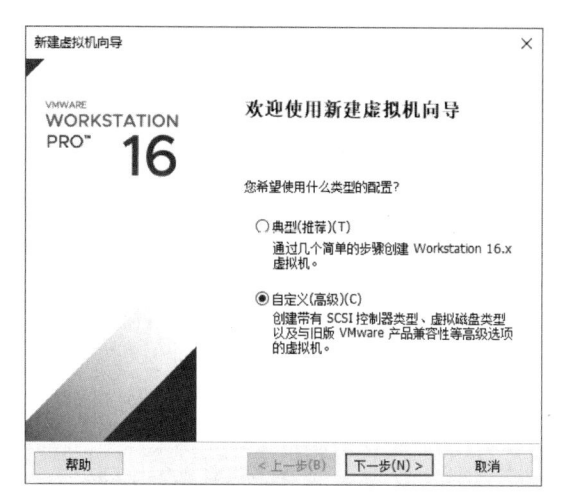

图 1-1-14　"新建虚拟机创建向导"对话框 　　图 1-1-15　"选择虚拟机硬件兼容性"界面

步骤 4：在"安装客户机操作系统"界面中单击"稍后安装操作系统"单选按钮,然后单击"下一步"按钮,如图 1-1-16 所示。

步骤 5：在"选择客户机操作系统"界面中单击"Linux"单选按钮后,设置操作系统版本为"CentOS 8 64 位",然后单击"下一步"按钮,如图 1-1-17 所示。

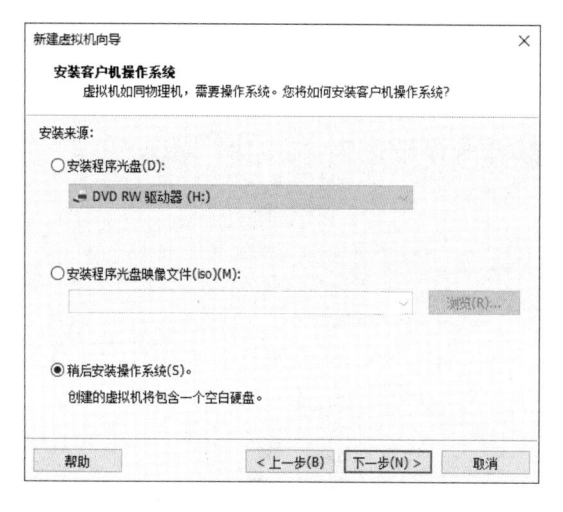

图 1-1-16　"安装客户机操作系统"界面 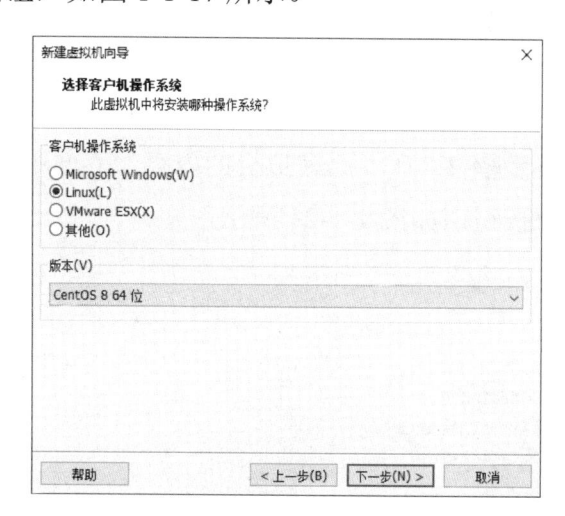　　图 1-1-17　"选择客户机操作系统"界面

步骤 6：在"命名虚拟机"界面中输入虚拟机名称,本任务使用"Server1",单击"下一步"按钮,如图 1-1-18 所示。

步骤 7：在"固件类型"界面中单击"UEFI"单选按钮,然后单击"下一步"按钮,如图 1-1-19 所示。

图 1-1-18　"命名虚拟机"界面　　　　图 1-1-19　"固件类型"界面

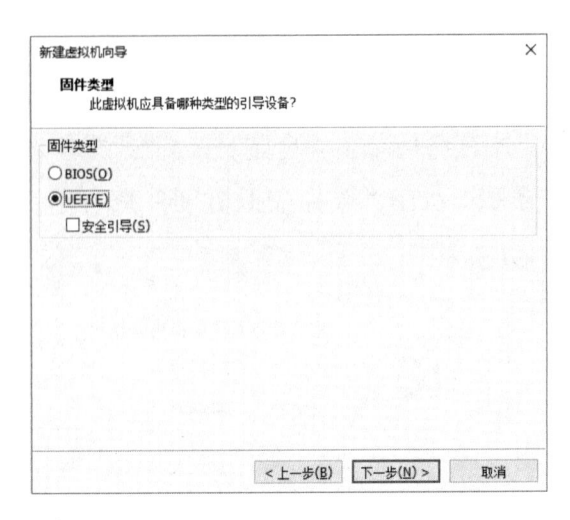

> **小贴士**
>
> BIOS（Basic Input Output System，固定基本输入输出系统）主要负责开机时检测硬件功能和引导操作系统。
>
> UEFI（Unified Extensible Firmware Interface，统一可扩展固件接口）规范提供并定义了固件和操作系统之间的软件接口。UEFI 取代了 BIOS，增强了可扩展固件接口，并为操作系统和启动时的应用程序和服务提供了操作环境。UEFI 最主要的特点是图形界面，便于操作选择。

步骤 8：在"处理器配置"界面中设置"处理器数量"及"每个处理器的内核数量"，单击"下一步"按钮，如图 1-1-20 所示。

步骤 9：在"此虚拟机的内存"界面中，将虚拟机内存设置为"2 048"MB，单击"下一步"按钮，如图 1-1-21 所示。

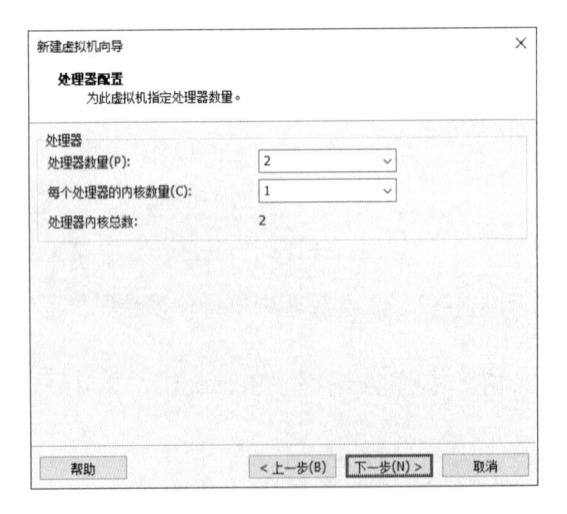

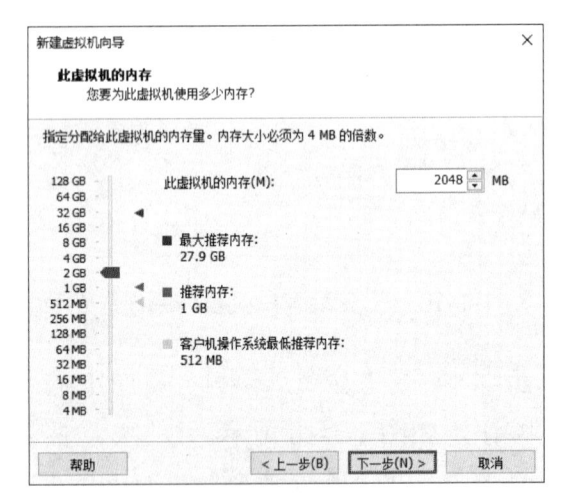

图 1-1-20　"处理器配置"界面　　　　图 1-1-21　"此虚拟机的内存"界面

步骤 10：在"网络类型"界面中，单击"使用桥接网络"单选按钮，然后单击"下一步"按钮，如图 1-1-22 所示。

步骤 11：在"选择 I/O 控制器类型"界面中，使用推荐的"LSI Logic SAS"SCSI 控制器，单击"下一步"按钮，如图 1-1-23 所示。

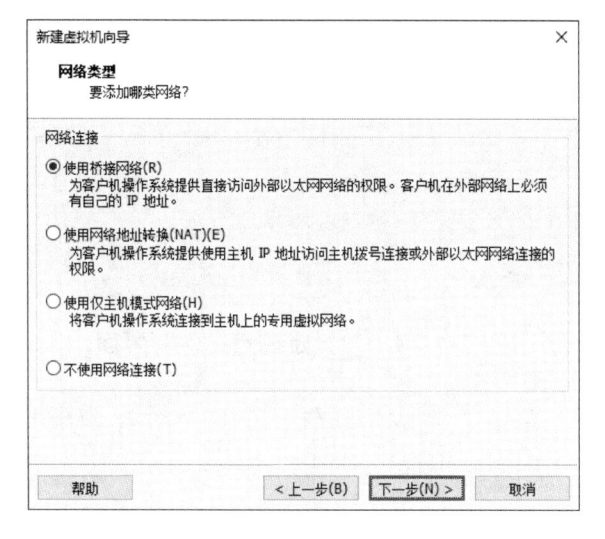

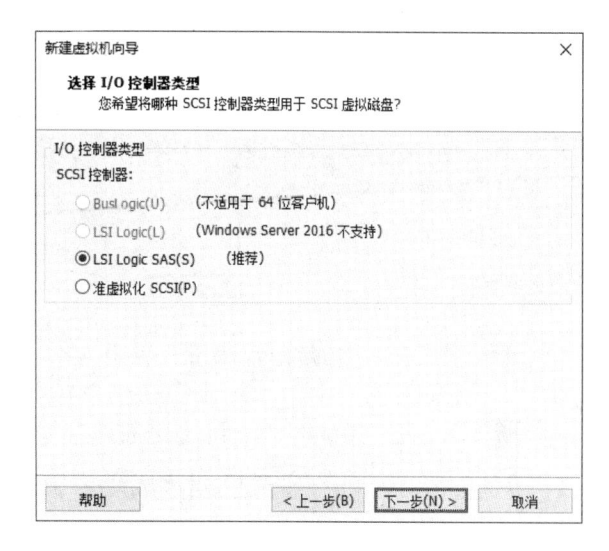

图 1-1-22　"网络类型"界面　　　　图 1-1-23　"选择 I/O 控制器类型"界面

步骤 12：在"选择磁盘类型"界面中，使用推荐的"SCSI"虚拟磁盘类型，单击"下一步"按钮，如图 1-1-24 所示。

步骤 13：在"选择磁盘"界面中，单击"创建新虚拟磁盘"单选按钮，然后单击"下一步"按钮，如图 1-1-25 所示。

图 1-1-24　"选择磁盘类型"界面　　　　图 1-1-25　"选择磁盘"界面

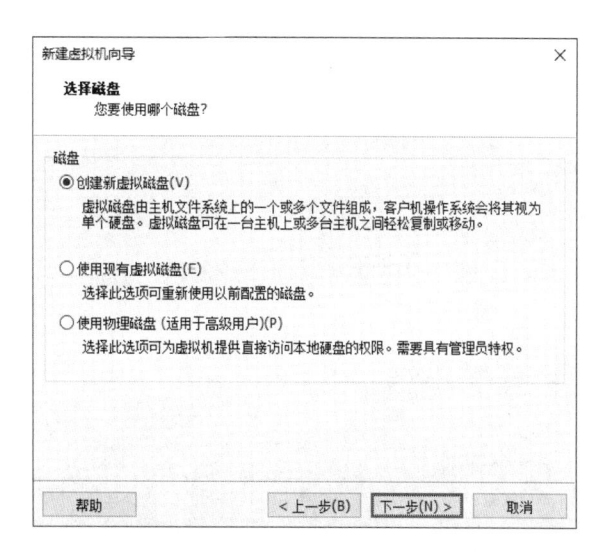

步骤 14：在"指定磁盘容量"界面中将最大磁盘大小设置为"30.0"GB，并单击"将虚拟磁盘存储为单个文件"单选按钮，然后单击"下一步"按钮，如图 1-1-26 所示。

步骤 15：在"指定磁盘文件"界面中，单击"下一步"按钮，如图 1-1-27 所示。

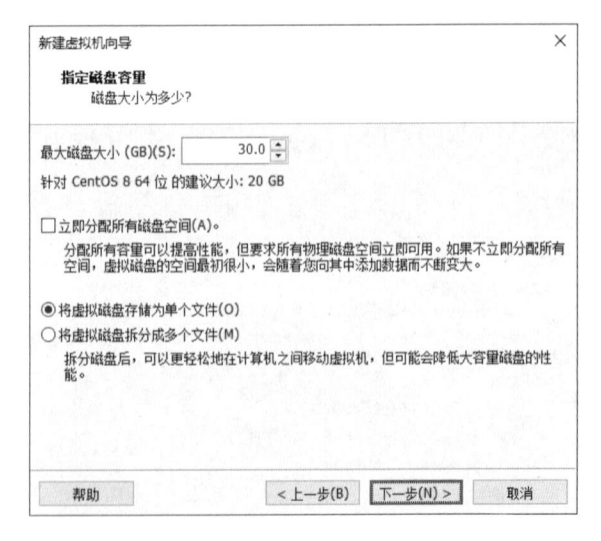

图 1-1-26 "指定磁盘容量"界面 　　　　图 1-1-27 "指定磁盘文件"界面

步骤 16：在"已准备好创建虚拟机"界面中，单击"完成"按钮，如图 1-1-28。至此，虚拟机创建完成。新的虚拟机创建成功，其界面左侧是虚拟机的硬件摘要信息，右侧是预览窗口，如图 1-1-29 所示。

图 1-1-28 "已准备好创建虚拟机"界面 　　　　图 1-1-29 新的虚拟机创建成功

任务小结

（1）VMware Workstation 16 Pro 虚拟机软件功能强大，安装较简单。

（2）在虚拟机软件下创建虚拟机系统时，区分典型类型和自定义类型的不同，自定义类型需设置虚拟机的硬件类型、兼容性、存储位置等。

任务1.2 安装 Rocky Linux 8.6 操作系统

任务描述

A 公司购置了服务器，需要为服务器安装相应的操作系统。要求网络管理员小彭按照要求为新增服务器全新安装 Rocky Linux 8.6 操作系统。

任务要求

全新安装 Rocky Linux 8.6 操作系统需要安装介质，并对硬件有一定的要求，需要安装的服务器应满足操作系统的硬件需求。安装操作系统还需要对系统安装需求进行详细了解，如系统管理员账号、密码、磁盘分区情况等。本任务的具体要求如下所示。

（1）准备 Rocky Linux 8.6 操作系统的 ISO 映像文件，可从官网下载。
（2）物理机的 CPU 需支持 VT 技术，并处于开启状态。
（3）使用任务 1.1 创建的虚拟机计算机系统。
（4）安装 Rocky Linux 8.6 操作系统，其项目参数及说明见表 1-2-1。

表 1-2-1 安装 Rocky Linux 8.6 操作系统项目参数及说明

项目参数	说 明
安装过程中的语言	Chinese（Simpleified）-中文（简体）
区域，键盘	中国，美式英语
分区方式	自动配置分区
主机名	bogon
域名	yiteng.cn
root 用户密码	123456
软件选择	默认
普通用户和密码	普通用户为 admin，密码为 123456
其他项目	采用默认配置

任务资讯

1. 自由软件与 Linux 操作系统

自由软件的自由（free）有两个含义：第一，是可以免费提供给任何用户使用；第二，是指它的源代码公开和可自由修改。可自由修改是指用户可以对公开的源代码进行修改，以使自由软件更加完善，还可以在对自由软件进行修改的基础上开发上层软件。

自由软件的出现给人们带来了很多好处。首先，免费的软件可以给使用者节省一笔费用。其次，自由软件公开源代码，这样可以吸引尽可能多的开发者参与软件的查错与改进，使软件的质量和功能得到持续改进。

Richard M. Stallman 是 GNU Project 的创始人。他于 1984 年起开发自由开放的操作系统 GNU（Gun is Not UNIX 的首字母缩写），以此向计算机用户提供自由开放的选择。GNU 是自由软件，即任何用户都可以免费复制和重新分发及修改。

2．Linux 操作系统及其历史

Linux 是一个操作系统，同时也是一个免费的、源代码开放的自由软件，编制它的目的是建立不受任何商品化软件版权制约的、全世界都能自由使用的 UNIX 兼容产品。

Linux 操作系统最初是由芬兰赫尔辛基技术大学计算机系大学生 Linus Torvalds 在 1990 年底到 1991 年的几个月中，为了他自己的操作系统课程和后来的上网用途而陆续编写的，在他自己购买的 Intel 386 PC 上，利用 Tanenbaum 教授自行设计的微型 UNIX 操作系统 Minix 作为开发平台。Linus 说，刚开始时根本没有想到要编写一个操作系统的内核，更是没有想到这一举动会在计算机界产生如此重大的影响。最开始只是一个进程切换器，然后是为了满足自己上网需求而自行编写的终端仿真程序，再后来是为了满足从网上下载文件的需求而自行编写的硬盘驱动程序和文件系统，这时才发现他已经实现了一个几乎完整的操作系统内核。出于对这个内核的信心和美好的奉献精神与发展希望，Linus 希望这个内核能够免费扩散使用，但出于谨慎，他并没有在 Minix 新闻组中公布它，而只是于 1991 年底在赫尔辛基技术大学的一台 FTP 服务器上发了一则消息，表明用户可以下载 Linux 操作系统的公开版本（基于 Intel 386 体系结构）和源代码。从此以后，奇迹开始发生。

个人可以使用 Linux 操作系统，由于它是在 Internet 上发布的，网上的任何人在任何地方都可以得到 Linux 操作系统的基本文件，并可以通过电子邮件发表评论或者提供修正代码，许多大专院校的学生及科研机构的科研人员等纷纷把它作为学习和研究的对象，他们所提供的所有初期的上载代码和评论，后来证明对 Linux 的发展至关重要。在众多爱好者的努力下，Linux 在不到 3 年的时间里成为了一个功能完善、稳定可靠的操作系统。

如今 Linux 已经成为一个功能完善的主流网络操作系统。作为服务器的操作系统，它包括配置和管理各种网络所需的所有工具，并且得到 Oracle、IBM、惠普、戴尔等大型 IT 企业的支持，越来越多的企业开始采用 Linux 作为服务器的操作系统，也有很多用户采用 Linux 作为桌面操作系统。

3. Linux 操作系统的特点

Linux 操作系统在短短几年内得到了非常迅猛的发展，与其具有的良好特性是分不开的。Linux 操作系统包含了 UNIX 操作系统的全部功能和特性。简单地说，Linux 操作系统具有以下主要特性。

（1）开放性。

Linux 遵循开放系统互联（OSI，Open System Interconnection）标准，同时采用 GPL（General Public License，通用公共许可协议）发布，是一个免费、自由、开放的操作系统，任何人都可以使用，修改 Linux 无须担心任何版权问题。

（2）多用户、多任务。

Linux 是多用户、多任务的操作系统，可以支持多个使用者同时使用系统的磁盘、外部设备、处理器等资源。Linux 的保护机制使每个应用程序和用户互不干扰，一个任务崩溃，其他任务仍可照常进行。

（3）出色的速度性能。

Linux 操作系统可以连续运行数月、数年而无须重新启动，与经常宕机的 Windows NT 相比，这一优点尤其突出。作为一种台式机操作系统，即使与许多用户非常熟悉的 UNIX 操作系统相比，它的性能也显得更为优秀。Linux 操作系统对 CPU 的要求不高，它可以把处理器的性能发挥到极限，而影响系统性能提高的限制因素主要是其总线和磁盘 IO 的性能。

（4）良好的用户界面。

Linux 操作系统向用户提供了三种界面，即用户命令界面、系统调用界面和图形界面。

（5）丰富的网络功能。

Linux 操作系统是在 Internet 基础上产生并发展起来的，因此完善的内置网络是 Linux 操作系统的一大特点。Linux 操作系统在通信和网络功能方面优于其他操作系统。

（6）可靠的系统安全。

Linux 操作系统采取了许多安全技术措施，包括对读/写进行权限控制、带保护的子系统、审计跟踪、核心授权等，这为网络多用户环境中的用户提供了必要的安全保障。

（7）良好的可移植性。

可移植性是指将操作系统从一个平台转移到另一个平台后仍然能按其自身方式运行的能力。Linux 是一种可移植的操作系统，能够在从微型计算机到大型计算机的任何环境中和任何平台上运行。可移植性为运行 Linux 操作系统的不同计算机平台与其他任何机器进行准确而有效的通信提供了手段，无须另外增加特殊和昂贵的通信接口。

4. Linux 操作系统的组成

Linux 操作系统由内核（Kernel）、外壳（Shell）和应用程序三大部分构成，Linux 操作系统结构层次图如图 1-2-1 所示。硬件平台是 Linux 操作系统运行的基础，目前它几乎可以在所

有类型的计算机硬件平台上运行。

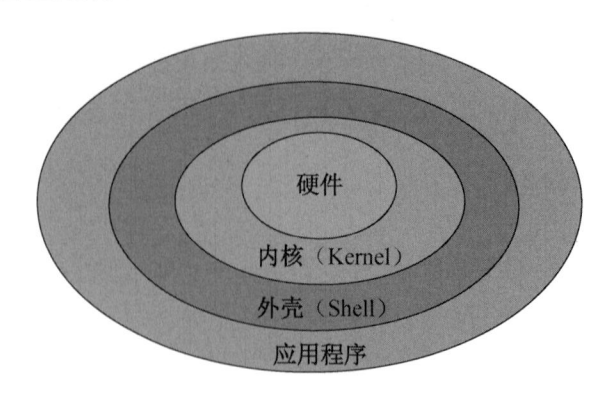

图 1-2-1　Linux 操作系统结构层次图

（1）内核（Kernel）：Kernel 是操作系统的"心脏"，是运行程序和管理像磁盘及打印机等硬件设备的核心程序。

（2）外壳（Shell）：Shell 是操作系统的用户界面，提供了用户与内核进行交互操作的一种接口。它接收用户输入的命令并送入内核中执行。实际上 Shell 是一个命令解释器，解释所有用户输入的命令并且把它们送到内核。目前 Shell 有 bash、csh 等版本。

（3）应用程序：标准的 Linux 操作系统都有一套称为应用程序的程序集，包括文本编辑器、编程语言、X Window、办公套件、Internet 工具、数据库等。

5. Linux 操作系统的应用领域

Linux 操作系统自诞生到现在，已经在各个领域得到了广泛应用，显示了强大的生命力，并且其应用领域正日益扩大。

（1）教育领域。

首先，设计先进和公开源代码这两大特性使 Linux 成为了操作系统课程的好教材。

其次，OLPC（One Laptop Per Child，每个儿童一台笔记本电脑）计划的笔记本电脑均使用 Linux 操作系统。OLPC 是由麻省理工学院多媒体实验室在 2005 年发起并组织的一个非营利组织。OLPC 借由生产接近 100 美元的笔记本电脑，提供给对这项计划有兴趣的发展中国家，然后由该国政府直接提供给成千上万处于困境的儿童使用，降低知识鸿沟，故又称百元电脑。OLPC 已如愿开发出了 OLPC XO 笔记本电脑，可充分利用 Linux 操作系统在自由方面的优势。

（2）服务器领域。

Linux 服务器应用广泛，具有稳定、可靠、系统要求低、网络功能强等特点，使 Linux 成为 Internet 服务器操作系统的首选，现已达到了服务器操作系统市场 40%以上的占有率。

（3）云计算领域。

如今云计算如火如荼。在构建云计算平台的过程中，开源技术起到了不可替代的作用。从某种程度上说，开源是云计算的"灵魂"。在云计算领域，大多数的云基础设施平台都使用

Linux 操作系统。

目前已经有多个云计算平台的开源实现，主要的开源云计算项目有 Eucalyptus、OpenStack、CloudStack 和 OpenNebula 等。

（4）嵌入式领域。

Linux 是最适合嵌入式开发的操作系统。Linux 嵌入式应用涵盖的领域极为广泛，嵌入式领域将是 Linux 操作系统最大的发展空间。目前，在主流 IT 界取得最大成功的当属由谷歌开发的 Android 系统，它是基于 Linux 的移动操作系统。Android 把 Linux 操作系统交到了全球无数移动设备消费者的手中。具体的嵌入式应用有移动通信终端、网络通信设备、智能家电设备、车载电脑和自动柜员机（ATM）等。

（5）政府领域。

在国内，已有众多机构使用 Linux 操作系统。例如，2020 年广西壮族自治区柳州市依托 Linux 操作系统创建了强健的电子政务系统。

（6）企业领域。

Linux 作为企业级服务器应用广泛，利用 Linux 操作系统可以使企业用低廉的投入架设 E-mail 服务器、WWW 服务器、DNS 和 DHCP 服务器、目录服务器、防火墙、文件和打印服务器、代理服务器、透明网关、路由器等。目前，亚马逊、思科、IBM、京东等都是 Linux 用户。

（7）桌面领域。

Linux 操作系统在桌面应用方面进行了改进，完全可以作为一种集办公应用、多媒体应用、网络应用等多方面功能于一体的图形界面操作系统。

常用的面向桌面的 Linux 操作系统包括 Linux Mint、Ubuntu Desktop 等。此外，国产的 Linux 发布也专门为国内用户的软件使用习惯进行了优化，例如：由中国 CCN 联合实验室支持和主导的开源项目优麒麟（Ubuntu Kylin）Linux 操作系统、由中标软件和国防科技大学强强联手合作推出的中标麒麟（NeoKylin）Linux 操作系统、由统信软件技术有限公司推出的统信 UOS 中文国产操作系统和由武汉深之度科技有限公司推出的基于 Ubuntu 发行版的深度（Deepin）Linux 操作系统等。

6．Linux 内核版本

虽然在普通用户看来，Linux 操作系统是以一个整体的形式出现的，但其实 Linux 的版本由内核版本和发行版本两部分组成，每一部分都有不同的含义和相关规定。

Linux 内核属于设备与应用程序之间的抽象介质，程序可以通过内核控制硬件。

创始人 Linus Torvalds 领导下的开发小组控制着 Linux 内核开发与规范，并且每隔一段时间就会更新一次版本，使得内核版本越来越完善和强大。

在一般情况下，Linux 内核版本的编号有严格的定义标准，为了分辨统一，由 3 个数字组成（如 6.1.6），格式为"主版本号.次版本号.修订版本号"。

（1）第 1 个数字表示主版本号，也就是进行大升级的版本，对应内核的重大变更。

（2）第 2 个数字表示次版本号，若该数字为偶数，则表示生产版本，若该数字为奇数，则表示测试版本。

（3）第 3 个数字表示修订版本号，表示某些小的功能改动或优化，一般是把若干优化整合在一起统一对外发布。

用户可以到 Linux 官方网站下载所需要的内核版本，Linux 官方网站如图 1-2-2 所示。

图 1-2-2　Linux 官方网站

7．Linux 发行版本

如果没有高层应用软件的支持，只有内核的操作系统是无法供用户使用的。由于 Linux 的内核是开源的，任何人都可以对内核进行修改，所以有一些商业公司以 Linux 内核为基础，开发了配套的应用程序，并将其组合在一起以发行版本（Linux Distribution）的形式对外发行，又称 Linux 套件。如今提到的 Linux 操作系统一般指的是这些发行版本，而不是 Linux 内核。常用的 Linux 发行版本有 RedHat、CentOS、Ubuntu、openSUSE、Debian 及国产的红旗 Linux 等。

（1）Fedora Core。

Fedora Core 的前身就是 Red Hat Linux。2003 年 9 月，红帽公司（Red Hat）突然宣布不再推出个人使用的发行版本而专心发展商业版本（Red Hat Enterprise Linux）的桌面套件，但是红帽公司同时也宣布将原有的 Red Hat Linux 开发计划和 Fedora 计划整合成一个新的 Fedora Project。Fedora Project 将会由红帽公司赞助，以 Red Hat Linux 9 为范本加以改进，原本的开发团队将会继续参与 Fedora 的开发计划，同时也鼓励开放原始码社群参与开发工作。

Fedora Core 被红帽公司定位为新技术的实验场，与 Red Hat Enterprise Linux 被定位为稳定性优先不同，许多新的技术都会在 Fedora Core 中检验，如果稳定的话，那么红帽公司会考虑加入 Red Hat Enterprise Linux 中。

（2）Debian Linux。

Debian Linux 是最古老的 Linux 发行版本之一，很多其他 Linux 发行版本都是基于 Debian 发展而来的，如 Ubuntu、Google Chrome OS 等。Debian Linux 主要分三个版本：稳定版本（stable）、测试版本（testing）、不稳定版本（unstable）。

Ian Murdock（1973—2015）是 Debian GNU/Linux 发行版本的创始人，他曾是 Linux 基金

会（Linux Foundation）的首席技术官（CTO），以及 Linux 平台交互标准（Linux Standard Base，LSB）的主席。

（3）Slackware Linux。

Slackware Linux 是由 Patrick Volkerding 开发的 GNU/Linux 发行版本。与很多其他的发行版本不同，它坚持 KISS（Keep It Simple Stupid）的原则，即没有任何配置系统的图形界面工具。一开始，配置系统会有一些困难，但是有经验的用户会喜欢这种方式的透明性和灵活性。Slackware Linux 的另一个突出特性也符合 KISS 原则，即没有像 RPM 之类的成熟的软件包管理器。它的最大特点就是安装简单，目录结构清晰，版本更新快，适合安装在服务器端。软件包 Slackware 的软件包都是通常的 TGZ（TAR/GZIP）格式文件再加上安装脚本。TGZ 格式文件对于有经验的用户来说，比 RPM 软件包更为强大，并且避免了 RPM 软件包的依赖性问题。

（4）SUSE Linux。

SUSE Linux 原是以 Slackware Linux 为基础，并提供完整德文使用界面的产品。SuSE 于 1992 年末创办，专为德国人推出量身定做的 SLS/Slackware 软件及 UNIX/Linux 说明文件。1994 年首次推出了 SLS/Slackware 的安装光碟，命名为 S.u.S.E. Linux 1.0。其后综合了一些其他发行版本的特质，于 1996 年推出一个完全由自家打造的发行版本——S.u.S.E. Linux 4.2。其后 SUSE Linux 采用了不少 Red Hat Linux 的特质，如 RPM 软件包等，"S.u.S.E." 后来改称为"SuSE"，德文含义为"Software- und System-Entwicklung"，英文含义为"Software and system development"。如今这家公司的名字再度更改为"SUSE Linux"。

2004 年 1 月，Novell 公司收购 SuSE，Novell 把公司内全线计算机的系统换成 SUSE Linux。2005 年 8 月，Novell 宣布 SUSE Linux Professional 系列的开发工作将变得更开放，让更多的社群工作者参与。新的开发计划名为 OpenSUSE，目的是吸引更多的使用者及开发人员。2011 年 4 月 Attachmate 集团收购 Novell 公司，并把 SUSE 作为一个独立的业务部门。

（5）Rocky Linux。

Rocky Linux 是一个开源、免费的企业级操作系统，旨在与 RHEL（Red Hat Enterprise Linux）100%1∶1 兼容。

2020 年 12 月 8 日，Red Hat 宣布他们将停止开发 CentOS，转而支持该操作系统更新的上游开发变体，称为"CentOS Stream"。CentOS 宣布停止开发后，CentOS 的原创始人 Gregory Kurtzer 在 CentOS 网站上发表评论宣布，他将再次启动一个项目以实现 CentOS 的最初目标，其项目名称是对早期 CentOS 联合创始人 Rocky McGaugh 的致敬。截至 2020 年 12 月 12 日，Rocky Linux 的代码仓库已经成为 GitHub 上的热门仓库。

2021 年 6 月 21 日，社区发布了 Rocky Linux 8.4 稳定版本，代号为"Green Obsidian"，作为首个稳定版本。2022 年 7 月 16 日，Rocky Linux 社区宣布，Rocky Linux 9.0 操作系统全面上市，可作为 CentOS Linux 和 CentOS Stream 的直接替代品。

（6）中国自主操作系统。

中国其他自主操作系统有银河麒麟（Kylin），统信（UOS）、中标麒麟（NeoKylin）等，

这些都是基于开源 Linux 开发的。

任务实施

1. 将安装映像文件放入虚拟机光驱

步骤 1：选择虚拟机"Server1"，在"Server1"选项卡中双击光盘驱动器图标"CD/DVD（IDE）"。虚拟机信息概要窗口如图 1-2-3 所示。

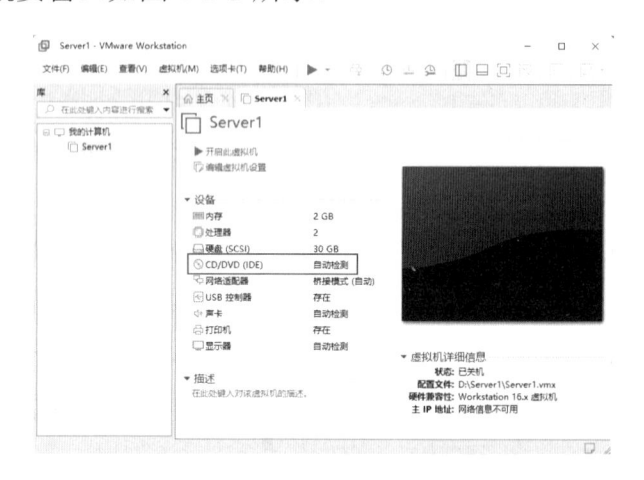

图 1-2-3　虚拟机信息概要窗口

步骤 2：在"虚拟机设置"对话框的"硬件"选项卡中，选择光盘驱动器"CD/DVD（IDE）"选项，单击右侧"使用 ISO 映像文件"单选按钮，然后单击"浏览"按钮。"虚拟机设置"对话框如图 1-2-4 所示。

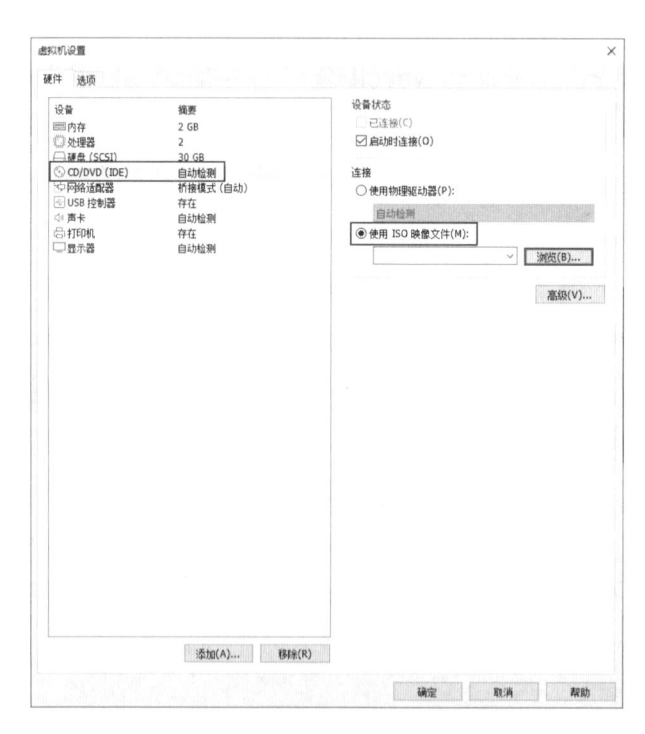

图 1-2-4　"虚拟机设置"对话框

步骤 3：在"浏览 ISO 映像"对话框中浏览并选择 Rocky Linux 8.6 的安装映像文件，然后单击"打开"按钮。"浏览 ISO 映像"对话框如图 1-2-5 所示。

图 1-2-5 "浏览 ISO 映像"对话框

步骤 4：返回"虚拟机设置"对话框后，单击"确定"按钮完成设置。

2. 安装 Rocky Linux 8.6 操作系统

步骤 1：在虚拟机"Server1"选项卡中，单击"开启此虚拟机"按钮。虚拟机信息概要窗口如图 1-2-6 所示。

步骤 2：加载后进入安装界面，选择"Install Rocky Linux 8"，按 Enter 键即可开始安装。安装界面如图 1-2-7 所示。

图 1-2-6 虚拟机信息概要窗口   图 1-2-7 安装界面

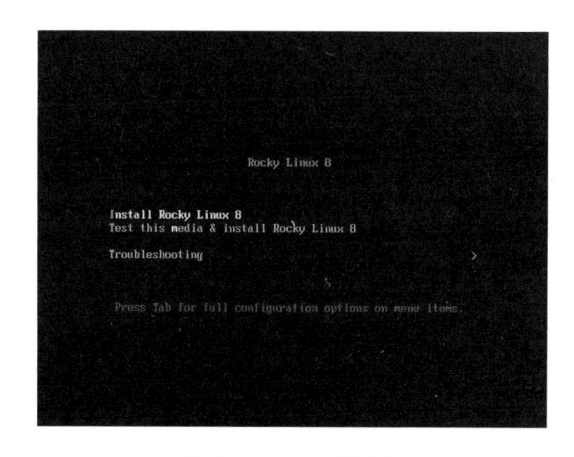

步骤 3：选择安装过程中的语言。初学者可以选择"中文"→"简体中文（中国）"，然后单击"继续"按钮，如图 1-2-8 所示。

步骤 4：在"安装信息摘要"界面中单击"安装目的地"按钮，如图 1-2-9 所示。

图 1-2-8　选择安装过程中的语言　　　　　　图 1-2-9　"安装信息摘要"界面

步骤 5：在"安装目标位置"界面，单击"自动"单选按钮，然后单击"完成"按钮，如图 1-2-10 所示。

步骤 6：在"安装信息摘要"界面，单击"时间和日期"按钮进入"时间和日期"界面，设置地区为"亚洲"，城市为"上海"，单击"完成"按钮，如图 1-2-11 所示。

图 1-2-10　"安装目标位置"界面　　　　　　图 1-2-11　"时间和日期"界面

步骤 7：在"安装信息摘要"界面，单击"root 密码"按钮进入"ROOT 密码"界面，设置 root 账号的密码，至少 6 位，然后单击"完成"按钮，如图 1-2-12 所示。

步骤 8：在"安装信息摘要"界面，单击"网络和主机名"按钮进入"网络和主机名"界面，设置主机名为"bogon.yiteng.cn"，单击"应用"按钮生效后，如图 1-2-13 所示，然后单击"完成"按钮。

步骤 9：在"安装信息摘要"界面，单击"开始安装"按钮，开始安装 Rocky Linux 8.6 操作系统，如图 1-2-14 所示。

步骤 10：安装软件包大概需要 8～10 分钟，"安装进度"界面如图 1-2-15 所示。

步骤 11：完成安装后，单击"重启系统"按钮，重新引导操作系统，如图 1-2-16 所示。

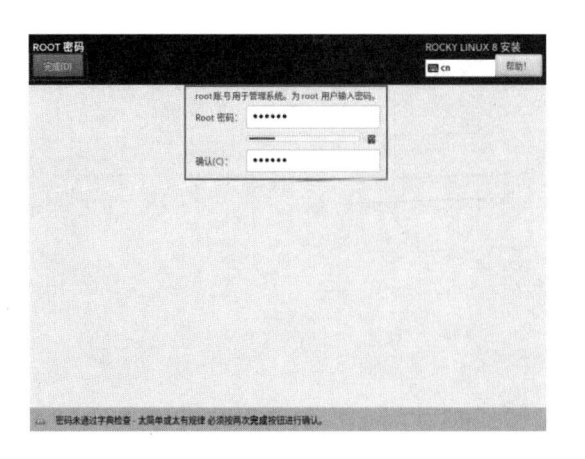

图 1-2-12 "ROOT 密码"界面

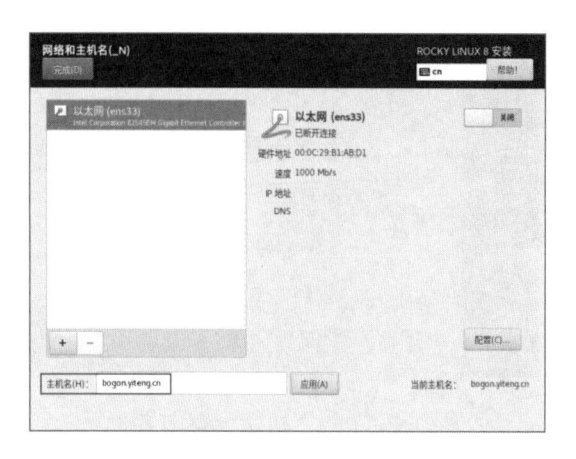

图 1-2-13 "网络和主机名"界面

图 1-2-14 开始安装 Rocky Linux 8.6 操作系统

图 1-2-15 "安装进度"界面

图 1-2-16 重新引导操作系统

3. 初次使用 Rocky Linux 8.6 操作系统

步骤 1：重新引导操作系统后，第一次使用前需设置许可证信息，在"初始设置"界面单击"许可信息"按钮，如图 1-2-17 所示。

步骤 2：进入"许可信息"界面，勾选"我同意许可协议"复选框，然后单击"完成"按钮，如图 1-2-18 所示。

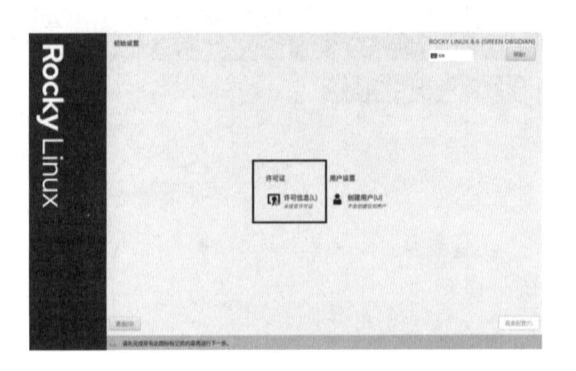

图 1-2-17　"初始设置"界面 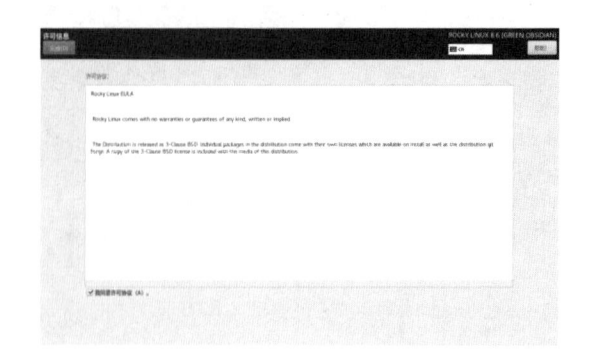　　　　　　　图 1-2-18　"许可信息"界面

步骤 3：在"初始设置"界面设置用户名，单击"创建用户"，如图 1-2-19 所示。

步骤 4：进入"创建用户"界面，设置全名和用户名为"admin"，密码自定义，单击"完成"按钮，如图 1-2-20 所示。

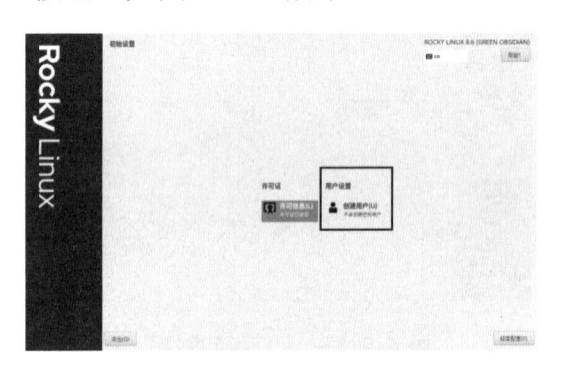

图 1-2-19　单击"创建用户" 　　　　　　　图 1-2-20　"创建用户"界面

步骤 5：在"初始设置"界面，单击"结束配置"按钮，完成许可信息初始设置，如图 1-2-21 所示。

步骤 6：初次登录操作系统，选择用户"admin"，输入密码，单击"登录"按钮，如图 1-2-22 所示。

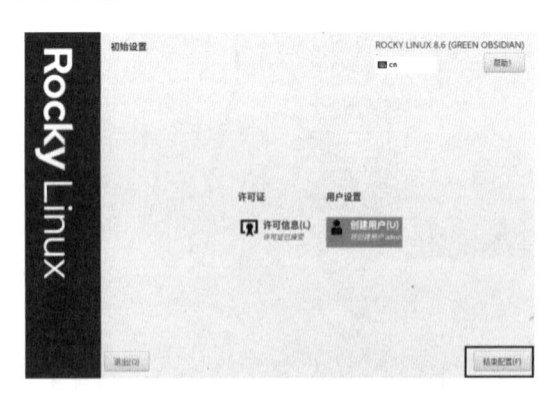

图 1-2-21　完成许可信息初始设置 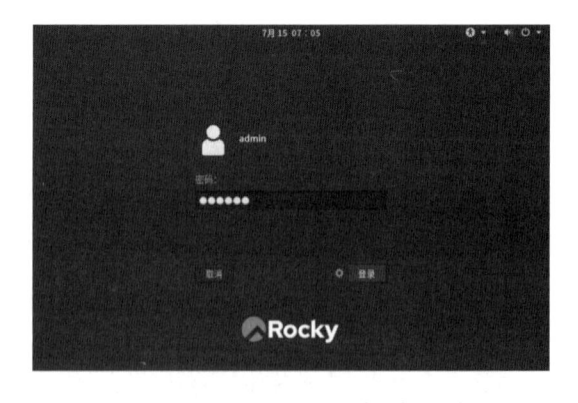　　　　　图 1-2-22　初次登录操作系统

步骤 7：登录操作系统后，进入"欢迎"界面，单击"前进"按钮，如图 1-2-23 所示。

步骤 8：在"输入"界面，单击"前进"按钮，如图 1-2-24 所示。

图 1-2-23 "欢迎"界面 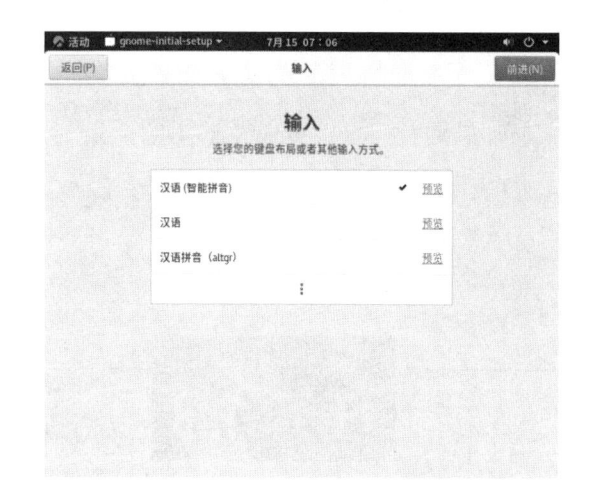　　　　　　　　　图 1-2-24 "输入"界面

步骤 9：在"隐私"界面，单击"前进"按钮，如图 1-2-25 所示。

步骤 10：在"准备好了"界面，单击"开始使用 Rocky Linux"按钮，如图 1-2-26 所示。

图 1-2-25 "隐私"界面 　　　　　　　　　图 1-2-26 "准备好了"界面

步骤 11：进入 Rocky Linux 8.6 操作系统主界面，如图 1-2-27 所示。

图 1-2-27 Rocky Linux 8.6 操作系统主界面

任务小结

（1）安装 Rocky Linux 8.6 操作系统时，注意交换分区的大小。
（2）Rocky Linux 8.6 操作系统安装成功后，须记住用户密码才能登录。

任务 1.3　虚拟机的操作与设置

任务描述

A 公司的网络管理员小彭，根据需求成功安装 VMware Workstation 16 Pro 虚拟机软件，并且新建了基于 Rocky Linux 8.6 操作系统的虚拟机，接下来的任务是进行虚拟机的操作与相关配置。

任务要求

每台虚拟机的功能要求不同，所以虚拟机的性能也存在差异，因此需要对虚拟机进行配置。更改虚拟机的硬件参数和配置，需要在虚拟机关闭的情况下进行。网络管理员小彭需要对虚拟机的配置进行修改，本任务的具体要求如下所示。

（1）预先浏览虚拟机的存储位置 D:\Server1\Server1.vmx。
（2）修改虚拟机的配置，Rocky Linux 8.6 虚拟机的基本配置见表 1-3-1。

表 1-3-1　Rocky Linux 8.6 虚拟机的基本配置

项目参数	说　明
基本操作	打开虚拟机，存储位置为 D:\Server1\Server1.vmx
	关闭虚拟机、挂起与恢复虚拟机和删除虚拟机
	修改虚拟机的网络连接类型为仅主机模式
克隆	创建完整克隆，名称为 Server2，位置为 D:\
快照	创建快照，名称为 Server1 初始快照
	快照管理，将 Server1 虚拟机恢复到快照初始状态

任务资讯

1. VMware 网络工作方式

VMware Workstation 虚拟机有三种网络类型：桥接模式（Bridge）、NAT 模式和仅主机模式（Host-Only）。在介绍 VMware Workstation 虚拟机的网络类型之前，应先掌握 VMware Workstation 虚拟机的虚拟网络设备及其作用，具体见表1-3-2。

表1-3-2　VMware Workstation 虚拟机的虚拟网络设备及其作用

虚拟网络设备（网卡）	作　　用
VMnet0	用于 Vmware 虚拟桥接网络下的虚拟交换机
VMnet1	用于 Vmware 虚拟仅主机模式网络下的虚拟交换机
VMnet8	用于 Vmware 虚拟 NAT 网络下的虚拟交换机
VMware Network Adepter VMnet1	Host 与仅主机模式虚拟网络进行通信的虚拟网卡
VMware Network Adepter VMnet8	Host 与 NAT 虚拟网络进行通信的虚拟网卡

（1）桥接模式。

桥接模式，相当于在物理机与虚拟机网卡之间架设了一座桥梁，从而通过物理机的网卡连接网络。因此，它使虚拟机被分配到一个网络中独立的 IP 地址，所有网络功能完全和在网络中的物理机一样，既可以实现虚拟机和物理机的相互访问，也可以实现虚拟机之间的相互访问。在物理机中，桥接模式虚拟机网卡对应的物理网卡是 VMnet0。

（2）NAT 模式。

在这种模式下，物理机会变成一台虚拟交换机，物理机网卡与虚拟机的虚拟网卡利用虚拟交换机进行通信，物理机与虚拟机在同一网段中，虚拟机可直接利用物理网络访问外网，实现虚拟机连通互联网，但是只能进行单向访问，即虚拟机可以访问网络中的物理机，网络中的物理机不可以访问虚拟机，并且虚拟机之间不可以互相访问。在物理机中，NAT 虚拟机网卡对应的物理网卡是 VMnet8。

（3）仅主机模式。

仅主机模式指在主机中模拟出一张专供虚拟机使用的网卡，所有虚拟机都是连接到该网卡上的。这种模式仅让虚拟机内的主机与物理机通信，不能访问外网。在物理机中，仅主机模式虚拟机网卡对应的物理网卡是 VMnet1。

2. 虚拟机克隆

虽然安装和配置虚拟机都很方便，但仍然是一项耗时的工作，经常需要多个虚拟机来完成学习或实验，而虚拟机软件提供的克隆功能能够快速部署虚拟机，使其安装和配置更加方便。克隆是通过一个已经存在的虚拟机作为父本，迅速地建立该虚拟机的副本。克隆出的虚拟机是一个单独的虚拟机，功能独立。在克隆出的操作系统中，即使共享父本的硬盘，所做的任何操作也不会影响父本，在父本中的操作也不会影响克隆的副本。同时，副本的网卡、MAC 地址和 UUID（Universally Unique IDentifier，通用唯一识别码）与父本都不一样。使用克隆功能，可以轻松复制虚拟机的多个副本，而不用考虑虚拟机文件和配置文件的位置。

（1）克隆的应用。

当需要把一个虚拟机操作系统分发给多人使用的时候，克隆非常有效，如以下场景。

① 在单位里，可以把安装配置好办公环境的虚拟机克隆给每个工作人员使用。

② 在软件测试时，可以把预先配置好的测试环境克隆给每个测试人员单独使用。

③ 老师可以把课程中要用到的实验环境准备好，然后克隆给每个学生单独使用。

（2）克隆的类型。

① 完整克隆。

完整克隆是一个独立的虚拟机，克隆结束后它无须共享父本。完整克隆的过程是完全克隆一个副本，并且和父本完全分离。完全克隆是从父本的当前状态开始克隆，克隆结束后与父本再无关联。

② 链接克隆。

链接克隆是从父本的一个快照克隆出来的。链接克隆需要使用到父本的磁盘文件，如果父本无法使用（如被删除），那么链接克隆同样也无法使用。

3. 虚拟机快照

在学习操作系统的过程中，往往会反复地对系统进行设置，其中有些操作是不可逆的，即使操作可逆，也需花费大量的时间和精力，此时可以对系统的状态进行备份，在做完实验或者实验失败后，使用快照功能，可以迅速将系统恢复到实验前的状态，而大部分虚拟机都提供了类似的功能。

快照是对虚拟机磁盘文件在某个点及时的副本。用户可以通过设置多个快照为不同的工作保存多个状态，并且不互相影响。快照可以在操作系统运行过程中随时设置，也可以随时恢复到创建快照时的状态，创建和恢复的速度都非常快，仅需几秒。当系统崩溃或系统异常时，可以通过使用快照功能恢复磁盘文件系统和系统存储状态。

任务实施

1. 虚拟机基本操作

（1）打开虚拟机。

步骤1：打开 VMware Workstation"主页"界面，单击"打开虚拟机"按钮，如图 1-3-1 所示。

步骤2：在"打开"对话框中，浏览虚拟机的存储位置并选择虚拟机的配置文件"D:\Server1\Server1.vmx"，然后单击"打开"按钮，如图 1-3-2 所示。

✓ **小贴士**

在虚拟机存储位置下，存储了有关该虚拟机的所有文件或文件夹，常见 VMware Workstation 虚拟机文件的扩展名及其作用见表 1-3-3。

表 1-3-3 常见 VMware Workstation 虚拟机文件扩展名及其作用

扩 展 名	作　　用
.vmx	虚拟机配置文件，存储虚拟机的硬件及设置信息，运行此文件即可显示该虚拟机的配置信息
.vmdk	虚拟磁盘文件，存储虚拟机磁盘里的内容
.nvram	存储虚拟机的 BIOS 状态信息
.vmsd	存储虚拟机的快照相关信息
.log	存储虚拟机的运行信息，常用于对虚拟机进行故障诊断
.vmss	存储虚拟机的挂起状态信息

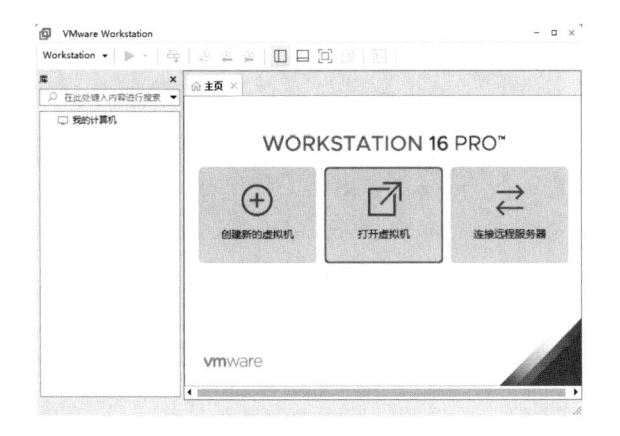

图 1-3-1　VMware Workstation "主页" 界面

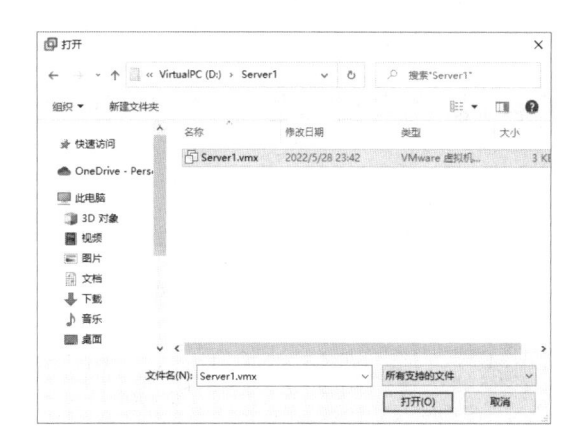

图 1-3-2　"打开" 对话框

步骤 3：返回 "Server1-VMware Workstation" 窗口并单击 "Server1" 选项卡后，然后单击 "开启此虚拟机" 按钮，打开虚拟机，如图 1-3-3 所示。

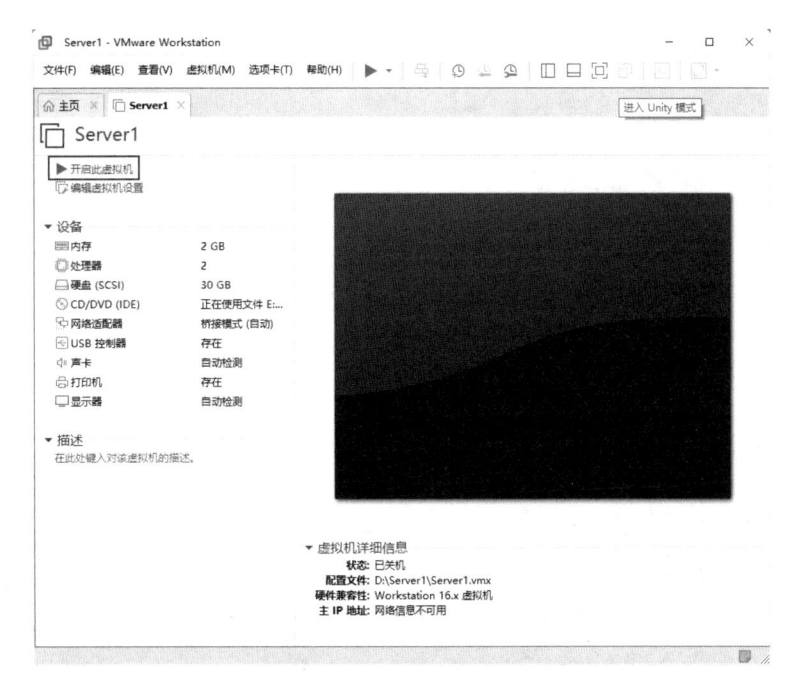

图 1-3-3　打开虚拟机

（2）关闭虚拟机。

步骤 1：在虚拟机所安装的操作系统中关闭虚拟机。本任务以 Server1 的虚拟机为例，单击顶部栏右端的"⏻"按钮，弹出如图 1-3-4 所示的关闭系统菜单，单击菜单中的"⏻"按钮，弹出如图 1-3-5 所示的"关机"提示框，默认选择"关机"，若不做任何选择，则系统将在 60 s 后自动关闭。

图 1-3-4　关闭系统菜单　　　　　　　图 1-3-5　"关机"提示框

步骤 2：出现因虚拟机内操作不当造成的系统蓝屏、宕机等异常情况，无法正常关闭虚拟机时，可在"Server1-VMware Workstation"窗口中单击"⏸"按钮右侧下拉按钮，在打开的下拉菜单中选择"关闭客户机"选项或"关机"选项，如图 1-3-6 和图 1-3-7 所示。

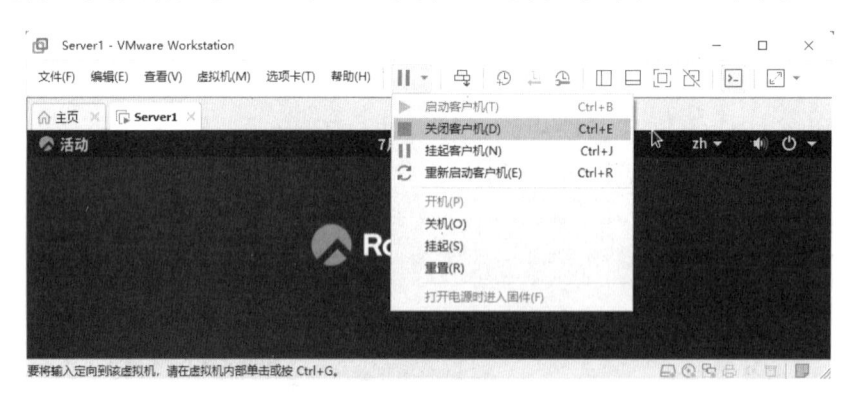

图 1-3-6　选择"关闭客户机"选项

图 1-3-7　选择"关机"选项

（3）挂起与继续运行虚拟机。

步骤 1：挂起虚拟机。可在"Server1-VMware Workstation"窗口中单击"▌▌"按钮，或单击"▌▌"按钮右侧下拉按钮，在打开的下拉菜单中选择"挂起客户机"选项，如图 1-3-8 所示。

图 1-3-8 挂起虚拟机

步骤 2：继续运行已挂起的虚拟机。可在"Server1-VMware Workstation"窗口中单击该虚拟机选项卡，然后单击"继续运行此虚拟机"按钮，如图 1-3-9 所示。

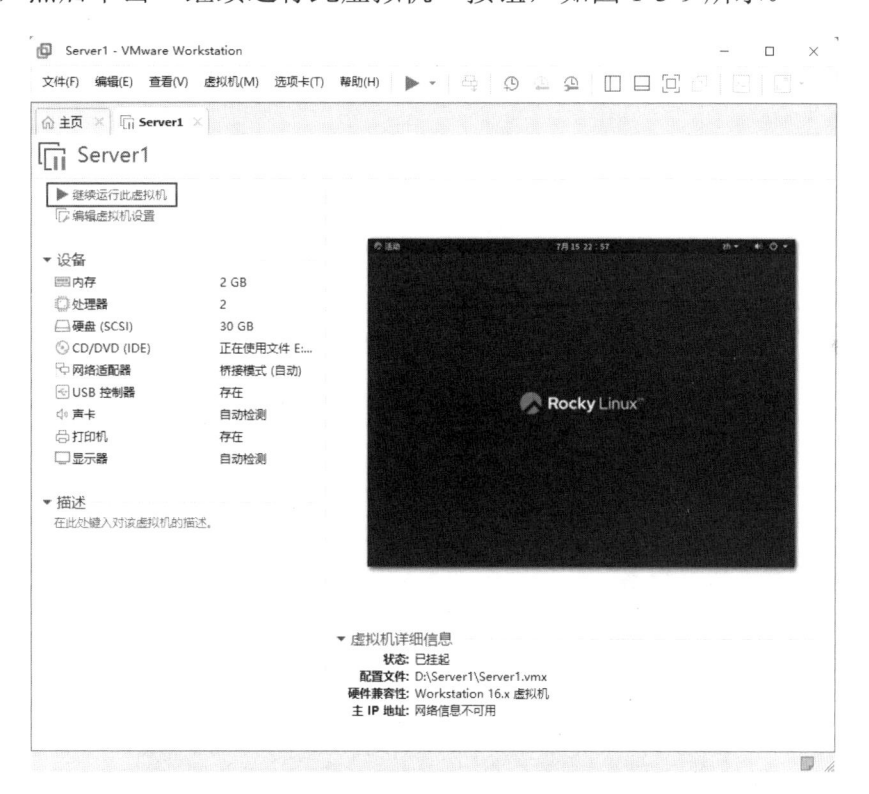

图 1-3-9 继续运行已挂起的虚拟机

（4）删除虚拟机。

步骤 1：单击虚拟机"Server1"选项卡，然后单击"虚拟机"菜单，依次选择"管理"→"从磁盘中删除"选项，删除虚拟机，如图 1-3-10 所示。

步骤 2：在弹出的"VMware Workstation"提示框中，单击"是"按钮，如图 1-3-11 所示。

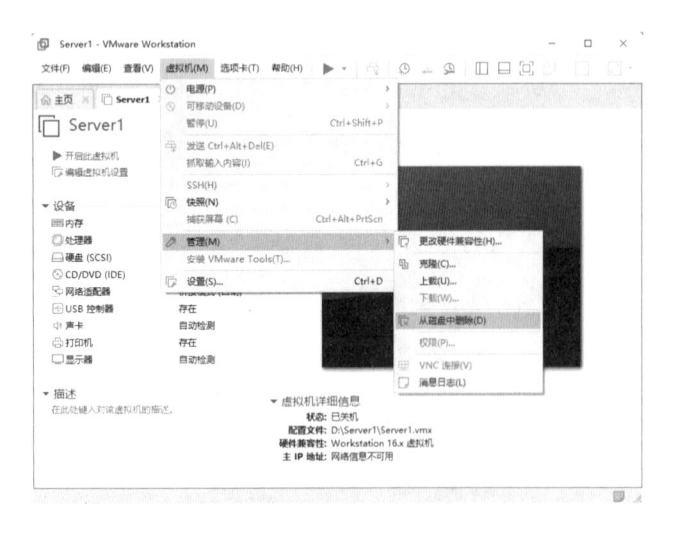

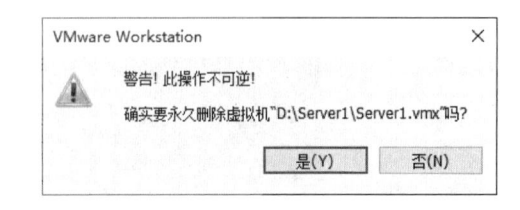

图 1-3-10　删除虚拟机　　　　　　　　图 1-3-11　"VMware Workstation"提示框

> **小贴士**
>
> 选择"从磁盘中删除"选项，会删除虚拟机物理路径下的所有文件。若在左侧的虚拟机列表中删除，则只是在"VMware Workstation"窗口删除显示，而不会删除虚拟机物理路径下的任何文件。

（5）修改虚拟机硬件设置。

在使用虚拟机的过程中，可按需对虚拟机的部分硬件参数进行修改，如内存大小、CPU个数、网络适配器的连接方式等，这里将一台虚拟机的网络适配器由"桥接模式"修改为"仅主机模式"。

步骤 1：单击要修改硬件的虚拟机"Server1"选项卡，然后单击"虚拟机"菜单，在打开的下拉菜单中选择"设置"选项。修改虚拟机硬件设置如图 1-3-12 所示。

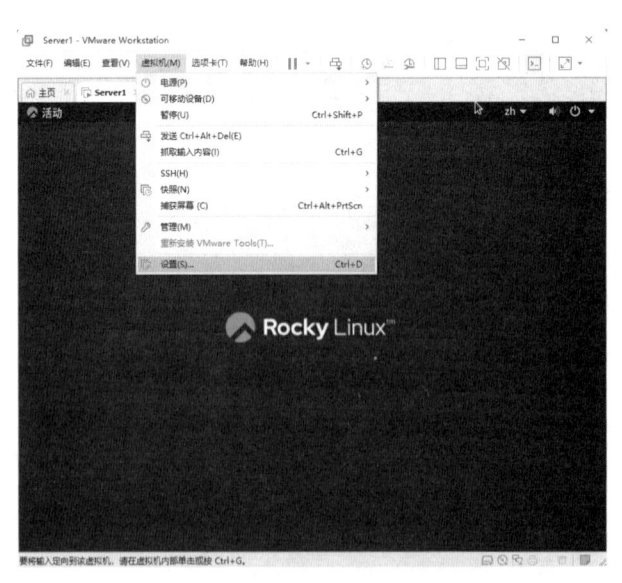

图 1-3-12　修改虚拟机硬件设置

步骤 2：在"虚拟机设置"对话框的"硬件"选项卡中，选择"网络适配器"选项，然后修改网络连接类型为"仅主机模式"，再单击"确定"按钮。修改网络适配器设置如图 1-3-13 所示。

图 1-3-13　修改网络适配器设置

> **小贴士**
>
> 在使用虚拟机的过程中，如需要加载或更换光盘映像文件，建议将"CD/DVD（SATA）"的设备状态设置为"已连接"和"启动时连接"。

2. 创建虚拟机克隆与快照

（1）虚拟机的完整克隆。

VMware Workstation 16 Pro 虚拟机的克隆功能可以克隆当前状态，也可以克隆现有快照（需要关闭虚拟机）。

步骤 1：选择"虚拟机"→"管理"→"克隆"选项，操作步骤如图 1-3-14 所示。

步骤 2：弹出"克隆虚拟机向导"对话框，直接单击"下一步"按钮，然后在"克隆源"界面中单击"虚拟机中的当前状态"单选按钮，单击"下一页"按钮，如图 1-3-15 所示。

步骤 3：在"克隆类型"界面中，单击"创建完整克隆"单选按钮，然后单击"下一页"按钮，如图 1-3-16 所示。

步骤 4：在"新虚拟机名称"界面上设置克隆的虚拟机的名称和位置，然后单击"完成"

按钮，完成新克隆的建立，如图 1-3-17 所示。采用同样的方法，可以建立多个虚拟机的克隆。

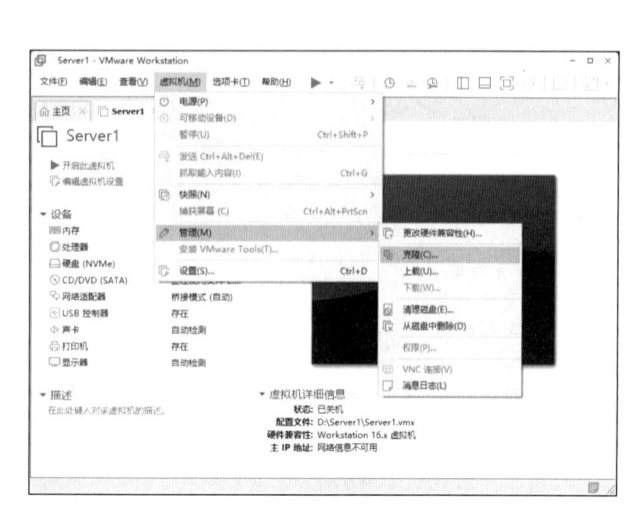

图 1-3-14 操作步骤

图 1-3-15 "克隆源"界面

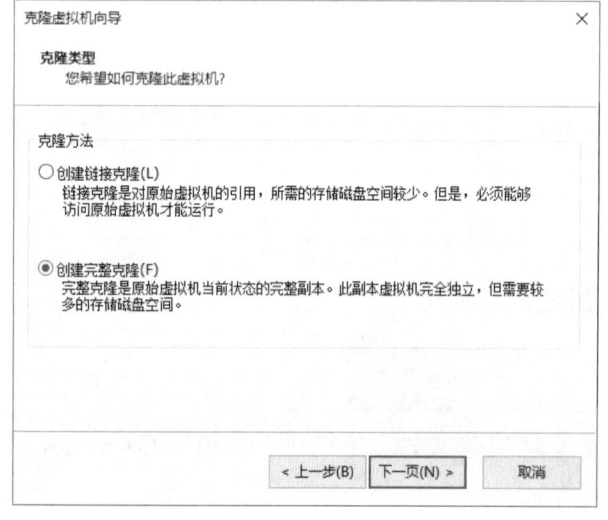

图 1-3-16 "克隆类型"界面

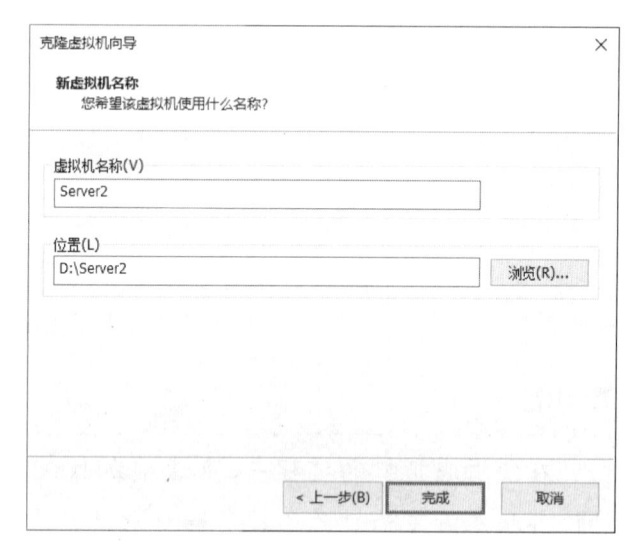

图 1-3-17 "新虚拟机名称"界面

（2）快照的生成。

设置虚拟机的快照无须关闭计算机，虚拟机在任何状态下都可以生成快照，以便可以迅速还原到备份时的状态。

步骤 1：在虚拟机运行的窗口选择"虚拟机"→"快照"→"拍摄快照"选项，操作步骤如图 1-3-18 所示。

步骤 2：在弹出的"Server1-拍摄快照"对话框中，设置快照的名称和描述，然后单击"拍摄快照"按钮生成快照，如图 1-3-19 所示。

（3）快照的管理。

步骤 1：在快照管理中，可以恢复到快照备份的点。可以在虚拟机运行的窗口选择"虚拟机"→"快照"→"快照管理器"选项，操作步骤如图 1-3-20 所示。

步骤 2：弹出"Server1-快照管理器"对话框，选择要恢复的快照点，单击"转到"按钮就可以恢复到快照的备份点了，如图 1-3-21 所示。

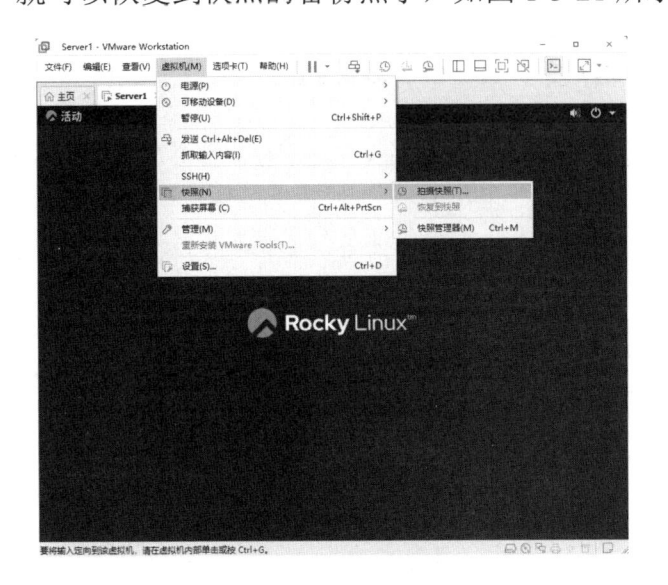

图 1-3-18　操作步骤

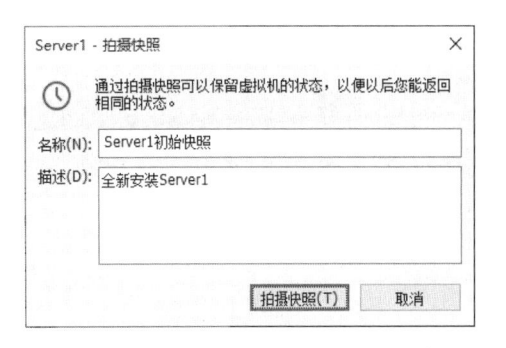

图 1-3-19　"Server1-拍摄快照"对话框

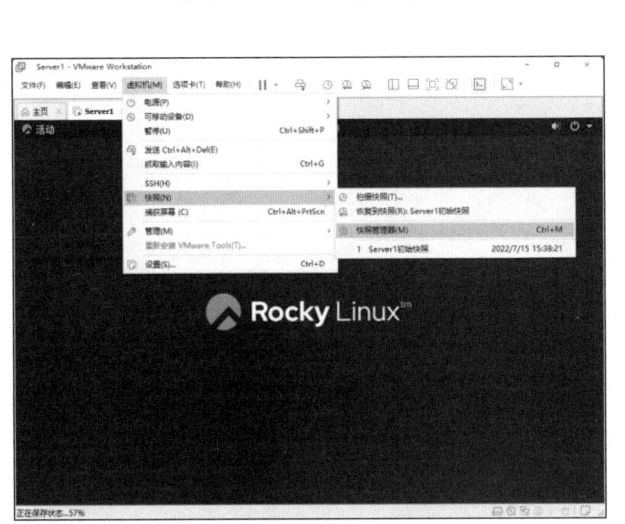

图 1-3-20　操作步骤

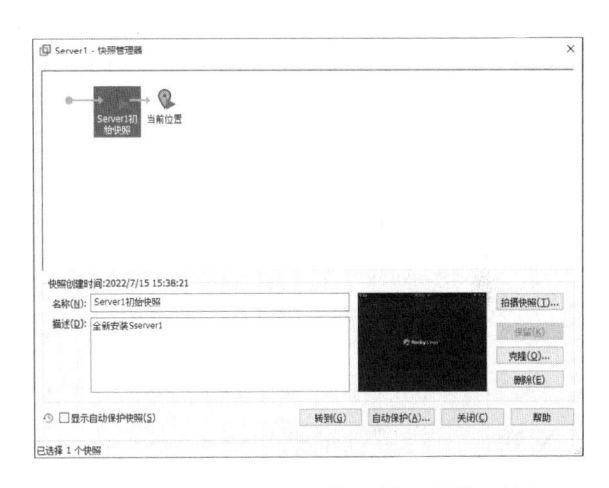

图 1-3-21　"Server1-快照管理器"对话框

任务小结

（1）VMware 网络的工作方式有桥接模式、NAT 模式和仅主机模式，注意三种模式的区别。

（2）虚拟机的克隆和快照功能能够快速部署虚拟机。

（3）虚拟机的快照功能在操作系统运行过程中可随时设置，以便在操作系统崩溃、异常时，能够快速恢复到创建快照时的状态。

任务 1.4 图形界面的操作

任务描述

A 公司的网络管理员小彭将 Rocky Linux 8.6 操作系统安装完成后，需要为所有的服务器完成系统的基本配置，并且了解系统的基本操作，从而熟悉和保证系统的正常运行。

任务要求

小彭将这些基本配置在图形界面中完成。本任务的具体要求如下所示。
（1）使用普通用户 admin 的身份登录 Rocky Linux 8.6 操作系统。
（2）在图形界面下打开文件和应用程序管理器。
（3）打开 Rocky Linux 8.6 操作系统的终端窗口。
（4）在 Rocky Linux 8.6 操作系统中进行注销、重启和关机操作。

任务资讯

桌面环境是用户与操作系统之间的一个图形界面。桌面环境由多个组件构成，包括窗口、文件夹、工具栏、菜单栏、图标及拖放服务等。与 Windows 操作系统的桌面环境相比，Linux 操作系统的桌面环境更加丰富多彩、千变万化。常见的桌面环境包括 GNOME、KDE、Xfce 和 LXDE，用户可以根据自己的爱好来选择。

1. GNOME

GNOME（GNU Network Object Model Environment，GNU 网络对象模型环境）于 1999 年首次发布，GNOME 提供了一种简单而经典的桌面体验，没有太多的选项需要定制。GNOME 的受欢迎程度证明了这些设计目标的正确性。GNOME 3 桌面的设计目标是简单、易于访问和可靠。Ubuntu 16.04 版本使用的默认桌面是 Unity，而 Ubuntu 18.04 版本开始弃用 Unity，改用 GNOME 3 作为官方默认桌面，这将使 GNOME 3 桌面更加流行。Rocky Linux 的发行版本默认使用 GNOME 3 桌面环境。

2. KDE

KDE（K Desktop Environment，K 桌面环境）是高度可配置的，用户若不喜欢该桌面的某些内容，则在绝大多数情况下可以按照自己的想法来配置桌面环境。它在 1998 年发布了第 1 个版本。KDE 在可定制性方面一直优于 GNOME 及其衍生的 Linux 发行版本，这意味着用户可以定制该桌面环境中的一切元素，甚至无须通过扩展插件来完成。

3. Xfce

Xfce 是类 UNIX 操作系统的轻量级桌面环境。虽然它致力于快速运行与低资源消耗，但是它仍具有视觉吸引力且易于使用。Xfce 包含大量组件，有用户期待的现代桌面环境所应具有的完整功能。类似于 GNOME 3 和 KDE，Xfce 包含一套应用程序，如根窗口程序、窗口管理器、文件管理器、面板等。Xfce 使用 GTK2 进行开发，同时，与其他桌面环境一样，它也有自己的开发环境（库、守护进程等）。不同于 GNOME 3 和 KDE，Xfce 是轻量级的，并且在设计上更接近 CDE（Common Desktop Environment，公共桌面环境），而不是 Windows 或 MacOS。Xfce 的开发周期较长，但却非常稳定，运行速度极快，适合在较老的机器上使用。

4. LXDE

LXDE（Lightweight X11 Desktop Environment）是一个自由桌面环境，可在 UNIX 及类似 Linux、BSD 等 POSIX 平台上运行。LXDE 旨在提供一个新的、轻巧的、快速的桌面环境。LXDE 注重实用性和轻巧性，并且尽力降低其对系统资源的消耗。不同于其他桌面环境，其元件相依性极小，各元件可独立运行，大多数的元件都无须依赖其他套件而独立执行。LXDE 使用 Openbox 作为其预设视窗管理器，并且希望能够提供一个建立在可独立套件上的轻巧而快速的桌面环境。

任务实施

1. 初次登录系统

登录界面默认添加的是普通用户，如果想以管理员 root 的身份登录，那么可单击如图 1-4-1（a）所示的"未列出？"按钮，输入用户名"root"，如图 1-4-1（b）所示，单击"下一步"按钮，输入正确密码，然后单击"登录"按钮，即可登录系统。

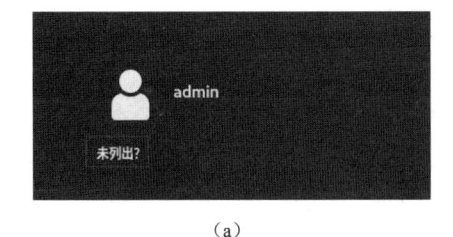

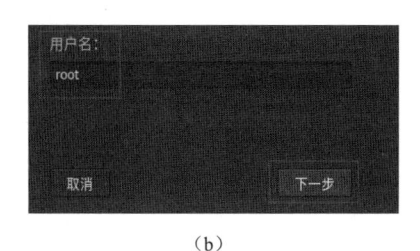

（a） （b）

图 1-4-1 登录界面

2. 切换不同终端

安装好 Rocky Linux 8.6 操作系统之后，若默认运行的是图形界面，则系统启动后会直接进入默认桌面环境（GNOME）；若默认运行的是字符界面，则系统启动后会进入字符界面。

Rocky Linux 8.6 操作系统提供了 6 个终端用来管理系统，真正做到多用户、多任务。这些终端接收用户的键盘输入，并将结果输出到终端的屏幕上，按"Ctrl+Alt+F1"组合键～"Ctrl+Alt+F6"组合键即可切换终端，其中"Ctrl+Alt+F1"对应的是图形界面终端，其他的是字符界面终端。例如，按"Ctrl+Alt+F2"组合键显示的字符界面终端，如图 1-4-2 所示。

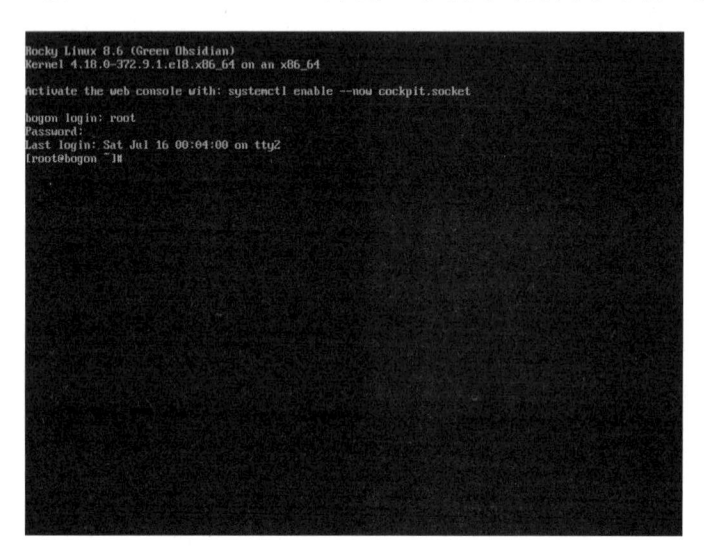

图 1-4-2　字符界面终端

3. 注销和重启

若想注销当前用户，则可单击顶部栏右端的"⏻"按钮，弹出如图 1-4-3 所示的关闭系统菜单，再单击"root 用户"下的"注销"按钮，将弹出如图 1-4-4 所示的"注销 root"提示框，若不做任何选择，则 root 用户将在 60 s 后自动注销。

若想重启系统，则可单击如图 1-4-3 所示的右下角的"⏻"按钮，弹出如图 1-4-5 所示的"关机"提示框，再单击"重启"按钮，即可重启系统。若不做任何选择，则系统将在 60 s 后自动关机。

图 1-4-3　关闭系统菜单

图 1-4-4 "注销 root"提示框　　　　图 1-4-5 "关机"提示框

4. 终端窗口

和 Windows 操作系统一样，Linux 操作系统也提供了优秀的图形界面，用户可以通过图形界面非常方便地执行各种操作。但是对于大多数 Linux 操作系统管理员来说，最常用的操作环境还是 Linux 的终端窗口，又称为命令行窗口、字符界面或 Shell 界面。Shell 将用户输入的命令进行适当的解释，然后提交给内核程序执行，最后将命令的执行结果显示给用户。下面以 Rocky Linux 8.6 操作系统为例，说明如何打开终端窗口。

登录 Rocky Linux 8.6 操作系统之后，依次选择"活动"→"显示应用程序"→"工具"→"终端"选项，即可打开 Rocky Linux 8.6 终端窗口，如图 1-4-6 所示。

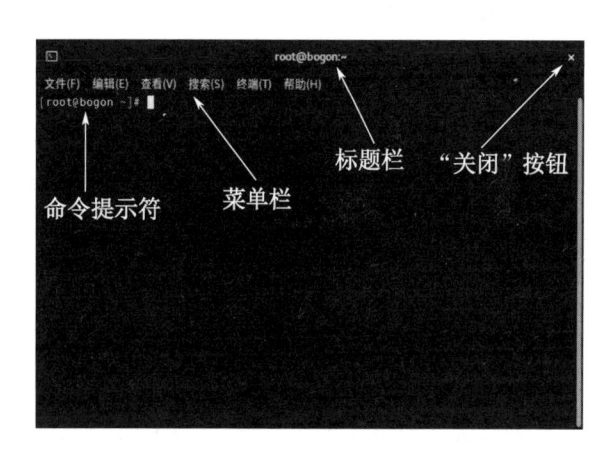

在默认配置下，Rocky Linux 8.6 的终端窗口如图 1-4-7 所示。在终端窗口的最上方是标题栏，在标题栏的处显示了当前登录终端窗口的用户名及主机名；在标题栏上有"关闭"按钮；在标题栏下方从左至右共有六个菜单，用户可以选择相应的菜单及子菜单中的选项完成相应的操作。

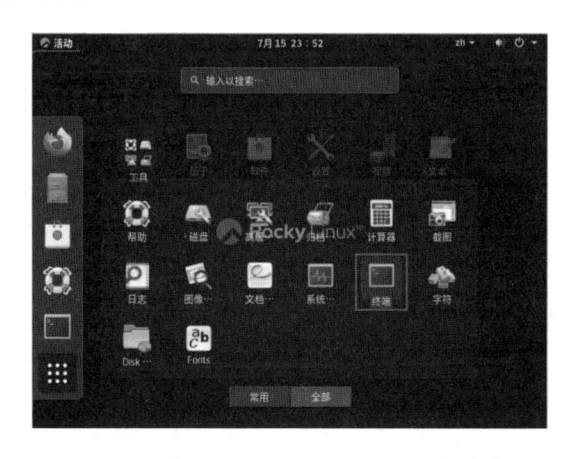

图 1-4-6　打开 Rocky Linux 8.6 终端窗口　　　　图 1-4-7　Rocky Linux 8.6 的终端窗口

登录 Linux 操作系统的字符界面后，会出现以"#"或者"$"结束的命令提示行，如下所示。

```
[root@bogon ~]#
```

（1）"[]"是分隔符号，表示命令提示符的边界。

（2）"root"表示当前的登录用户名。

（3）"bogon"表示系统主机名。

（4）"~"表示用户当前的工作目录。

(5)"#"表示命令提示符,其中"$"字符表示的是普通用户;"#"字符表示的是管理员用户。

任务小结

(1)使用 Rocky Linux 8.6 操作系统时,字符界面比图形界面更加方便。
(2)管理员用户的提示符为"#",普通用户的提示符为"$"。

项目实训

1. 建立虚拟机

建立一个新的虚拟机,名称为 Rocky-1,虚拟硬盘保存在 E:\VM 文件夹,设置内存大小为 1 024 MB,处理器个数为 2,硬盘大小为 40 GB,动态分配磁盘空间,并设置网络连接使用仅主机模式。

2. 安装 Rocky Linux 8.6 操作系统

(1)不检测光盘介质,选择语言为简体中文版,键盘默认。
(2)自定义分区:swap 分区大小为 2 048 MB;boot 分区大小为 500 MB,文件类型为 XFS;根分区大小为 25 GB,文件类型为 XFS;home 分区大小为 3 GB,文件类型为 XFS。
(3)时区为"上海"。
(4)root 用户密码自定义,添加普通用户 admin,密码为 password。

3. 克隆和快照

(1)克隆 Rocky-1 虚拟机,使用完整克隆,名称为 Rocky-2,保存位置为 E:\VM 文件夹。
(2)启动 Rocky-2,并在桌面新建一个文档 test,输入自己的姓名。
(3)为当前状态建立快照,快照名称为 before delete。
(4)删除 test 文件,并使用快照 before delete 恢复系统状态。

4. 初次使用 Linux 操作系统

(1)分别使用 root 和 admin 用户进行登录,比较桌面环境和命令行环境的不同之处。
(2)分别打开"显示应用程序"和"文件"菜单,观察这些菜单下面都有哪些选项,与 Windows 操作系统有什么异同。

项目 2

文件系统与磁盘管理

项目描述

A 公司是一家拥有上百台服务器的公司。网络管理员小彭将服务器操作系统安装完成后,在操作该系统时,面对的都是各种各样的文件。作为一名合格的网络管理员,必须熟悉 Linux 文件系统目录的结构及作用,掌握常用文件和目录的操作命令,掌握命令行下功能强大的 vim 编辑器的使用方法。

服务器的存储管理是网络管理员的日常维护工作,作为公司的网络管理员,必须掌握磁盘的分区、格式化及挂载等操作;为了避免有些用户无限制地使用磁盘空间,网络管理员最好对用户能够使用的最大磁盘空间进行限制。

本项目主要介绍 Linux 操作系统中的文件和目录操作命令、vim 编辑器的使用方法和支持的文件系统类型,以及如何对磁盘进行分区、挂载等。

知识目标

1. 了解文件系统的基本概念。
2. 掌握 Linux 文件系统目录的结构及主要目录的用途。
3. 掌握文件的类型。
4. 掌握常用文件和目录的管理命令。
5. 掌握 vim 编辑器的三种模式。
6. 理解磁盘分区的命名规则。
7. 掌握 RAID 的原理。

8. 掌握磁盘的管理命令。

能力目标

1. 能够使用文件和目录的管理命令进行查看、创建、删除、复制和移动等操作。
2. 能够使用 vim 编辑器实现文件的操作。
3. 能够使用 fdisk、mkfs 等磁盘管理命令对磁盘进行分区与格式化。
4. 能够正确使用创建文件系统命令和挂载命令。
5. 能够实现对不同 RAID 的配置。

素质目标

1. 培养读者建立数据安全意识。
2. 培养读者建立提前规划意识。
3. 培养读者严谨、细致的工作态度和职业素养。

任务 2.1 管理文件与目录

任务描述

A 公司的网络管理员小彭听从工程师的建议，开始专心研究 Linux 操作系统的常用操作，查找了很多资料后，决定从管理文件与目录开始学习。

任务要求

管理文件与目录是 Linux 基础命令中应用得相对较多的命令，也是 Linux 操作系统管理中基础的岗位能力，可作为广大初学者的首选学习内容。本任务的具体要求如下所示。

（1）在根目录下建立/test、/test/etc、/test/exer/task1、/test/exer/task2 目录，并使用 tree 命令查看/test 目录的结构。

（2）复制/etc/目录下所有以字母"a""b""c"开头的文件到/test/etc 目录下（包括子目录），将当前目录切换到/test/etc 目录，以相对路径的方式查看/test/etc 目录下的内容。

（3）将当前目录切换到/test/exer/task1 目录，在当前目录下建立 file1.txt 和 file2.txt 空文件，并将 file2.txt 文件更名为 file4.txt，使用相对路径的方式将/test/etc/bashrc 文件复制成/test/exer/task1/file3.txt 新文件，并查看当前目录下的文件。

（4）以绝对路径的方式，直接删除/test/etc 目录下以"cron"开头的所有文件或子目录，移动/test/etc 目录下以"ch"开头的文件或子目录到/test/exer/task2 目录下。

（5）查看/test/etc 目录下以"al"开头的文件的文件类型。

（6）将当前目录切换到/test/exer/task1 目录，使用相对路径的方式为 file1.txt 文件建立硬链接，链接文件为 file5.txt 文件，为 file3 文件建立软链接，链接文件为 file6.txt 文件，链接文件存放于/test/exer/task2 目录下，查看两个目录下的文件列表。

（7）使用 echo 命令建立/var/info1 文件，文件内容如下所示。

　　Banana

　　Orange

　　Apple

（8）统计/etc/sysctl.conf 文件中的字节数、单词数、行数，并将统计结果存放在/var/info2 文件中。

（9）使用命令查看/var/info1 文件前两行的内容，并将输出结果存放在/var/info3 文件中。

（10）使用命令查找/etc 目录下名以"c"开头、以"conf"结尾、大于 5 KB 的文件，并将查询结果存放在/var/info4 文件中。

（11）使用命令查看/var/info1 文件后两行的内容，并将输出结果存放在/var/info5 文件中。

（12）使用命令输出/var/info1 文件中不包括"pp"字符串的行，并输出行号，将输出结果存放在/var/info6 文件中。

任务资讯

1. 文件系统

文件系统是操作系统用来存储和管理文件的系统。从操作系统的角度来看，文件系统能对文件的存储空间进行组织和分配，并对文件进行权限控制。从用户的角度来看，文件系统可以帮助用户创建文件，并对文件进行读/写、删除等操作。

Linux 操作系统通过分配文件块的方式把文件存储在存储设备中，而分配信息本身也存在于磁盘中，不同的文件系统用不同的方法分配和读取文件块。不同的操作系统使用不同类型的文件系统，为了与其他操作系统兼容，交互数据，每个操作系统都支持多种类型的文件系统，如 Windows 操作系统支持 FAT、NTFS 等文件系统；Linux 操作系统保存数据的磁盘分区通常支持 Ext3、Ext4、XFS 等文件系统，实现虚拟存储的 SWAP 分区支持 SWAP 等文件系统。

Linux 操作系统中常用的文件系统及其功能见表 2-1-1。

表 2-1-1　Linux 操作系统中常用的文件系统及其功能

文件系统	功　　能
Ext	延伸文件系统（Extended file system，缩写为 Ext 或 Ext1），也译为扩展文件系统，是 Linux 操作系统最早的文件系统，最大可支持 2 GB 的文件系统，目前已不再使用
Ext2	Ext 的升级版本，最大可支持 2 TB 的文件系统，至 Linux 内核 2.6 版本时，支持最大 32 TB 的分区
Ext3	Ext2 的升级版本，完全兼容 Ext2 文件系统，是一个日志文件系统，非常稳定可靠
Ext4	Ext3 的改进版本，Ext4 引入了众多高级功能，提供了更佳的性能和可靠性，带来了颠覆性的变化，如更大的文件系统和更大的文件、多块分配、延迟分配、快速 FSCK、日志校验、无日志模式、在线碎片整理、inode 增强、默认启用 Barrier、纳秒级时间戳等。Ext4 支持最大 1 EB 的文件系统、16 TB 的文件和无限数量的子目录
SWAP	SWAP 文件系统用于 Linux 的交换分区。交换分区一般为系统物理内存的 2 倍，类似于 Windows 操作系统的虚拟内存功能
XFS	Rocky Linux 的默认文件系统，是一种高性能的日志文件系统，用于大容量磁盘（可支持高达 18 EB 的存储容量）和处理巨型文件，几乎具有 Ext4 文件系统的所有功能，伸缩性强，性能优异
ISO 9660	光盘的标准文件系统，支持对光盘的读写和刻录等
proc	proc 文件系统是一个伪文件系统，它只存在于内存中，而不占用外存空间。在运行时访问内核的内部数据结构、改变内核设置的机制

2. Linux 文件系统的层次结构

请读者回想一下在 Windows 操作系统中管理文件的方式。一般来说，人们会把文件和目录按照不同的用途存放在 C 盘、D 盘等以不同盘符表示的分区中。而在 Linux 文件系统中，所有的文件和目录都被存放在一个被列为"根目录"的节点中，用"/"表示。在根目录下可以创建子目录和文件，子目录下还可以继续创建目录和文件。所有目录和文件形成一棵以根目录为根节点的倒置的目录树，目录树的每个节点都代表一个目录或文件。Linux 文件系统的层次结构如图 2-1-1 所示。

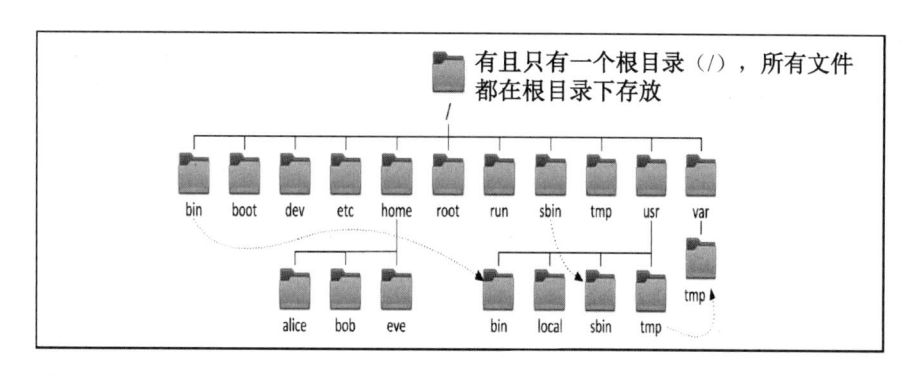

图 2-1-1　Linux 文件系统的层次结构

Linux 文件系统的目录使用树形结构管理，系统默认的目录都有特定的内容，有些目录很重要，在操作时应注意不要失误，Rocky Linux 8.6 操作系统自带的目录及其功能见表 2-1-2。

表 2-1-2　Rocky Linux 8.6 操作系统自带的目录及其功能

目　　录	功　　能
/	根目录，所有 Linux 的文件和目录所在的地方
/bin	bin 是 Binary 的缩写，存放最经常使用的命令
/boot	内核及加载内核所需的文件
/dev	dev 是 Device（设备）的缩写，在 Linux 操作系统中外部设备是以文件方式存在的，如磁盘、Modem 等
/etc	启动文件及配置文件
/home	用户的主目录，每个用户都有一个自己的目录，目录名与用户账号名相同
/lib	C 编译器的库和部分 C 编译器
/lost+found	该目录一般情况下是空的，当系统非法关机后，该目录会产生一些文件
/media	常用来挂载分区，如双系统时的 Windows 分区、U 盘、CD/DVD 等会自动挂载并在该目录下自动产生一个目录
/misc	该目录用于存放杂项文件或目录，即那些用途或含义不明确的文件或目录可以存放在该目录下，默认为空
/mnt	与/media 目录功能相同，提供存储介质的临时挂载点，如光驱、U 盘等
/net	伪文件系统，存放网卡信息
/opt	该目录主要存放第三方软件及自己编译的软件包，特别是测试版的软件。安装到该目录下的程序，其所有的数据、库文件等都放在同一目录下，可随时删除，不影响系统的使用
/proc	虚拟文件系统，如系统内核、进程、外部设备及网络状态等

续表

目录	功能
/root	管理员用户的主目录
/sbin	用于存放基本的系统命令，如引导、修复或者恢复系统的命令
/selinux	SELinux 相关文件，当 SELinux 被禁用时，该目录为空
/srv	一些服务启动之后，这些服务所需要访问的数据目录
/sys	将内核的一些信息映射，可供应用程序所用
/tmp	临时文件夹，为系统临时目录
/usr	与用户相关的应用程序和库文件，用户自行安装的软件一般存放在该目录下
/var	该目录下存放着在不断扩充、变化的信息，包括各种日志文件、E-mail、网站等

3. 文件名和文件类型

（1）文件名。

文件名是文件的标识符，Linux 操作系统中的文件名需遵循以下约定。

① 文件名可以使用英文字母、数字及一些特殊字符，但是不能包含如下表示路径或在 Shell 中有含义的字符。

```
/ ! # * & ? \ , ; <> [] {} ( ) ^ @ % | " ' `
```

② 目录名或文件名是严格区分大小写的，如"A.txt""a.txt""A.TXT"是 3 个不同的文件，但不建议使用字符大小写来区分不同的文件或目录。

③ 当文件名以句点（.）开头时，说明该文件为隐藏文件，通常不显示，在使用 ls -a 命令后才可以看到。

④ 目录名或文件名的长度不能超过 255 个字符。

⑤ 文件的扩展名对 Linux 操作系统没有特殊的含义，这与 Windows 操作系统不同。

（2）文件类型。

在 Windows 操作系统中，文件类型通常由扩展名决定，而在 Linux 操作系统中文件扩展名的作用没有如此强大。当然在 Linux 操作系统中文件的扩展名也遵循一些约定，如压缩文件一般用".zip"，TAR 归档打包一般用".tar"，GZIP 压缩文件一般用".gz"，RPM 软件包一般用".rpm"等。

在 Linux 操作系统中，所有的目录和设备都是以文件的形式存在的。常见的 Linux 文件类型包括普通文件、目录文件、设备文件、管道文件、链接文件和套接字文件。

① 普通文件。

使用 ls -l 命令查看某个文件的属性，可以看到类似"-rw-r--r--"的属性符号。文件属性的第 1 个字符"-"表示文件类型为普通文件。这些文件一般是用一些相关的应用程序创建的。使用 ls 命令可查看/root 目录下的文件，查看文件属性的命令如例 2.1.1 所示。

例 2.1.1：查看文件属性的命令

```
[root@bogon ~]#ls -l /root
```

```
-rw-------. 1 root root 1111 7月  15 07:01 anaconda-ks.cfg
-rw-r--r--. 1 root root 1576 7月  15 07:05 initial-setup-ks.cfg
//两个文件属性的第1个字符均是"-"，表示是普通文件
```

② 目录文件。

如果看到某个文件属性的第 1 个字符是"d"，那么表示此类文件在 Linux 操作系统中就是目录文件。使用 ls 命令可查看/home 目录下的文件，查看其目录文件属性的命令如例 2.1.2 所示。

例 2.1.2：查看目录文件属性的命令

```
[root@bogon ~]#ls -l /home
drwx------. 16 admin   admin   4096 7月  16 00:00 admin
//第1个字符"d"表示admin是一个目录文件
```

③ 设备文件。

Linux 操作系统的/dev 目录下有大量的设备文件，主要是块设备文件和字符设备文件。

块设备文件的主要特点是可以随机读写，而最常见的块设备就是磁盘，执行 ls -l /dev|grep sd 命令可查看块设备文件，查看块设备文件属性的命令如例 2.1.3 所示。

例 2.1.3：查看块设备文件属性的命令

```
[root@bogon ~]#ls -l /dev/|grep sd
brw-rw----. 1 root disk     8,  0 7月  31 05:46 sda
brw-rw----. 1 root disk     8,  1 7月  31 05:46 sda1
brw-rw----. 1 root disk     8,  2 7月  31 05:46 sda2
//sda、sda1等均表示磁盘或磁盘中的分区，其属性的第一个字符为"b"，这里的"b"表示文件类型为块设备文件
```

常见的字符设备文件是打印机和终端，可以接收字符流。/dev/null 是一个非常有用的字符设备文件，送入这个设备的所有内容均会被忽略。使用 ls 命令可查看其属性，查看字符设备文件属性的命令如例 2.1.4 所示。

例 2.1.4：查看字符设备文件属性的命令

```
[root@bogon ~]#ls -l /dev/|grep null
crw-rw-rw-. 1 root root     1,  3 7月  31 05:46 null
//可以看出其属性的第1个字符为"c"，这里的"c"表示文件类型为字符设备文件
```

④ 管道文件。

管道文件有时也叫作 FIFO 文件，其文件属性的第 1 个字符为"p"，在/run/system/sessions 目录下可以查看管道文件，查看管道文件属性的命令如例 2.1.5 所示。

例 2.1.5：查看管道文件属性的命令

```
[root@bogon ~]#ls -l /run/systemd/sessions/|grep p
prw-------. 1 root root   0 7月  31 05:46 2.ref
prw-------. 1 root root   0 7月  31 05:56 4.ref
prw-------. 1 root root   0 7月  31 21:38 7.ref
prw-------. 1 root root   0 7月  31 21:38 8.ref
```

⑤ 链接文件。

链接文件有两种类型，即软链接文件和硬链接文件。软链接文件又叫符号链接文件，这个文件包含了另一个文件的路径名，可以是任意文件或目录，可以链接不同文件系统的文件。软链接文件属性的第 1 个字符为 "l"。查看链接文件属性的命令如例 2.1.6 所示。

例 2.1.6：查看链接文件属性的命令

```
[root@bogon ~]#ls -lh /etc/|grep rc.d
lrwxrwxrwx.  1 root root    11 10月 11 2021 init.d -> rc.d/init.d
lrwxrwxrwx.  1 root root    10 10月 11 2021 rc0.d -> rc.d/rc0.d
lrwxrwxrwx.  1 root root    10 10月 11 2021 rc1.d -> rc.d/rc1.d
lrwxrwxrwx.  1 root root    10 10月 11 2021 rc2.d -> rc.d/rc2.d
lrwxrwxrwx.  1 root root    10 10月 11 2021 rc3.d -> rc.d/rc3.d
lrwxrwxrwx.  1 root root    10 10月 11 2021 rc4.d -> rc.d/rc4.d
lrwxrwxrwx.  1 root root    10 10月 11 2021 rc5.d -> rc.d/rc5.d
lrwxrwxrwx.  1 root root    10 10月 11 2021 rc6.d -> rc.d/rc6.d
drwxr-xr-x. 10 root root   127 4月  20 07:08 rc.d
lrwxrwxrwx.  1 root root    13 5月   9 14:51 rc.local -> rc.d/rc.local
```

可以看到，/etc 目录下存在 rc0.d 及 rc1.d 等文件，它们均是来源于/etc/rc.d 子目录下相应文件的软链接文件。关于链接文件的具体实现将在后面的项目中介绍。

⑥ 套接字文件。

通过套接字文件，可以实现网络通信，套接字文件属性的第 1 个字符是 "s"，如/dev/log 文件就是套接字文件。查看套接字文件属性的命令如例 2.1.7 所示。

例 2.1.7：查看套接字文件属性的命令

```
[root@bogon ~]#ls -l /dev/log
srw-------. 1 root root 0 7月  31 05:46 /run/systemd/coredump
```

4. 目录路径

操作文件或者文件夹时，一般应指定路径，否则默认是对当前目录进行操作。路径一般分为绝对路径和相对路径。

（1）绝对路径。

绝对路径是指从根目录开始到指定文件或者目录的路径，其特点是总是从根目录开始，通过 "/" 来分隔目录名。

（2）相对路径。

相对路径是指从当前目录出发，到达指定文件或者目录的路径（当前目录一般不会出现在路径中），还可以配合特殊目录 "." 和 ".." 来灵活切换路径，或者选择指定目录和文件。

绝对路径和相对路径的具体形式如例 2.1.8 所示。

例 2.1.8：绝对路径和相对路径的具体形式

若当前目录是 abrt，要操作 abrt.conf 文件夹，则用绝对路径表示为"/etc/abrt/abrt.conf"，用相对路径表示为"abrt.conf"或"./abrt.conf"；若当前目录是 acpi，要操作 actions 文件夹，则用绝对路径表示为"/etc/acpi/actions"，用相对路径表示为"../acpi/actions"，即"../"表示 acpi 的 etc 父目录。

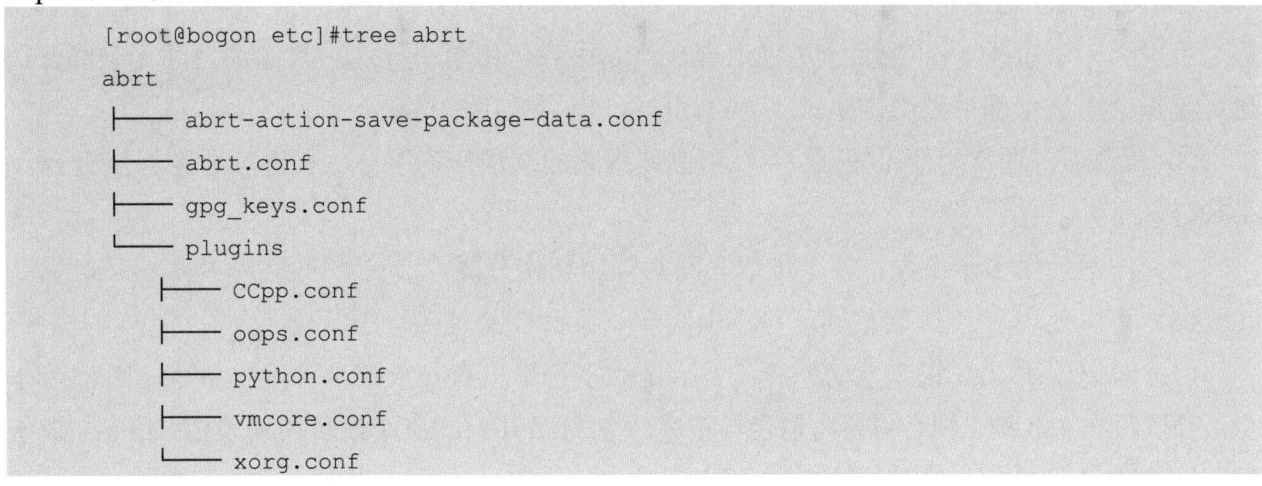

```
[root@bogon etc]#tree abrt
abrt
├── abrt-action-save-package-data.conf
├── abrt.conf
├── gpg_keys.conf
└── plugins
    ├── CCpp.conf
    ├── oops.conf
    ├── python.conf
    ├── vmcore.conf
    └── xorg.conf
```

相对路径和绝对路径是等效的，各有优缺点，绝对路径固定、唯一、容易理解，但是在路径太长的情况下就显得烦琐；相对路径可以使路径变得简短，但是易出错。读者可以根据实际情况灵活运用。

5．Linux 命令的结构

Linux 操作系统中所有的管理都可以通过命令行来完成，因此作为一名合格的 Linux 操作系统管理员，学会用命令行来管理系统是非常必要的。在学习具体的 Linux 命令之前，应了解 Linux 命令的基本结构。Linux 命令一般由命令名、选项和参数组成，其中选项和参数为可选项，其基本格式如下所示。

命令名 [选项] [参数]

（1）命令名。

命令名是命令的表示，表示命令的基本功能，在命令提示符下输入的必须是命令，或者是可执行程序的路径，或者是脚本的路径、名字。

（2）选项。

选项的作用是修改命令的执行方式及特性，命令只会执行最基本的功能，若要执行更高级、更复杂的功能，则需要为命令提供相应的选项。

（3）参数。

参数表示命令的作用对象，一般跟在选项后面，参数可以是文件或目录，可以没有，也可以有多个，有些命令必须多个参数才可以正确执行。

6. 使用命令操作的一般规律

（1）命令名、文件名、选项和参数等严格区分英文字母大小写，且命令名始终在最前面。

（2）命令、选项和参数之间也必须用空格分隔。

（3）选项可以同时使用多个，而且选项有长和短之分。

① 短选项：通常用一个短线（-）和一个字母来引导，如果在命令中加入多个短选项，那么可以用一个短线（-）把多个选项组合在一起引导，组合引导选项与选项之间无须隔开，也可以每个短选项都单独用一个短线（-）引导，但需要用空格隔开。

② 长选项：通常用两个短线（--）和单词格式的选项作为引导，长选项通常不能组合，必须分开引导。

（4）同时使用多个参数，各个参数之间必须用空格分隔。

（5）可以使用"\"来转移回车符，以实现一条命令跨越多行的情况。

（6）可以使用 Tab 键来自动补齐，若给定的字符串只有一条唯一对应的命令，则直接补全；若按两次 Tab 键，则会将所有以当前已输入字符串开头的命令显示在列表中。Linux 命令行窗口的"自动补全"功能如例 2.1.9 所示。

例 2.1.9：Linux 命令行窗口的"自动补全"功能

```
[root@bogon ~]#rm                           //输入rm后按两次Tab键
rm    rmail    rmail.postfix    rmdir    rmmod
[root@bogon ~]#rmdir                        //输入rmdi后按Tab键，rmdir自动补全
```

7. 文件和目录浏览类命令

（1）pwd 命令。

pwd 命令用于显示当前工作目录的完整路径。pwd 命令的使用比较简单，在默认情况下不带任何参数，执行该命令即可显示当前工作目录。pwd 命令的基本用法如例 2.1.10 所示。

例 2.1.10：pwd 命令的基本用法

```
[root@bogon ~]#pwd
/root
```

用户通过文本方式登录系统后，默认的工作目录是登录用户的主目录。例 2.1.10 显示使用 root 用户登录系统后的工作目录是/root。

（2）cd 命令。

用户登录时默认工作目录是自己的主目录（root 的主目录为/root，普通用户的主目录在/home/用户名目录下）。如果切换工作目录，可以使用 cd 命令实现不同目录切换，其基本语法如下所示。

```
cd [目录路径]
```

cd 命令的常用选项及其功能见表 2-1-3。

表 2-1-3　cd 命令的常用选项及其功能

选项	功能
.	跳转到当前目录
..	跳转到当前目录的上一级目录
-	跳转到上次所在的目录
~	跳转到当前登录用户的主目录
~用户名	跳转到用户的主目录

cd 命令的基本用法如例 2.1.11 所示。

例 2.1.11：cd 命令的基本用法

```
[root@bogon ~]#pwd
/root
[root@bogon ~]#cd .                //进入当前目录，实际工作目录并未改变
[root@bogon ~]#pwd
/root
[root@bogon ~]#cd ..               //进入上一级目录
[root@bogon /]#pwd
/
[root@bogon ~]#cd ~                //进入至当前登录用户的主目录
[root@bogon ~]#cd /etc/tuned       //改变目录至绝对路径/etc/tuned下
[root@bogon tuned]#pwd
/etc/tuned
[root@bogon ~]#cd ~root            //进入root用户的主目录
[root@bogon ~]#pwd
/root
```

（3）ls 命令。

ls 命令的主要作用是列出指定目录下的内容，若未指定目录，则列出当前目录下的内容。ls 命令的基本语法如下所示。

```
ls [选项] [目录名称]
```

其中，参数"目录名称"表示要查看目标目录下的内容，若省略，则表示查看当前目录下的内容。ls 命令的常用选项及其功能见表 2-1-4。

表 2-1-4　ls 命令的常用选项及其功能

选项	功能
-a	显示所有文件，包括隐藏文件，如"."".."
-d	仅可以查看目录的属性参数及信息，无法查看它们的内容
-i	显示文件的 inode 编号
-l	长格式输出，显示文件的详细信息，包含文件属性
-L	递归显示，即列出目录及子目录的所有目录和文件

文件的详细信息包括7列，文件的详细信息中每一列的含义见表2-1-5。

表2-1-5 文件的详细信息中每一列的含义

列 数	含 义
第1列	文件类型及权限
第2列	连接数
第3列	文件所有者
第4列	文件所属用户组
第5列	文件大小，默认以字节为单位
第6列	文件最后修改日期
第7列	文件名

ls命令的基本用法如例2.1.12所示。

例2.1.12：ls命令的基本用法

```
[root@bogon ~]#cd /etc/default/
[root@bogon default]#ls                          //列出当前目录下内容，默认按文件名排序
grub  useradd
[root@bogon default]#ls -a                       //显示所有文件，包括隐藏文件
.  ..  grub  useradd
[root@bogon default]#ls -l                       //长格式输出，显示详细信息
-rw-r--r--. 1 root root  322   7月  15 05:09 grub
-rw-r--r--. 1 root root  119   4月  12 15:16 useradd
[root@bogon default]#ls -ld grub                 //显示目录本身的详细信息
-rw-r--r--. 1 root root  322   7月  15 05:09 grub
```

> **小提示**
>
> ls -l 在 Linux 操作系统下定义了别名，可以写作"ll"。例如，[root@bogon ~]#ls-l /etc/httpd 等同于[root@bogon ~]#ll /etc/httpd。

（4）cat、more、less、head、tail命令。

① cat命令。

cat命令的作用是滚动显示文件内容，或者将几个文件合并成一个文件。cat命令的基本语法如下所示。

    cat [选项] 文件列表

cat命令的常用选项及其功能见表2-1-6。

表2-1-6 cat命令的常用选项及其功能

选 项	功 能
-b	文件非空行标记行号
-n	文件每行行号

cat 命令的基本用法如例 2.1.13 所示。

例 2.1.13：cat 命令的基本用法

```
[root@bogon ~]#cd /etc
[root@bogon etc]#cat issue              //显示文件中的内容
\S
Kernel \r on an \m
                                        //这里是空行
[root@bogon etc]#cat -b issue           //只显示文件中非空行的行号
    1  \S
    2  Kernel \r on an \m
                                        //这里是空行
[root@bogon etc]#cat -n issue           //显示文件中所有行的行号
    1  \S
    2  Kernel \r on an \m
    3                                   //这里是空行
```

② more 命令。

在使用 cat 命令显示文件内容时，若文件太长，输出的内容无法分页显示，而 more 命令则通常用于分页显示文件内容，即一次显示一页内容，可翻页，但仅支持向下翻页。more 命令的基本语法如下所示。

```
more [选项]  文件名
```

在大部分情况下，可以不加任何选项直接执行 more 命令查看文件内容。当使用 more 命令打开文件后，按 Enter 键可以向下移动一行，按 F 键或空格键向下翻一页，按 B 键或 "Ctrl+B" 组合键向上翻半页，按 Q 键退出 more 命令。more 命令经常和管道命令组合使用，即将一条管道命令的输出作为 more 命令的输入。管道命令将在后面详细介绍。

more 命令的基本用法如例 2.1.14 所示。

例 2.1.14：more 命令的基本用法

```
[root@bogon ~]#more install.log         //分页查看install.log文件内容
```

③ less 命令。

less 命令的功能比 more 命令更强大，用法也更灵活，less 命令是 more 命令的增强版，more 命令只能向下翻页，less 命令可以向下或向下翻页，除了 more 命令的功能，还可以按 B 键向上翻一页，按空格键向下翻一页，按 U 键或 "Ctrl+U" 组合键向上翻半页，按 Q 键退出 less 命令。

④ head 命令。

head 命令可以查看文件开头的 n 行内容，默认情况下，head 命令只显示文件的前 10 行。head 命令的基本语法如下所示。

```
head [选项]  文件列表
```

head 命令的常用选项及其功能见表 2-1-7。

表 2-1-7　head 命令的常用选项及其功能

选项	功能
-c	后面接数字，显示文件开头的前 n 个字节，如 "c 6" 表示文件内容的前 6 个字节
-n	后面接数字，显示文件开头的几行

head 命令的基本用法如例 2.1.15 所示。

例 2.1.15：head 命令的基本用法

```
[root@bogon ~]#cd /etc
[root@bogon etc]#cat issue
\S
Kernel \r on an \m

[root@bogon etc]#head -c 6 issue        //显示issue文件的前6个字节
\S
[root@bogon etc]#head -n 2 issue        //显示issue文件的前2行
\S
Kernel \r on an \m
```

⑤ tail 命令。

和 head 命令相反，tail 命令用来查看文件的最后几行内容，默认情况下显示文件最后 10 行的内容。-c 和-n 选项对 tail 命令也同样适用。tail 命令的基本用法如例 2.1.16 所示。

例 2.1.16：tail 命令的基本用法

```
[root@bogon ~]#cd /etc
[root@bogon etc]#cat issue
[root@bogon etc]#tail -c 6 issue        //显示issue文件的后6个字节
n \m

[root@bogon etc]#tail -n 2 issue        //显示issue文件的后2行
Kernel \r on an \m
```

（5）wc 命令。

wc 命令用于统计指定文件中的行数、单词数和字节数，并将统计结果显示输出。wc 命令的基本语法如下所示。

```
wc [选项] 文件列表
```

wc 命令的常用选项及其功能见表 2-1-8。

表 2-1-8　wc 命令的常用选项及其功能

选项	功能
-c	统计并输出文件字节数
-l	统计并输出文件行数
-L	统计并输出文件最长的行的长度
-w	统计并输出文件单词数

wc 命令的基本用法如例 2.1.17 所示。

例 2.1.17：wc 命令的基本用法

```
[root@bogon ~]#cd /etc
[root@bogon etc]#cat issue
[root@bogon etc]#wc issue              //输出文件中的行数、单词数和字节数
 3  6 23 issue
```

8. 文件和目录操作类命令

（1）touch 命令。

touch 命令的基本语法如下所示。

```
touch [选项] 文件名
```

touch 命令的作用是创建一个新文件或修改已有文件的存取时间。若当指定的文件不存在时，则会在当前目录下用指定的文件名创建一个空文件。

touch 命令的常用选项及其功能见表 2-1-9。

表 2-1-9 touch 命令的常用选项及其功能

选项	功能
-a	把文件的存取时间修改为当前时间
-m	把文件的修改时间修改为当前时间

touch 命令的基本用法如例 2.1.18 所示。

例 2.1.18：touch 命令的基本用法

```
[root@bogon ~]#touch file1 file2           //在当前目录下创建file1和file2两个文件
[root@bogon ~]#ls -l file1 file2
-rw-r--r--. 1 root root 0  7月 31 19:44 file1
-rw-r--r--. 1 root root 0  7月 31 19:44 file2
```

（2）mkdir 命令。

mkdir 命令可以创建一个目录，其基本语法如下所示。

```
mkdir [选项] 目录名
```

mkdir 命令的常用选项及其功能见表 2-1-10。

表 2-1-10 mkdir 命令的常用选项及其功能

选项	功能
-p	创建目录时，递归创建，若目录不存在，则与子目录一起创建
-m	给新建的目录指定权限，默认权限是 drwxr-xr-x

mkdir 命令的基本用法如例 2.1.19 所示。

例 2.1.19：mkdir 命令的基本用法

```
[root@bogon ~]#mkdir test1                    //创建test子目录
```

```
[root@bogon ~]#mkdir -p test2/share            //带-p选项连续创建两级目录
[root@bogon ~]#ls -l
-rw-------. 1 root root 1519    7月  31 19:05 anaconda-ks.cfg
-rw-r--r--. 1 root root    0    7月  31 19:44 file1
-rw-r--r--. 1 root root    0    7月  31 19:44 file2
-rw-r--r--. 1 root root 1567    7月  31 19:06 initial-setup-ks.cfg
drwxr-xr-x. 3 root root   19    7月  31 19:21 test1
drwxr-xr-x  3 root root   19    7月  31 22:15 test2        //test2目录被自动创建
[root@bogon ~]# ls -l test2
drwxr-xr-x 2 root root    6    7月  31 22:15 share
```

（3）cp 命令。

cp 命令的主要作用是复制文件或目录，其基本语法如下所示。

```
cp [选项] 源文件或源目录  目标文件或目标目录
```

cp 命令的功能非常强大，选项也很多，除了单纯的复制文件外，还可以复制整个目录，在复制时对文件进行改名等操作。cp 命令的常用选项及其功能见表 2-1-11。

表 2-1-11 cp 命令的常用选项及其功能

选项	功能
-i	若目标文件或目录已经存在，则提示是否覆盖已有的目标文件或目录
-s	只创建源文件的软链接文件而不是复制源文件
-p	保留源文件或目录的属性，包括所有者、所属组、权限和时间信息
-r	递归复制目录，复制指定目录下的文件与子目录的所有内容
-a	复制时尽可能保留源文件或目录的所有属性，包括权限、所有者和时间信息等

cp 命令的选项解析如下。

① 若目标文件不存在，则复制源文件为目标文件。

② 若目标文件存在且目标文件是文件时，则将目标文件覆盖；若目标文件是目录，则将源文件复制到目标目录下，并保持原名。

③ 若源文件不止一个，则目标文件必须是目录。

④ 若源文件是目录，则可以根据需求使用-p、-a、-r、-f 选项中的任何一个完成复制。

cp 命令的基本用法如例 2.1.20 所示。

例 2.1.20：cp 命令的基本用法

```
[root@bogon ~]#cp file1 file2 test1          //file1和file2文件复制到test1目录下
[root@bogon ~]#ls -l test1
-rw-r--r--. 1 root root    0    7月  31 19:48 file1
-rw-r--r--. 1 root root    0    7月  31 19:48 file2
[root@bogon ~]#cp file1 file3                //在当前目录将file1文件复制为file3文件
[root@bogon ~]#cp -r test1 test3
[root@bogon ~]#ls -l
```

```
-rw-------. 1    root root  1519  7月  31 19:05 anaconda-ks.cfg
-rw-r--r--. 1    root root     0  7月  31 19:44 file1
-rw-r--r--. 1    root root     0  7月  31 19:44 file2
-rw-r--r--. 1    root root     0  7月  31 19:48 file3
-rw-r--r--. 1    root root  1567  7月  31 19:06 initial-setup-ks.cfg
drwxr-xr-x. 2    root root    32  7月  31 19:48 test1
drwxr-xr-x. 3    root root    19  7月  31 19:47 test2
drwxr-xr-x. 2    root root    32  7月  31 19:58 test3        //目标目录test3被创建
[root@bogon ~]#ls -l test1 test3
test1:
-rw-r--r--. 1    root root     0  7月  31 19:48 file1
-rw-r--r--. 1    root root     0  7月  31 19:48 file2
test3:
-rw-r--r--. 1    root root     0  7月  31 19:58 file1
-rw-r--r--. 1    root root     0  7月  31 19:58 file2        //将源目录内容同时复制
[root@bogon ~]#cp -r test1 test3
[root@bogon ~]#ls -l test3
总用量 0
-rw-r--r--. 1    root root     0  7月  31 19:58 file1
-rw-r--r--. 1    root root     0  7月  31 19:58 file2
drwxr-xr-x. 2    root root    32  7月  31 20:03 test1
```

（4）mv 命令。

mv 命令用于对文件或目录进行移动或改名，其基本语法如下所示。

```
mv [选项] 源文件或源目录 目标文件或目标目录
```

mv 命令的常用选项及其功能见表 2-1-12。

表 2-1-12 mv 命令的常用选项及其功能

选项	功能
-f	强制覆盖目标文件且不给用户提示
-i	覆盖目标文件前提示给用户（默认选项）
-v	显示命令的执行过程

该命令的选项解析如下。

① 若目标文件和源文件同名，则源文件会覆盖目标文件。

② 若使用-i 选项，则覆盖前会有提示。

③ 若源文件和目标文件在相同目录下，则相当于对源文件重命名。

④ 若源目录和目标目录都已存在，则源目录及其所有内容全部移动到目标目录下。

mv 命令的基本用法如例 2.1.21 所示。

例如 2.1.21：mv 命令的基本用法

```
[root@bogon ~]#mv -i file1 test1              //将file1文件移动到test1目录下
```

```
mv: 是否覆盖"test1/file1"? y                    //使用-i选项，移动前覆盖会有提示
[root@bogon ~]#mv file2 test2                   //将file2文件移动到test2目录下
[root@bogon ~]#mv file3 file4                   //将file3文件重命名为file4
[root@bogon ~]#ls -l
-rw-------. 1 root root 1519 7月  31 19:05 anaconda-ks.cfg
-rw-r--r--. 1 root root    0 7月  31 19:48 file4
-rw-r--r--. 1 root root 1567 7月  31 19:06 initial-setup-ks.cfg
drwxr-xr-x. 2 root root   32 7月  31 22:26 test1
drwxr-xr-x. 3 root root   32 7月  31 22:27 test2
drwxr-xr-x. 3 root root   45 7月  31 20:03 test3
[root@bogon ~]#mv test1 test2                   //将test1目录移到test2目录下
[root@bogon ~]#ls -l test2
-rw-r--r--. 1 root root    0 7月  31 19:44 file2
drwxr-xr-x. 2 root root    6 7月  31 19:47 share
```

（5）rmdir 命令。

rmdir 命令的作用是删除空目录。目录在删除前必须是空的，否则 rmdir 命令就会报错。用户在删除某目录时，需要具有对其父目录的写权限。rmdir 命令的基本语法如下所示。

```
rmdir  目录名
```

rmdir 命令的常用选项及其功能见表 2-1-13。

表 2-1-13 rmdir 命令的常用选项及其功能

选 项	功 能
-p	递归删除目录，当子目录删除后其父目录为空时，也一同被删除
-v	显示命令的执行过程

rmdir 命令的基本用法如例 2.1.22 所示。

例 2.1.22：rmdir 命令的基本用法

```
[root@bogon ~]#cd test2
[root@bogon test2]#ls -l
-rw-r--r--. 1 root root    0 7月  31 19:44 file2
drwxr-xr-x. 2 root root    6 7月  31 19:47 share
drwxr-xr-x. 2 root root   32 7月  31 22:26 test1
[root@bogon test2]#rmdir share                  //share目录是空的
[root@bogon test2]#rmdir test1                  //test1目录下有文件
rmdir: 删除 "test1" 失败: 目录非空
```

（6）rm 命令。

rm 命令用来永久性地删除文件或目录。rm 命令的基本语法如下所示。

```
rm [选项] 文件或目录
```

rm 命令的常用选项及其功能见表 2-1-14。

表 2-1-14 rm 命令的常用选项及其功能

选项	功能
-f	强制删除，删除文件或目录时不提示用户（使用-f选项时一定要谨慎）
-i	和-f选项相反，在删除文件和目录前会询问用户是否操作
-r	递归删除目录及其中的所有的文件和子目录
-v	显示命令的执行过程

rm 命令的基本用法如例 2.1.23 所示。

例 2.1.23：rm 命令的基本用法

```
[root@bogon ~]#cd test3
[root@bogon test3]#ls                       //查看当前目录下是否有file1、file2文件
file1  file2  test1
[root@bogon test3]#rm -i file1              //删除file1文件
rm: 是否删除普通空文件 "file1"? y            //使用-i选项时会有提示
[root@bogon test3]#rm -f file2              //使用-f选项时没有提示
[root@bogon test3]#ls
test1
[root@bogon test3]#rm test1
rm: 无法删除"test1": 是一个目录              //rm命令不能直接删除目录
[root@bogon test3]#rm -ir test1
rm: 是否进入目录"test1"? y                  //每删除一个文件前都会有提示
rm: 是否删除普通空文件 "test1/file1"? y
rm: 是否删除普通空文件 "test1/file2"? y
rm: 是否删除目录 "test1"? y                 //删除目录自身也会有提示
[root@bogon test3]#ls                       //查询是否删除成功
[root@bogon test3]#
```

9. 重定向与管道命令

在 Linux 操作系统中，标准的输入设备默认指的是键盘，标准的输出设备默认指的是显示器。但是，Linux 操作系统提供了一种特殊的操作，可以改变命令的默认输入或输出目标，称为 I/O 重定向。I/O 重定向分为输入重定向、输出重定向和错误重定向。这里只介绍输入重定向和输出重定向。

（1）输入重定向。

有些命令需要用户从键盘来输入数据，但有些时候用户手动输入数据会非常麻烦，这时，可以使用重定向符 "<" 实现输入源的重定向。

输入重定向是指把命令或可执行程序的标准输入重定向到指定的文件中，也就是说，从键盘输入的数据改为从文件读取。输入重定向的基本用法如例 2.1.24 所示。

例 2.1.24：输入重定向的基本用法

```
[root@bogon ~]#cat < /etc/filesystems       //查看/etc/filesystems文件中的内容
```

```
ext4
ext3
ext2
nodev  proc
nodev  devpts
iso9660
vfat
hfs
hfsplus
*
```

（2）输出重定向。

输出重定向是指把一个命令的输出重定向到一个文件中，而不是显示在屏幕上，很多情况下都可以使用这种功能。例如，若某个命令输出的内容较多，在屏幕上不能完全显示时，则可以把它重定向到一个文件中，再用文本编辑器打开此文件。

Linux 主要提供了两种重定向符实现输出重定向，分别是 ">" 和 ">>"，这两个重定向符的区别在于目标文件已经存在的情况下，">" 会覆盖已有文件，而 ">>" 则会将新的内容追加到已有文件内容的后面，不清除原来的内容。输出重定向的基本用法如例 2.1.25 所示。

例 2.1.25：输出重定向的基本用法

```
[root@bogon ~]#ls
anaconda-ks.cfg        file4    initial-setup-ks.cfg
ls.result              test2    test3
[root@bogon ~]#pwd
/root
[root@bogon ~]#ls /root > dir           //用/root目录下的文件覆盖dir文件
[root@bogon ~]#cat dir                  //查看dir文件中的内容
anaconda-ks.cfg
file4
initial-setup-ks.cfg
ls.result
test2
test3
[root@bogon ~]#ls /home
admin
[root@bogon ~]#ls /home >> dir          //把/home目录下的文件追加到dir文件中
[root@bogon ~]#cat dir                  //查看dir文件中的内容，admin已经被追加到dir文件中
anaconda-ks.cfg
file4
initial-setup-ks.cfg
ls.result
test2
```

```
test3
admin
```

（3）管道命令。

简单地说，通过管道命令可以让前一条命令的输出成为后一条命令的输入。

管道命令的基本语法如下所示。

```
"命令1"|"命令2"
```

管道命令的基本用法如例 2.1.26 所示。

例 2.1.26：管道命令的基本用法

```
[root@bogon ~]#cat anaconda-ks.cfg|wc    //wc命令把cat命令的输出作为输入
    62     143    1520
```

10. 其他常用命令

（1）find 命令。

find 是 Linux 中强大的搜索命令，不仅可以按照文件名、权限、大小、时间、inode 编号等来搜索文件，还可以在某一目录及其所有子目录下按照匹配表达式指定的条件来搜索文件。find 命令的基本语法如下所示。

```
find [目录] [匹配表达式]
```

其中，参数"目录"表示查找文件的起点，find 命令会在这个目录及其所有子目录下按照匹配表达式指定的条件进行查找。find 命令的常用选项及其功能见表 2-1-15。

表 2-1-15　find 命令的常用选项及其功能

选　　项	功　　能
-name filename	查找指定名称的文件
-user username	查找属于指定用户的文件
-group groupname	查找属于指定组的文件
-empty	查找空文件或空目录
-size n[bckw]	查找指定文件大小的文件，"n"后面的字符表示单位，默认为b，代表512字节的块
-type	查找指定类型的文件，文件类型包括：块设备文件（b）、字符设备文件（c）、目录（d）、管道文件（p）、普通文件（f）、软链接（l）

find 命令的基本用法如例 2.1.27 所示。

例 2.1.27：find 命令的基本用法

```
[root@bogon ~]#find . -name "file4"    //查找文件名为"file4"的文件
./file4
[root@bogon ~]#find . -size 3          //查找大小为3的文件
./anaconda-ks.cfg
[root@bogon ~]#find . -size +1k        //查找大于1 K的文件
./anaconda-ks.cfg
./initial-setup-ks.cfg
```

(2) grep 命令。

grep 命令是一种强大的文本搜索工具，可以从文件中提取符合指定匹配表达式的行，默认所有人都可以使用。grep 命令的基本语法如下所示。

```
grep [选项] 文件
```

grep 命令的常用选项及其功能见表 2-1-16。

表 2-1-16　grep 命令的常用选项及其功能

选项	功　　能
-c	只输出匹配行的计数
-n	显示匹配行及行号
-v	显示不包含匹配文本的所有行
^	匹配正则表达式的开始行
$	匹配正则表达式的结束行
[]	单个字符，如[A]，即 A 符合要求
[-]	范围，如[A-Z]，即 A，B，C 一直到 Z 都符合要求

grep 命令的基本用法如例 2.1.28 所示。

例 2.1.28：grep 命令的基本用法

```
[root@bogon ~]#grep swap /etc/fstab        //提取内容为swap的行
/dev/mapper/centos-swap swap                swap    defaults    0 0
[root@bogon ~]#grep -n root /etc/fstab     //提取包含root的行
9:/dev/mapper/centos-root /                 xfs     defaults    0 0
```

(3) ln 命令。

ln 命令用于链接文件或目录。链接有两种，即前文说过的软链接文件和硬链接文件。

软链接文件又叫符号链接文件，在对软链接文件进行读/写操作时，系统会自动把该操作转换为对源文件的操作，但在删除软链接文件时，系统仅删除软链接文件，而不删除源文件，这种形式类似于 Windows 操作系统中的快捷方式。

硬链接文件是两个文件名指向的是硬盘上的同一块存储空间，对任何一个文件的修改将影响到另一个文件；硬链接文件是已存在的另一个文件，在对硬链接文件进行读/写和删除操作时，结果和软链接文件相同，但在删除硬链接文件的源文件时，硬链接文件依然存在，而且保留了原有的内容。ln 命令的基本语法如下所示。

```
ln [选项] 源文件或源目录 链接名称
```

ln 命令的常用选项及其功能见表 2-1-17。

表 2-1-17　ln 命令的常用选项及其功能

选项	功　　能
-s	对源文件建立软链接，而非硬链接

ln 命令的基本用法如例 2.1.29 所示。

例 2.1.29：ln 命令的基本用法

```
[root@bogon ~]#ln -s file1 file2
//对file1文件建立名为file2的软链接，若不加任何参数则默认建立的是硬链接
```

💡 **小提示**

> 只能对文件建立硬链接，不能对目录建立硬链接。

（4）man 命令。

man 命令是 Linux 操作系统中最核心的命令之一。man 命令也并不是英文单词 "man" 的意思，它是单词 manual 的缩写，即 "使用手册" 的意思。

man 命令的使用非常简单，只要在 man 后面加上所要查找的命令名即可。如图 2-1-2 所示为 man 命令的基本用法，man 命令会列出一份完整的说明，其内容包括命令语法、选项的意义及相关命令。更为强大的是，它不仅可以查看 Linux 操作系统中命令的使用帮助，还可以查看软件服务配置文件、系统调用、库函数等帮助信息。

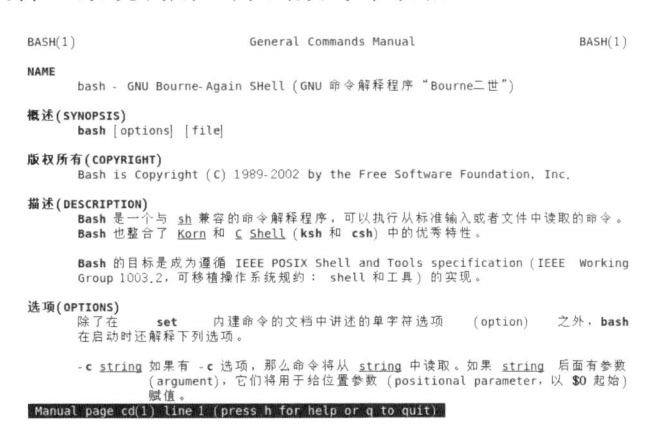

图 2-1-2 man 命令的基本用法

（5）shutdown 命令。

shutdown 命令用于在指定时间关闭系统。所有的登录用户都会收到关机提示信息，以便这些用户保存正在运行的工作。shutdown 命令的基本语法如下所示。

```
shutdown [选项] 时间 [关机提示信息]
```

shutdown 命令可以指定立即关机，也可以指定在特定的时间点或者延迟特定的时间关机。shutdown 命令的常用选项及其功能见表 2-1-18。

表 2-1-18 shutdown 命令的常用选项及其功能

选 项	功 能
-h	关闭系统
-r	重启系统
-c	取消运行中的 shutdown 命令

其中，时间参数可以指定"hh:mm"格式的绝对时间，"hh"表示小时，"mm"表示分钟，"hh:mm"表示在特定的时间点关闭系统；也可以采用"+m"的格式，表示 m 分钟之后关闭系统。shutdown 命令的基本语法如例 2.1.30 所示。

例 2.1.30：shutdown 命令的基本语法

```
[root@bogon ~]#shutdown -h now            //现在关闭系统
[root@bogon ~]#shutdown -h 23:00          //在23:00关闭系统
[root@bogon ~]##shutdown -r +15           //15分钟后重启系统
```

（6）其他命令。

① history 命令：显示过去执行过的命令。

② echo 命令：显示一行文本。

③ clear 命令：清空当前终端窗口。

④ date 命令：显示或设置当前系统时间。

⑤ who 命令：显示当前有哪些用户登录系统。

⑥ whoami 命令：显示当前生效的系统登录用户。

⑦ whereis 命令：查找一个命令对应的可执行文件、源文件和帮助文档的位置。

⑧ which 命令：查找命令对应的可执行文件的完整路径。

用户可借助 man 命令获得关于这些命令的更多信息。

任务实施

（1）在根目录下建立/test、/test/etc、/test/exer/task1、/test/exer/task2 目录，并使用 tree 命令查看/test 目录的结构，实施命令如下所示。

```
[root@bogon ~]#mkdir -p /test/etc /test/exer/task1 /test/exer/task2
[root@bogon ~]#tree /test
/test
├── etc
└── exer
    ├── task1
    └── task2
4 directories, 0 files
```

（2）复制/etc/目录下所有以字母"a""b""c"开头的文件到/test/etc 目录下（包括子目录），将当前目录切换到/test/etc 目录，以相对路径的方式查看/test/etc 目录下的内容，实施命令如下所示。

```
[root@bogon ~]#cp -r /etc/[a-c]* /test/etc/
[root@bogon ~]#cd /test/etc
[root@bogon etc]#ls
Accountsservice        alternatives        at.deny        bash_completion.d
```

Bluetooth	centos-release	chrony.keys	containers
cron.hourly	crypto-policies	cups	adjtime
anaconda	audit	bashrc	brlapi.key
chkconfig.d	cifs-utils	cron.d	cron.monthly
crypttab	cupshelpers	aliases	anacrontab
authselect	bindresvport.blacklist		brltty
chromium	cni	cron.daily	crontab
csh.cshrc	alsa	asound.conf	avahi
binfmt.d	brltty.conf	chrony.conf	cockpit
cron.deny	cron.weekly	csh.login	

（3）将当前目录切换到/test/exer/task1 目录，在当前目录下建立 file1.txt 和 file2.txt 空文件，并将 file2.txt 文件更名为 file4.txt，使用相对路径的方式将/test/etc/bashrc 文件复制到/test/exer/task1/file3.txt 新文件，并查看当前目录下的文件，实施命令如下所示。

```
[root@bogon task1]#cd /test/etc/
[root@bogon etc]#cd ../exer/task1
[root@bogon task1]#touch file1.txt file2.txt
[root@bogon task1]#mv file2.txt file4.txt
[root@bogon task1]#cp ../../etc/bashrc file3.txt
[root@bogon task1]#ll
总用量 4
-rw-r--r--. 1 root root    0 7月 31 21:51 file1.txt
-rw-r--r--. 1 root root 3019 7月 31 21:52 file3.txt
-rw-r--r--. 1 root root    0 7月 31 21:51 file4.txt
```

（4）以绝对路径的方式，直接删除/test/etc 目录下以"cron"开头的所有文件或子目录，移动/test/etc 目录下以"ch"开头的文件或子目录到/test/exer/task2 目录下，实施命令如下所示。

```
[root@bogon task1]#rm -rf /test/etc/cron*
[root@bogon task1]#ls /test/etc
Accountsservice   alternatives    at.deny        bash_completion.d
Bluetooth         centos-release  chrony.keys    containers
csh.login         adjtime         anaconda       audit          bashrc
brlapi.key        chkconfig.d     cifs-utils     crypto-policies cups
aliases           anacrontab      authselect     bindresvport.blacklist
brltty            chromium        cni            crypttab
cupshelpers       alsa            asound.conf    avahi          binfmt.d
brltty.conf       chrony.conf     cockpit        csh.cshrc
[root@bogon task1]#mv /test/etc/ch* /test/exer/task2
[root@bogon task1]#ll /test/exer/task2
总用量 8
drwxr-xr-x. 2 root root    6 7月 31 06:48 chkconfig.d
drwxr-xr-x. 3 root root   36 7月 31 06:48 chromium
-rw-r--r--. 1 root root 1078 7月 31 06:48 chrony.conf
```

```
-rw-r-----. 1 root root  540 7月 31 06:48 chrony.keys
```

（5）查看/test/etc 目录下以 "al" 开头的文件的文件类型，实施命令如下所示。

```
[root@bogon task1]#file /test/etc/al*
/test/etc/aliases:           ASCII text
/test/etc/alsa:              directory
/test/etc/alternatives:      directory
```

（6）将当前目录切换到/test/exer/task1 目录，使用相对路径的方式为 file1.txt 文件建立硬链接，链接文件为 file5.txt 文件，为 file3 文件建立软链接，链接文件为 file6.txt 文件，链接文件存放于/test/exer/task2 目录下，查看两个目录下的文件列表，实施命令如下所示。

```
[root@bogon task1]#cd /test/exer/task1
[root@bogon task1]#pwd
/test/exer/task1
[root@bogon task1]#ln file1.txt ../task2/file5.txt
[root@bogon task1]#ln -s file3.txt ../task2/file6.txt
[root@bogon task1]#ll -i
总用量 4
35428518 -rw-r--r--. 2 root root    0  7月 31 21:51 file1.txt
35428520 -rw-r--r--. 1 root root 3019  7月 31 21:52 file3.txt
35428519 -rw-r--r--. 1 root root    0  7月 31 21:51 file4.txt
[root@bogon task1]#ll -i ../task2
总用量 8
17508482 drwxr-xr-x. 2 root root    6  7月 31 06:48 chkconfig.d
35428495 drwxr-xr-x. 3 root root   36  7月 31 06:48 chromium
 1642305 -rw-r--r--. 1 root root 1078  7月 31 06:48 chrony.conf
 1642306 -rw-r-----. 1 root root  540  7月 31 06:48 chrony.keys
35428518 -rw-r--r--. 2 root root    0  7月 31 21:51 file5.txt
52987200 lrwxrwxrwx. 1 root root    9  7月 31 22:13 file6.txt->file3.txt
```

（7）使用 echo 命令建立/var/info1 文件，文件内容如下所示。

Banana

Orange

Apple

实施命令如下所示。

```
[root@bogon ~]#echo Banana>/var/info1
[root@bogon ~]#echo Orange>>/var/info1
[root@bogon ~]#echo Apple>>/var/info1
[root@bogon ~]#cat /var/info1
Banana
Orange
Apple
```

（8）统计/etc/sysctl.conf 文件中的字节数、单词数、行数，并将统计结果存放在/var/info2 文件中，实施命令如下所示。

```
[root@bogon ~]#wc /etc/sysctl.conf >/var/info2
[root@bogon ~]#cat /var/info2
 10  72 449 /etc/sysctl.conf
```

（9）使用命令查看/var/info1 文件前两行的内容，并将输出结果存放在/var/info3 文件中，实施命令如下所示。

```
[root@bogon ~]#head -2 /var/info1>/var/info3
[root@bogon ~]#cat /var/info3
Banana
Orange
```

（10）使用命令查找/etc 目录下名以"c"开头、以"conf"结尾、大于 5 KB 的文件，并将查询结果存放在/var/info4 文件中，实施命令如下所示。

```
[root@bogon ~]#find /etc -name "c*.conf" -size +5k>/var/info4
[root@bogon ~]#cat /var/info4
/etc/cups/cups-browsed.conf
/etc/cups/cupsd.conf
```

（11）使用命令查看/var/info1 文件后两行的内容，并将输出结果存放在/var/info5 文件中，实施命令如下所示。

```
[root@bogon ~]#tail -2 /var/info1>/var/info5
[root@bogon ~]#cat /var/info5
Orange
Apple
```

（12）使用命令输出/var/info1 文件中不包括"pp"字符串的行，并输出行号，将输出结果存放在/var/info6 文件中，实施命令如下所示。

```
[root@bogon ~]#grep -n -v "pp" /var/info1>/var/info6
[root@bogon ~]#cat /var/info6
1:Balana
2:Orange
```

任务小结

（1）Linux 文件系统使用树形目录结构管理，需掌握每个目录的作用，否则很容易操作失误。

（2）Linux 文件系统的基本运维命令不多，需熟练掌握。

任务 2.2　vim 编辑器

在 Linux 命令行状态下，经常需要编辑配置文件或进行 Shell 编程、程序设计等，都需要使用编辑器，Linux 命令行状态下包含很多不同的编辑器，而 vim 是其中功能最为强大的全屏幕文本编辑器。

任务描述

A 公司的服务器安装了 Rocky Linux 8.6 操作系统，现需要在服务器上进行文件的创建和编辑工作，网络管理员小彭开始查找 Rocky Linux 8.6 操作系统中的常用命令，查找了很多资料后，发现使用 vim 编辑器可以实现文件的创建和编辑等工作。

任务要求

作为系统管理员，除了使用这些命令完成日常的系统管理工作，还有一项重要工作是编辑各种系统配置文件，而这项工作需要借助文本编辑器才能完成。这里详细介绍 vim 编辑器的使用。本任务的具体要求如下所示。

（1）在/root 目录下启动 vim 编辑器。

（2）进入 vim 编辑模式，输入例 2.2.1 所示的测试文本。

例 2.2.1：测试文本

```
    Linux has the characteristics of open source, no copyright and
more users in the technology community.
    Open source enables users to cut freely, with high flexibility, powerful function and
low cost.
    In particular, the network protocol stack embedded in the system can realize the function
of router after proper configuration.
    These characteristics make Linux an ideal platform for developing routing switching
devices.
```

（3）将以上文本保存为 Linux 文件，并退出 vim 编辑器。

（4）重新启动 vim 编辑器，打开 Linux 文件。

（5）显示文件行号。

（6）将光标移动到第 4 行。

(7)在当前行的下方插入新行,并输入内容"This is a very good system!"。

(8)将文件中的"Linux"用"CentOS"进行替换。

(9)将光标移动到第 3 行,并复制第 3~4 行的内容。将光标移动到文件最后一行,并将上一步复制的内容粘贴在最后一行下方。

(10)保存文件后退出 vim 编辑器。

任务资讯

1. vim 编辑器简介

基本上所有的 Linux 发行版都内置了 vi 编辑器,而且有些系统工具会把 vi 作为默认的文本编辑器。vim 是增强版的 vi,除了具备 vi 的功能,还可以用不同颜色显示不同类型的文本内容,相比于 vi 专注于文本编辑,vim 还可以进行程序编辑,尤其在编辑 Shell 脚本文件或使用 C 语言进行编程时,能够高亮显示关键字和语法错误。无论是专业的 Linux 操作系统管理员,还是普通的 Linux 操作系统用户,都应该熟练使用 vim 编辑器。

vim 编辑器可以执行输出、删除、查找、替换、块操作等众多文本操作,而且用户可以根据自己的需要对其进行定制,这是其他编辑程序所没有的。vim 编辑器不是一个排版程序,它不像 Word 或 WPS 那样可以对字体、格式、段落等其他属性进行编排,它只是一个文本编辑程序。vim 是全屏幕文本编辑器,没有菜单,只有命令。

2. 启动与退出 vim 编辑器

在终端窗口中输入 vim,后跟想要编辑的文件名,即可进入 vim 工作环境。若不指定文件名,则新建一个未命名的文本文件,退出 vim 编辑器时必须指定文件名;若指定文件名,则新建(文件不存在时)或打开同名文件。启动与退出 vim 编辑器的基本语法如下所示。

```
[root@bogon ~]#vim 文件名
```

3. vim 编辑器的工作模式

vim 编辑器有三种基本工作模式,分别是命令模式(一般模式)、编辑模式(插入模式)和末行模式。vim 编辑器的常用模式及其功能见表 2-2-1。

表 2-2-1 vim 编辑器的常用模式及其功能

模式	功能
命令模式	包括光标移动、文本查找与替换、文本复制、粘贴或删除等
编辑模式	在该模式下可输入文本内容,按 Esc 键可返回命令模式
末行模式	包括保存、退出、读取文件等操作

4．vim 编辑器工作模式转换

vim 编辑器的三种工作模式的操作区别及各个模式之间的转换方法。vim 编辑器工作模式转换如图 2-2-1 所示。

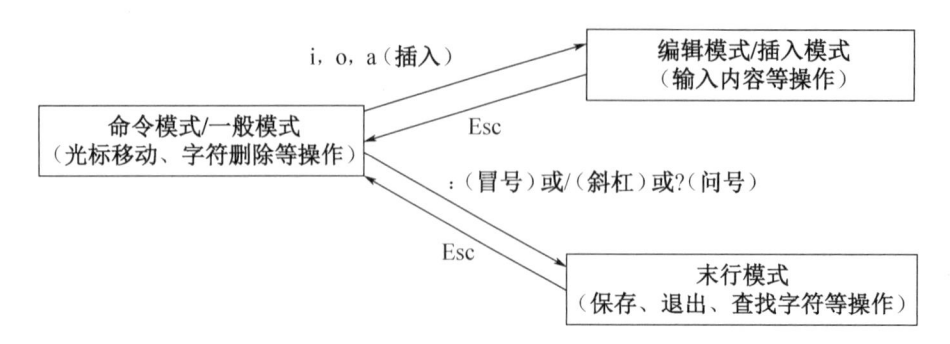

图 2-2-1　vim 编辑器工作模式转换

5．vim 编辑器的常用按键及命令

（1）在命令模式下的按键说明。

vim 编辑器打开文件后默认进入命令模式，vim 编辑器在命令模式下的常用按键、类型及其功能见表 2-2-2。

表 2-2-2　vim 编辑器在命令模式下的常用按键、类型及其功能

按　　键	类　　型	功　　能
h/j/k/l	移动	光标向左/下/上/右移动一个字符
Ctrl+f/b	移动	屏幕向下/上移动一页
Ctrl+d/u	移动	屏幕向下/上移动半页
H	移动	光标移动至当前屏幕第一行的行首
M	移动	光标移动至当前屏幕中央一行的行首
L	移动	光标移动至当前屏幕最后一行的行首
G	移动	光标移动至文件最后一行的行首
nG	移动	移动至文件的第 n 行的行首（其中 n 为数字）
^	移动	移动光标至行首
$	移动	移动光标至行尾
w	移动	光标向右移动一个单词
nw	移动	光标向右移动 n 个单词（其中 n 为数字）
b	移动	光标向左移动一个单词
nb	移动	光标向左移动 n 个单词（其中 n 为数字）
yy	复制粘贴	复制光标所在行
$n$yy	复制粘贴	向下复制从光标所在行开始的向下 n 行

续表

按　键	类　型	功　能
p	复制粘贴	将已复制数据粘贴至光标所在行的下一行
P	复制粘贴	将已复制数据粘贴至光标所在行的上一行
x	删除	向后删除一个字符，相当于 Delete 键
X	删除	向前删除一个字符，相当于 Backspace 键
nx	删除	向右删除 n 个字符
nX	删除	向左删除 n 个字符
dd	删除	删除光标所在的一整行
$n$dd	删除	从光标所在行开始向下删除 n 行（包括光标所在行）
u	撤销与重复	撤销前一个操作
U	撤销与重复	重复前一个操作
/word	查找	在光标之后的文本中查找 word 字符串，当查找到第一个 word 后，按 n 键继续查找下一个
?word	查找	在光标之前的文本中查找 word 字符串，当查找到第一个 word 后，按 n 键继续查找下一个
:n1,n2s/word1/word2/g	替换	在 n1 至 n2 行之间查找所有 word1 字符串并替换为 word2
:s/word1/word2/g	替换	在全文中查找 word1 字符串并替换为 word2
:s/word1/word2/gc	替换	在全文中查找 word1 字符串并替换为 word2，每次替换前需要用户确认

（2）进入插入模式的按键说明。

可通过使用不同按键进入的插入模式，其常用按键及其功能见表 2-2-3。

表 2-2-3　命令模式进入插入模式的常用按键及其功能

按　键	功　能
a	进入插入模式并在当前光标后插入内容
A	进入插入模式并将光标移至当前段落末尾
i	进入插入模式并在当前光标前插入内容
I	进入插入模式并将光标移至当前段落段首
o	进入插入模式并在当前行后面新建空行
O	进入插入模式并在当前行前面新建空行

（3）在末行模式下的命令说明。

vim 编辑器在末行模式下的常用命令、类型及其功能见表 2-2-4。

表 2-2-4　vim 编辑器在末行模式下的常用命令、类型及其功能

命　　令	类　　型	功　　能
:w	读/写文件	对编辑后的文件进行保存
:w!	读/写文件	若文件属性为只读，强制保存该文件
:w[filename]	读/写文件	将编辑后的文件存储为另一个文件，文件名为"filename"
:r[filename]	读/写文件	读取 filename 文件，并将其内容插入光标所在行的下方
:q	退出	若文件没有修改，则退出 vim 编辑器
:q!	退出	对文件内容做过修改，强制不保存退出
:wq	退出	保存后退出
:wq!	退出	强制保存后退出
ZZ	退出	若文件没有修改，则直接退出不保存；若文件已修改，则保存后退出
:set nu	显示行号	在每行的行首显示行号
:set nonu	显示行号	与:set nu 相反，取消行号

任务实施

步骤 1：进入 Rocky Linux 8.6 操作系统，打开一个终端窗口库，在命令行输入"vim"（不加文件名）启动 vim 编辑器，按 a 键进入编辑模式。

步骤 2：输入例 2.2.1 所示的测试文本。

步骤 3：按 Esc 键返回命令模式，输入":"进入末行模式，输入"w Linux"将程序保存为 Linux 文件，输入":q"退出 vim 编辑器。

步骤 4：重新启动 vim 编辑器，通过"vim Linux"打开 Linux 文件。

步骤 5：输入":set nu"显示行号。

步骤 6：按 4 键并按 G 键，将光标移至第 4 行行首。

步骤 7：按 o 键在当前行下方插入新行，并输入内容"This is a very good system！"。

步骤 8：在编辑模式下按 Esc 键回到命令模式。输入":"进入末行模式，并输入"s/Linux/CentOS/g"将文件中"Linux"替换成"CentOS"。

步骤 9：按 3 键并按 G 键，将光标移至第 3 行行首，输入"2yy"，复制第 3~4 行的内容。按 G 键将光标移至最后一行的行首，按 p 键将其粘贴到最后一行的下方。

步骤 10：在末行模式下输入":wq"保存文件后退出。

任务小结

（1）vim 是 vi 的增强版，没有菜单，只有命令。

（2）vim 编辑器功能非常强大，有命令模式（一般模式）、编辑模式（插入模式）和末行模式三种方式。

任务 2.3　管理磁盘分区与文件系统

任务描述

A 公司购置了 Linux 服务器，网络管理员小彭负责将 Linux 操作系统中的磁盘进行分区，并创建不同类型的磁盘格式。在 Linux 操作系统中，需要将不同类型的文件系统挂载在不同的分区下，并使用命令查看磁盘使用情况，来验证磁盘管理的正确性。

任务要求

要对硬盘分区和格式化后才能使用，分区从实质上说就是对硬盘的一种格式化，在 Linux 操作系统中可采用 fdisk 命令实现。本任务的具体要求如下所示。

（1）添加一块磁盘，大小为 20 GB。

（2）使用 fdisk 命令创建 2 个主分区和 2 个逻辑分区，主分区大小均为 5 GB，逻辑分区大小分别为 8 GB 和 2 GB。

（3）将创建好的分区进行格式化，格式化的文件系统为 XFS。

（4）将格式化后的磁盘分区进行手动挂载。

（5）将格式化后的第一个磁盘分区进行自动挂载。

（6）验证磁盘分区和自动挂载。

任务资讯

1. 磁盘分区的作用

没有经过分区的磁盘，是不能直接使用的。在计算机中出现的 C 盘、D 盘代表的就是磁盘分区的盘符。磁盘分区能够优化磁盘管理，提高系统运行效率和安全性。具体来说，磁盘分区有以下优点。

（1）易于管理和使用。一个磁盘若不分割空间而直接存储各种文件，则会让用户难以管理和使用，若用户把磁盘分割开来形成不同的分区，把相同的文件放到同一个分区，则方便了管理和使用。

（2）有利于数据安全。将文件分区存放，即使中毒也会有充分的时间来采取措施防止病

毒侵入和清除病毒，如果重装系统，那么也只会丢失系统所在的数据而其他数据将得以保存，这大大提高了数据的安全性。

（3）提高系统运行效率。把不同类型的文件分开存放，在需要某个文件时直接到特定的分区去寻找，可以节约寻找文件的时间。

2. 磁盘分区表与分区名称

"磁盘分区表"是专门用来保存磁盘的分区信息的。按照磁盘分区表的格式可分传统的MBR（Master Boot Record，主引导记录）格式和GPT（GUID Partition Table，GUID磁盘分区表）格式。

（1）MBR格式：一种旧的传统磁盘分区表格式。MBR是磁盘的第一个扇区，记录着系统的引导信息和磁盘分区表信息等。前446字节是系统引导信息，之后的64字节是磁盘分区表信息，最后2字节是结束标志字，每个分区项占用16字节，因此最多只能划分4个主分区，为了支持更多的分区，引入了扩展分区及逻辑分区的概念，把其中一个主分区作为扩展分区，再在扩展分区上划分出更多逻辑分区。因此，其主分区和扩展分区总数最多可以有4个，扩展分区最多只能有1个，而且扩展分区本身并不能用来存放用户数据。MBR磁盘支持的最大容量为2.2 TB。如图2-3-1所示为主分区、扩展分区和逻辑分区的关系。

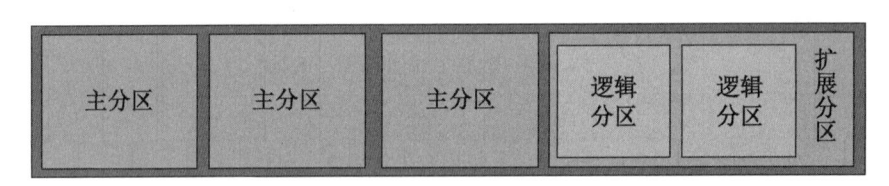

图2-3-1 主分区、扩展分区和逻辑分区的关系

（2）GPT格式：一种新的磁盘分区表格式。GPT磁盘的第一扇区仍然保留了MBR，称为PMBR，P是protective保护性的意思。PMBR之后是分区表信息，包括表头和分区表项，表头包含首尾分区表位置和分区数量等信息，分区表项的数量不限制，但Windows限制了最多只允许128个分区，每个分区表项都是128字节，而且支持的磁盘容量也远大于2 TB，磁盘的尾部则有一个和头部相同的备份分区表，如果头部的分区表损坏，那么可以使用尾部的备份分区表恢复。

Windows的分区使用C，D，E等来对分区进行命名。而Linux使用"设备名称+分区号码"表示磁盘的各个分区，对于主分区或扩展分区的编码为1～4，逻辑分区则从5开始。这样的命名方式显得更加清晰，避免了因为增加或者卸载磁盘造成的盘符混乱。

Linux的分区命名方法：IDE磁盘采用"/dev/hdxy"来命名，x表示磁盘（用a，b等来标识），y是分区的编号（用1，2，3等来标识）。SCSI磁盘采用"/dev/sdxy"来命名。光驱（不管是IDE类型或者SCSI）将和IDE磁盘一样来命名。

IDE磁盘和光驱设备将由内部连接来区分。第一个IDE信道的主（master）设备标识为

/dev/hda，第一个 IDE 信道的从（slave）设备标识为/dev/hdb。按照这个原则，第二个 IDE 信道的主、从设备当然用/dev/hdc 和/dev/hdd 来标识。

SCSI 磁盘或者光驱设备依赖于设备的 ID 号码，不考虑遗漏的 ID 号码。比如三个 SCSI 设备的 ID 号码分别是 0，2，5，设备名称分别是/dev/sda、/dev/sdb、/dev/sdc。如果现在再添加一个 ID 号码为 3 的设备，那么这个设备将被以"/dev/sdc"来命名，ID 号码为 5 的设备将被称为"/dev/sdd"。

分区的号码不依赖于 IDE 或 SCSI 设备的命名，号码 1~4 为主分区或者扩展分区保留，从 5 开始才用来为逻辑分区命名。例如：第一块磁盘的主分区为 hda1，扩展分区为 hda2，扩展分区下的一个逻辑分区为 hda5。为便于理解，Linux 分区名称及其说明见表 2-3-1。

表 2-3-1　Linux 分区名称及其说明

名　　称	说　　明
/dev/hda	IDE1 接口的主磁盘
/dev/hda1	IDE1 接口的主磁盘的第一个分区
/dev/hda2	IDE1 接口的主磁盘的第二个分区
/dev/hda5	IDE1 接口的主磁盘的第一个逻辑分区
/dev/hdb	IDE1 接口的从磁盘
/dev/hdb1	IDE1 接口的从磁盘的第一个分区
/dev/sda	ID 号为 0 的 SCSI 磁盘
/dev/sda1	ID 号为 0 的 SCSI 磁盘的第一个分区
/dev/sdd3	ID 号为 3 的 SCSI 磁盘的第三个分区
/dev/sda5	ID 号为 0 的 SCSI 磁盘的第一个逻辑分区

3. 磁盘管理工具（fdisk）

fdisk 命令的使用方法非常简单，只要把磁盘名称作为参数即可。fdisk 命令的最主要功能是修改分区表（partition table），其基本语法如下所示。

```
fdisk [选项] 磁盘名称
```

在命令提示符后面输入相应的选项来选择需要的操作，例如：输入 m 选项的功能是列出所有可用命令。fdisk 命令的常用选项及其功能见表 2-3-2。

表 2-3-2　fdisk 命令的常用选项及其功能

选　项	功　　能	选　项	功　　能
a	调整磁盘启动分区	q	不保存更改，退出该命令
d	删除磁盘分区	t	更改分区类型
l	列出所有支持的分区类型	u	切换所显示的分区大小的单位
m	列出所有命令	w	把修改写入磁盘分区表，然后退出
n	创建新分区	x	列出高级选项
p	列出磁盘分区表		

4. 创建文件系统

磁盘分区创建完成后，需要为磁盘创建文件系统，即对其进行格式化，否则磁盘仍然无法使用。创建文件系统时需要确认分区上的数据是否可用，创建后删除分区内原有的数据，且数据不可恢复。mkfs 命令用于创建文件系统，其基本语法格式如下所示。

```
mkfs [选项] 分区设备名
```

mkfs 命令的常用选项及其功能见表 2-3-3。

表 2-3-3 mkfs 命令的常用选项及其功能

选项	功能
-t 文件系统类型	指定要创建的文件系统类型
-c	创建文件系统前先检查坏块
-v	显示创建文件系统的详细信息

mkfs 命令的基本用法如例 2.3.1 所示。

例 2.3.1：mkfs 命令的基本用法

```
[root@bogon ~]#mkfs -t xfs /dev/sdb2
meta-data=/dev/sdb1              isize=512    agcount=4, agsize=327680 blks
         =                       sectsz=512   attr=2, projid32bit=1
         =                       crc=1        finobt=0, sparse=0
data     =                       bsize=4096   blocks=1310720, imaxpct=25
         =                       sunit=0      swidth=0 blks
naming   =version 2              bsize=4096   ascii-ci=0 ftype=1
log      =internal log           bsize=4096   blocks=2560, version=2
         =                       sectsz=512   sunit=0 blks, lazy-count=1
realtime =none                   extsz=4096   blocks=0, rtextents=0
```

5. 分区挂载、卸载与自动挂载

（1）挂载、卸载。

所谓挂载，就是把新建的文件系统和目录建立一种关联的过程，这是使分区可以正常使用的最后一步。文件系统挂载到的目录称为挂载点。文件系统可以在系统引导过程中自动挂载，也可以手动挂载，手动挂载文件系统的命令是 mount，其基本语法如下所示。

```
mount [-t 文件系统类型] 分区名 目录名
```

-t 选项表示挂载分区的文件系统类型，但也可以省略，主要因为 mount 命令能自动检测出分区格式化时使用的文件系统。下面将光盘挂载到/mnt 目录下，挂载分区如例 2.3.2 所示。

例 2.3.2：挂载分区

```
[root@bogon ~]mount -t iso9660 /dev/cdrom /mnt        //将光盘挂载到/mnt目录下
mount: /dev/sr0 写保护，将以只读方式挂载
```

需要注意的是，在光盘挂载前，需要将光盘的设备状态设置为"已连接"，否则无法挂载成功。具体步骤为："虚拟机"→"设置"→"硬件"→"CD/DVD（IDE）"→"设备状态"设置为"已连接"，"连接"处选择"使用 ISO 映像文件"，并找到 Rocky Linux 8.6 的映像文件，单击"确定"按钮即可。设置虚拟机的安装源如图 2-3-2 所示。

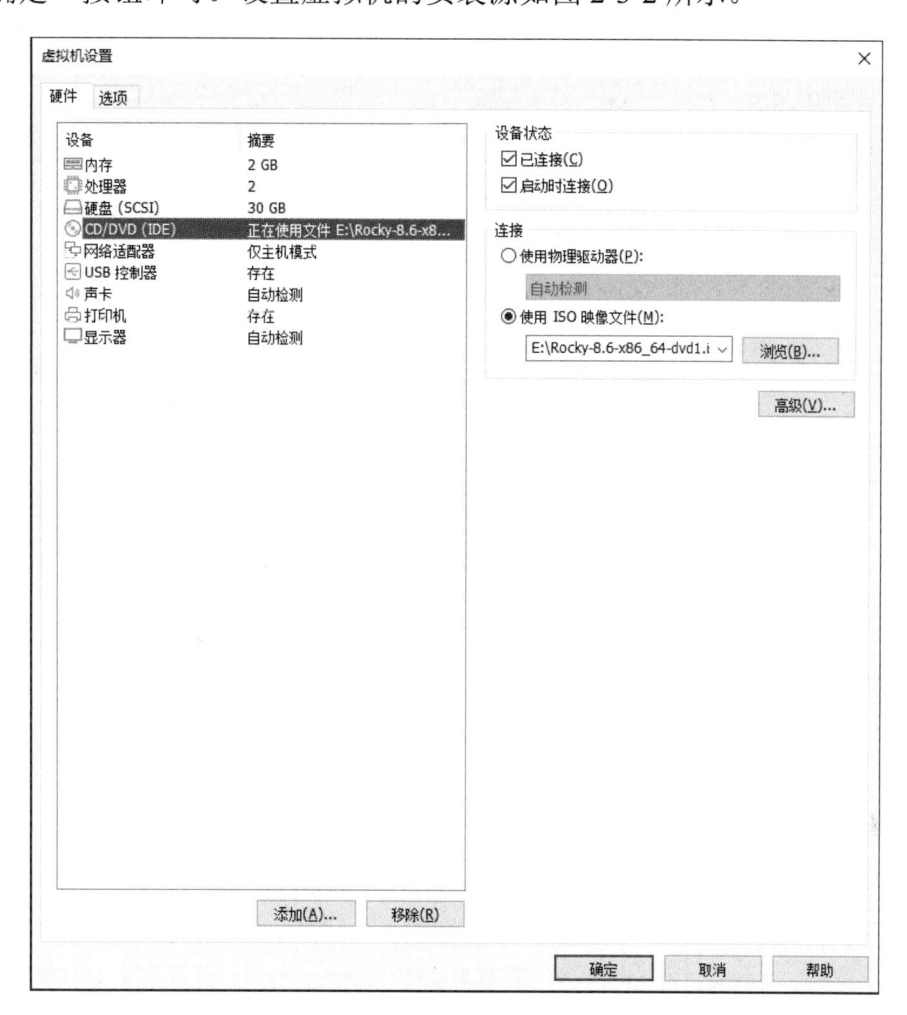

图 2-3-2　设置虚拟机的安装源

一般而言，挂载点应该是一个空目录，否则目录中原来的文件将被系统暂时隐藏。如果想看到原来的内容，那么就需要使用命令将分区卸载。卸载分区就是解除分区与挂载点的关联关系，卸载分区所用的命令是 umount。卸载分区如例 2.3.3 所示。

例 2.3.3：卸载分区

```
[root@bogon ~]#umount /dev/cdrom              //使用分区名卸载
[root@bogon ~]#umount /mnt                    //使用挂载点卸载
[root@bogon ~]#lsblk -p /dev/cdrom            //检查分区挂载点
NAME      MAJ:MIN RM  SIZE RO TYPE MOUNTPOINT
/dev/sr0   11:0    1  10.5G  0 rom             //挂载点显示为空
```

（2）自动挂载。

mount 命令挂载的文件系统，当计算机重启或关机再启动时，需要重新执行 mount 命令才可挂载使用。如果希望文件系统在计算机重启或关机再启动时自动挂载，那么可以通过在/etc/fstab 文件末行添加如下内容，实现以后系统每次运行时分区自动挂载，如例 2.3.4 所示。

例 2.3.4：自动挂载

```
[root@bogon ~]#cat /etc/fstab

……                                              //此处省略部分内容
/dev/mapper/centos-root     /                xfs     defaults     0 0
UUID=d724af41-001a-4b53-9593-0df4b9865af4 /boot  xfs     defaults     0 0
/dev/mapper/centos-swap swap                swap    defaults     0 0
/dev/sdb2                   /data2           xfs     defaults     0 0
```

/etc/fstab 文件中的各列内容含义如下所示。

① 第 1 列：要挂载的设备（分区号），有卷标可以使用卷标。

② 第 2 列：文件系统的挂载点。

③ 第 3 列：所挂载文件系统的类型。

④ 第 4 列：文件系统的挂载选项，选项有很多，如 async（异步写入）、dev（允许建立设备文件）、auto（自动载入）、rw（读写权限）、exec（可执行）、nouser（普通用户不可挂载）、suid（允许含有 suid 文件格式）、defaults（表示同时具备以上参数，所以默认使用 defaults）。还包括 usrquota（用户配额）、grpquota（组配额）等。

⑤ 第 5 列：提供 dump 功能来备份系统，"0"表示不使用 dump，"1"表示使用 dump，"2"也表示使用，不过重要性比"1"小些。

⑥ 第 6 列：指定计算机启动时文件系统的检查次序，"0"表示不检查，"1"表示最先检查，"2"表示检查，但检查时间比"1"晚。

6. 查看文件与空间使用情况

下面介绍日常的文件系统管理中常用的命令。

（1）df 命令。

df 命令用于从超级数据块中读取信息，以及查看系统中已经挂载的各个文件系统的磁盘使用情况，其基本语法如下所示。

```
df [选项] [目录或文件名]
```

df 命令的常用选项及其功能见表 2-3-4。

表 2-3-4 df 命令的常用选项及其功能

选 项	功 能
-a	显示所有文件系统的磁盘使用情况，包括/proc、/sysfs 等系统特有的文件系统
-m	以 MB 为单位显示文件系统空间容量
-k	以 KB 为单位显示文件系统空间容量
-h	使用人们习惯的 KB、MB 或 GB 为单位显示文件系统空间容量
-H	等于-h，但指定容量的换算以 1 000 进位，即 1 KB=1 000 B，而不是 1 024B
-T	显示所有已挂载的文件系统类型
-i	显示文件系统的 inode 信息

df 命令在使用时，若不加任何选项和参数，则默认显示系统中所有的文件系统。df 命令的基本用法如例 2.3.5 所示。

例 2.3.5：df 命令的基本用法

```
[root@bogon ~]#df
文件系统                    1K-块      已用      可用     已用%    挂载点
/dev/mapper/centos-root  17811456  3273272  14538184    19%     /
devtmpfs                   483940        0    483940     0%     /dev
tmpfs                      499860        0    499860     0%     /dev/shm
tmpfs                      499860    14224    485636     3%     /run
tmpfs                      499860        0    499860     0%     /sys/fs/cgroup
/dev/sda1                 1038336   163976    874360    16%     /boot
tmpfs                       99972       40     99932     1%     /run/user/1000
tmpfs                       99972        0     99972     0%     /run/user/0
```

前面使用 mount|grep sdb 命令查看挂载信息，其实也可以使用 df 命令来实现。df 命令查询挂载信息如例 2.3.6 所示。

例 2.3.6：df 命令查询挂载信息

```
[root@bogon ~]#df -TH|grep sdb
/dev/sdb1       xfs      5.4G   34M   5.4G   1%   /data1
/dev/sdb2       xfs      5.4G   34M   5.4G   1%   /data2
/dev/sdb5       xfs      8.6G   34M   8.6G   1%   /data3
/dev/sdb6       xfs      2.2G   34M   2.2G   2%   /data4
```

（2）du 命令。

du 命令用于显示磁盘空间的使用情况。该命令逐级显示指定目录的每一级子目录占用文件系统数据块的情况，其基本语法如下所示。

```
du [选项] [目录或文件名称]
```

du 命令的常用选项及其功能见表 2-3-5。

表 2-3-5　du 命令的常用选项及其功能

选项	功能
-a	递归显示指定目录中各文件及子目录中文件的磁盘空间容量
-k	以 1 024 KB 为单位显示磁盘空间容量
-m	以 1 024 MB 为单位显示磁盘空间容量
-h	使用人们习惯的 KB、MB 或 GB 为单位显示文件的磁盘空间容量
-s	仅显示目录的磁盘空间容量，不显示子目录和子文件的磁盘空间容量
-S	仅显示目录的磁盘空间容量，但不显示子目录的磁盘空间容量

du 命令不加任何选项和参数时，显示当前目录及其子目录的磁盘空间容量。du 命令的基本用法如例 2.3.7 所示。

例 2.3.7：du 命令的基本用法

```
[root@localhost /]#cd boot
[root@localhost boot]#du
0       ./efi/EFI/centos
0       ./efi/EFI
0       ./efi
2400    ./grub2/i386-pc
3176    ./grub2/locale
2504    ./grub2/fonts
8096    ./grub2
4       ./grub
94284   .
```

用户可以使用-s 选项查看当前目录的磁盘空间容量；使用-S 选项仅显示目录本身的磁盘空间容量，如例 2.3.8 所示。

例 2.3.8：du 命令的基本用法——使用-s 和-S 选项

```
[root@localhost boot]#du -s
94284   .
[root@localhost boot]# du -S
0       ./efi/EFI/centos
0       ./efi/EFI
0       ./efi
2400    ./grub2/i386-pc
3176    ./grub2/locale
2504    ./grub2/fonts
16      ./grub2
4       ./grub
86184   .
```

（3）lsblk 命令。

使用 lsblk 命令同样可查看磁盘信息，lsblk 命令以树状结构列出了系统中的所有磁盘及磁盘的分区。lsblk 命令查看磁盘信息如例 2.3.9 所示。

例 2.3.9：lsblk 命令查看磁盘信息

```
[root@bogon ~]#lsblk -p
NAME                          MAJ:MIN RM  SIZE  RO TYPE MOUNTPOINT
/dev/sda                      8:0     0   20G   0  disk
├─/dev/sda1                   8:1     0   1G    0  part /boot
└─/dev/sda2                   8:2     0   19G   0  part
  ├─/dev/mapper/centos-root   253:0   0   17G   0  lvm  /
  └─/dev/mapper/centos-swap   253:1   0   2G    0  lvm  [SWAP]
/dev/sdb                      8:16    0   20G   0  disk
/dev/sr0                      11:0    1   4.2G  0  rom  /mnt
```

有关 lsblk 命令的其他选项，可以通过 man 命令查看。

任务实施

1. 为虚拟机添加硬盘

步骤 1：在进行磁盘管理之前需先添加一块硬盘。在虚拟机中添加硬盘非常容易，在虚拟机界面单击"编辑虚拟机设置"按钮，弹出"虚拟机设置"对话框，如图 2-3-3 所示。

步骤 2：单击"添加"按钮，弹出"添加硬件向导"对话框，在"硬件类型"列表框中选择"硬盘"选项，如图 2-3-4 所示。

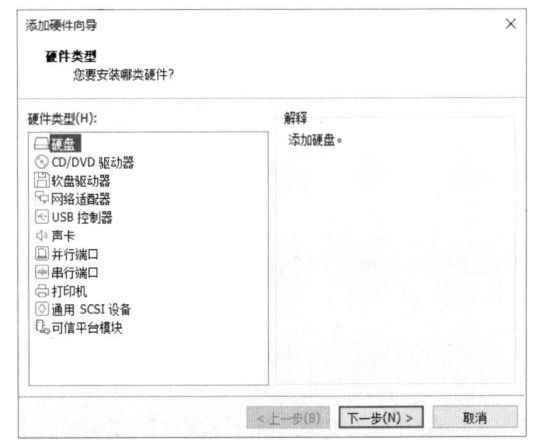

图 2-3-3 "虚拟机设置"对话框　　　　图 2-3-4 "添加硬件向导"对话框

步骤 3：单击"下一步"按钮，选择磁盘类型为"SCSI"；单击"下一步"按钮，单击"创建新虚拟磁盘"单选按钮；单击"下一步"按钮，在"指定磁盘容量"界面中指定最大磁盘大小为"20"GB，并单击"将虚拟磁盘存储为单个文件"单选按钮，如图 2-3-5 所示；单击"下一步"按钮，在"指定磁盘文件"界面中设置保存位置，如图 2-3-6 所示。硬盘添加完成效果如图 2-3-7 所示。

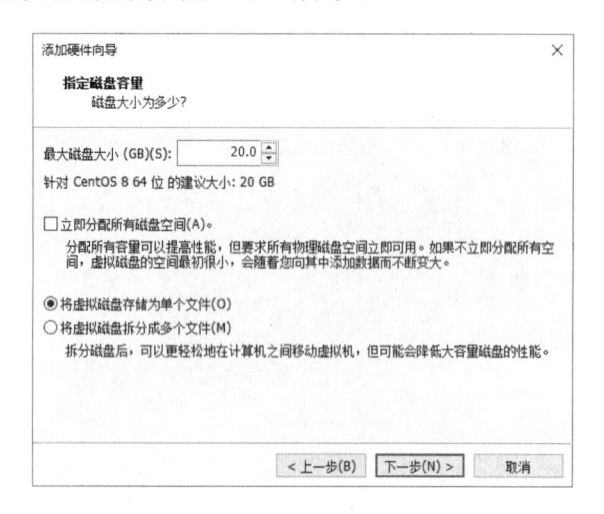

图 2-3-5 "指定磁盘容量"界面　　　　图 2-3-6 "指定磁盘文件"界面

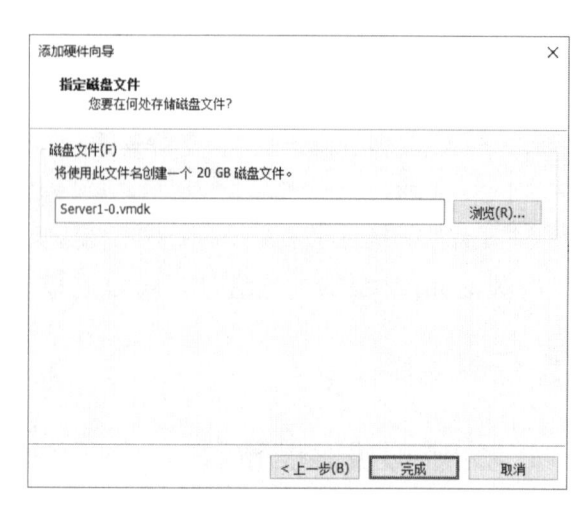

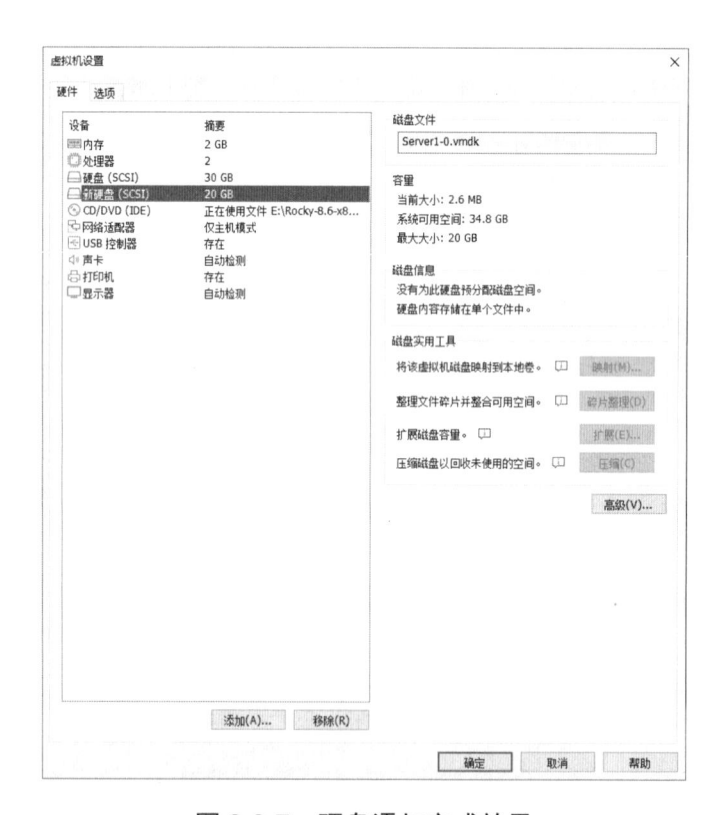

图 2-3-7 硬盘添加完成效果

2. 使用 fdisk 命令创建磁盘分区

（1）查看磁盘信息。

使用 fdisk 命令可查看磁盘信息，如下所示。

```
[root@bogon ~]#fdisk -l
Disk /dev/sda: 30 GiB, 32212254720 字节，62914560 个扇区
单元：扇区 / 1 * 512 = 512 字节
扇区大小(逻辑/物理)：512 字节 / 512 字节
I/O 大小(最小/最佳)：512 字节 / 512 字节
磁盘标签类型：dos
磁盘标识符：0xdb98eae9
……                                            //此处省略部分内容
Disk /dev/sdb: 20 GiB, 21474836480 字节，41943040 个扇区
单元：扇区 / 1 * 512 = 512 字节
扇区大小(逻辑/物理)：512 字节 / 512 字节
I/O 大小(最小/最佳)：512 字节 / 512 字节
//可以看出/dev/sdb是新添加的硬盘，是没有经过分区和格式化的
```

（2）创建主分区。

步骤 1：利用如下所示命令，打开 fdisk 操作菜单。

```
[root@bogon ~]#fdisk /dev/sdb
```

步骤 2：输入 p 命令，查看当前分区表。从命令执行结果可以看到，/dev/sdb 硬盘并无任何分区。

```
命令(输入 m 获取帮助)：p
Disk /dev/sdb: 20 GiB, 21474836480 字节，41943040 个扇区
单元：扇区 / 1 * 512 = 512 字节
扇区大小(逻辑/物理)：512 字节 / 512 字节
I/O 大小(最小/最佳)：512 字节 / 512 字节
磁盘标签类型：dos
磁盘标识符：0x20bc3447
```

步骤 3：输入 n 命令，再输入 p 命令，并且创建编号为 1 和 2 的主分区，两个主分区大小均为 5 GB，如下所示。

```
命令(输入 m 获取帮助)：n
分区类型
    p   主分区 (0个主分区，0个扩展分区，4空闲)
    e   扩展分区 (逻辑分区容器)
选择 (默认 p)：p
分区号 (1-4, 默认 1)：1
第一个扇区 (2048-41943039，默认 2048)：
上个扇区，+sectors 或 +size{K,M,G,T,P} (2048-41943039，默认 41943039)：+5G

创建了一个新分区 1，类型为"Linux"，大小为 5 GiB

命令(输入 m 获取帮助)：n
```

```
分区类型
    p   主分区 (1个主分区，0个扩展分区，3空闲)
    e   扩展分区 (逻辑分区容器)
选择 (默认 p): p                                        //主分区
分区号 (2-4, 默认 2): 2
第一个扇区 (10487808-41943039, 默认 10487808):
上个扇区, +sectors 或 +size{K,M,G,T,P} (10487808-41943039, 默认 41943039): +5G

创建了一个新分区 2, 类型为 "Linux", 大小为 5 GiB
```

（3）创建扩展分区。

创建编号为 3 的扩展分区，将剩余空间全部分给扩展分区，起始柱面和结束柱面全部选择默认，按 Enter 键即可，如下所示。

```
命令(输入 m 获取帮助): n
Partition type:
    p   primary (2 primary, 0 extended, 2 free)
    e   extended
Select (default p): e                                   //扩展分区
分区号 (3,4, 默认 3): 3
起始 扇区 (20973568-41943039, 默认为 20973568):
将使用默认值 20973568
Last 扇区, +扇区 or +size{K,M,G} (20973568-41943039, 默认为 41943039):
将使用默认值 41943039
分区 3 已设置为 Extended 类型, 大小设为 10 GiB
```

（4）创建逻辑分区。

在扩展分区上创建逻辑分区，其中一个空间大小为 8 GB，剩下空间全部分给另外一个逻辑分区，逻辑分区无须指定编号，如下所示。

```
命令(输入 m 获取帮助): n
Partition type:
    p   primary (2 primary, 1 extended, 1 free)
    l   logical (numbered from 5)
Select (default p): l
添加逻辑分区 5
起始 扇区 (20975616-41943039, 默认为 20975616):
将使用默认值 20975616
Last 扇区, +扇区 or +size{K,M,G} (20975616-41943039, 默认为 41943039): +8G
分区 5 已设置为 Linux 类型, 大小设为 8 GiB

命令(输入 m 获取帮助): n
Partition type:
    p   primary (2 primary, 1 extended, 1 free)
    l   logical (numbered from 5)
```

```
Select (default p): l
添加逻辑分区 6
起始 扇区 (37754880-41943039，默认为 37754880):
将使用默认值 37754880
Last 扇区, +扇区 or +size{K,M,G} (37754880-41943039，默认为 41943039):
将使用默认值 41943039
分区 6 已设置为 Linux 类型，大小设为 2 GiB
```

(5) 查看分区结果。

在全部分区完成后，可以使用 p 命令查看分区结果。分区完成后，需输入 w 命令将新的分区表写入磁盘，否则新的分区表不起任何作用，如下所示。

```
命令(输入 m 获取帮助): p

磁盘 /dev/sdb: 21.5 GB, 21474836480 字节，41943040 个扇区
Units = 扇区 of 1 * 512 = 512 bytes
扇区大小(逻辑/物理): 512 字节 / 512 字节
I/O 大小(最小/最佳): 512 字节 / 512 字节
磁盘标签类型: dos
磁盘标识符: 0x77bd1117

   设备 Boot      Start         End      Blocks   Id  System
/dev/sdb1          2048    10487807     5242880   83  Linux
/dev/sdb2      10487808    20973567     5242880   83  Linux
/dev/sdb3      20973568    41943039    10484736    5  Extended
/dev/sdb5      20975616    37752831     8388608   83  Linux
/dev/sdb6      37754880    41943039     2094080   83  Linux

命令(输入 m 获取帮助): w
The partition table has been altered!

Calling ioctl() to re-read partition table.
正在同步磁盘。
```

3. 使用 mkfs 命令建立文件系统

使用 mkfs.xfs /dev/sdb1 命令将主分区/dev/sdb1 格式换成 XFS 分区，如下所示。

```
[root@bogon ~]#mkfs.xfs /dev/sdb1
meta-data=/dev/sdb1              isize=512    agcount=4, agsize=327680 blks
         =                       sectsz=512   attr=2, projid32bit=1
         =                       crc=1        finobt=0, sparse=0
data     =                       bsize=4096   blocks=1310720, imaxpct=25
         =                       sunit=0      swidth=0 blks
naming   =version 2              bsize=4096   ascii-ci=0 ftype=1
```

```
log       =internal log              bsize=4096   blocks=2560, version=2
          =                          sectsz=512   sunit=0 blks, lazy-count=1
realtime =none                       extsz=4096   blocks=0, rtextents=0
```

4. 分区手动挂载

步骤1：本任务将/dev/sdb1 分区挂载到/data1 挂载点目录下、/dev/sdb2 分区挂载到/data2 挂载点目录下、/dev/sdb5 分区挂载到/data3 挂载点目录下、/dev/sdb6 分区挂载到/data4 挂载点目录下，具体操作如下所示。

```
[root@bogon ~]#mkdir /data1
[root@bogon ~]#mkdir /data2
[root@bogon ~]#mkdir /data3
[root@bogon ~]#mkdir /data4
[root@bogon ~]#mount /dev/sdb1  /data1
[root@bogon ~]#mount /dev/sdb2  /data2
[root@bogon ~]#mount /dev/sdb5  /data3
[root@bogon ~]#mount /dev/sdb6  /data4
```

步骤2：挂载成功后，可使用 mount|grep sdb 命令查看挂载信息，如下所示。

```
[root@bogon ~]#mount|grep sdb
/dev/sdb1 on /data1 type xfs (rw,relatime,seclabel,attr2,inode64,noquota)
/dev/sdb2 on /data2 type xfs (rw,relatime,seclabel,attr2,inode64,noquota)
/dev/sdb5 on /data3 type xfs (rw,relatime,seclabel,attr2,inode64,noquota)
/dev/sdb6 on /data4 type xfs (rw,relatime,seclabel,attr2,inode64,noquota)
```

> 小提示
>
> 当设备挂载到指定的挂载点目录，则挂载点目录下原来的文件暂时隐藏，无法访问。此时挂载点目录显示的是设备上的文件。设备卸载后，挂载点目录的文件恢复。

5. 分区自动挂载

步骤1：在系统每次运行时，实现分区自动挂载，可在/etc/fstab 文件中将/dev/sdb1 分区以 defaults 方式挂载到/data1 挂载点目录下，添加内容如下所示。

```
[root@bogon ~]#cat /etc/fstab
......                                                //此处省略部分内容
/dev/mapper/centos-root    /                     xfs    defaults    0 0
UUID=d724af41-001a-4b53-9593-0df4b9865af4 /boot  xfs    defaults    0 0
/dev/mapper/centos-swap    swap                  swap   defaults    0 0
/dev/sdb1                  /data1                xfs    defaults    0 0
```

步骤2：重启计算机，可使用 mount|grep sdb1 命令查看挂载信息，如下所示。

```
[root@bogon ~]#mount|grep sdb1
/dev/sdb1 on /data1 type xfs (rw,relatime,seclabel,attr2,inode64,noquota)
```

任务小结

（1）添加磁盘时，最好在关闭系统后再添加，否则可能会导致添加不成功。
（2）对磁盘进行分区能够优化磁盘管理，提高系统的运行效率和安全性。

任务 2.4　管理软 RAID

任务描述

A 公司的网络管理员小彭最近在访问服务器时，感觉访问速度慢，经过排查发现服务器的磁盘空间即将用完，小彭决定添置大容量磁盘为服务器提供网络存储、文件共享、数据库等网络服务功能，满足日常的办公需要，针对速度慢、空间不够等问题，小彭决定购买硬盘后使用动态磁盘进行管理，即管理软 RAID。

任务要求

动态磁盘的管理是基于卷的管理。卷是由一个或多个磁盘上的可用空间组成的存储单元，可以将它格式化为一种文件系统并分配驱动器号。动态磁盘具有提供容错、提高磁盘利用率和访问效率的功能。本任务的具体要求如下所示。

（1）添加四块硬盘，每块硬盘大小为 5 GB。
（2）使用 mdadm 命令对前三块硬盘创建 RAID 5，设备名称为/dev/md0。
（3）将创建好的/dev/md0 设备进行挂载。
（4）假设/dev/md0 中有一块磁盘已经损坏，更换第四块硬盘作为新的 RAID 成员设备。

任务资讯

1. RAID

RAID（Redundant Arrays of Independent Disks，独立冗余磁盘阵列）用于将多个廉价的小型磁盘驱动器合并成一个磁盘阵列，以提高存储性能和容错功能。RAID 可分为软 RAID 和硬 RAID，其中软 RAID 是通过软件实现多块硬盘冗余的，而硬 RAID 一般通过 RAID 卡来实现多块硬盘冗余。软 RAID 的配置相对简单，管理也比较灵活，对于中小企业来说不失为一种最佳选择；而硬 RAID 的成本较高，但是在性能方面具有一定的优势。

RAID 作为高性能的存储系统，已经得到了越来越广泛的应用。RAID 的级别从 RAID 概念的提出到现在，已经发展了六个级别的技术，但最常用的是 0，1，3，5 这四个级别，常用的 RAID 技术及其特点对照见表 2-4-1。

表 2-4-1　常用的 RAID 技术及其特点对照

RAID 技术	特　　点
RAID 0	存取速度最快，没有容错功能（带区卷）
RAID 1	完全容错，成本高，硬盘使用率低（镜像卷）
RAID 3	写入性能最好，没有多任务功能
RAID 4	具备多任务及容错功能，但奇偶检验磁盘驱动器会造成性能瓶颈
RAID 5	具备多任务及容错功能，写入时有额外开销（overhead）
RAID 01 和 RAID 10	速度快，完全容错，成本高

2．RAID 种类

（1）RAID 0。

RAID 0 是一种简单的、无数据校验功能的数据条带化技术。它实际上并非真正意义上的 RAID 技术，因为它并不提供任何形式的冗余策略。RAID 0 将所在磁盘条带化后组成大容量的存储空间，RAID 0 无冗余的数据条带如图 2-4-1 所示。RAID 0 将数据分散存储在所有磁盘中，以独立访问的方式实现多块磁盘的并读访问，由于可以并发执行 I/O 操作，充分利用总线带宽，再加上无须进行数据校验，因此 RAID 0 的性能在所有 RAID 技术中是最高的。从理论上讲，一个由 n 块磁盘组成的 RAID 0，其读写性能是单个磁盘性能的 n 倍，但由于总线带宽等多种因素的限制，其实际性能的提升往往低于理论值。

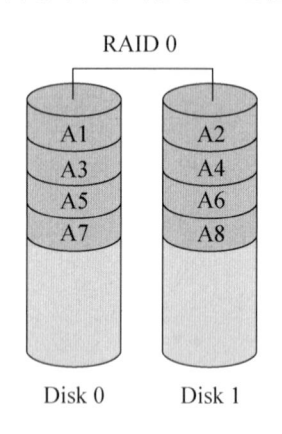

图 2-4-1　RAID 0 无冗余的数据条带

RAID 0 具有低成本、高读写性能、100%的高存储空间利用率等优点，但是它不提供数据冗余保护，一旦数据损坏，将无法恢复。因此，RAID 0 一般适用于对性能要求严格但对数据安全性和可靠性要求不高的场合，如视频、音频存储，临时数据缓存空间等。

（2）RAID 1。

RAID 1 称为镜像，它将数据完全一致地分别写入工作磁盘和镜像磁盘，它的磁盘空间利用率为 50%。利用 RAID 1，在写入数据时响应时间会有所影响，但是在读取数据的时候没有影响。RAID 1 提供了最佳的数据保护，一旦工作磁盘发生故障，系统会自动从镜像磁盘读取数据，不会影响用户工作。RAID 1 无校验的相互镜像如图 2-4-2 所示。

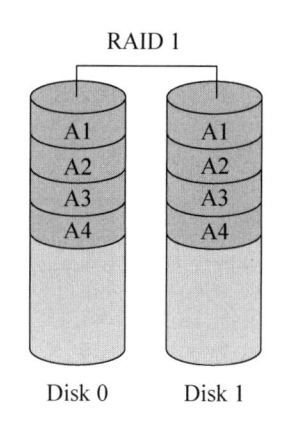

图 2-4-2　RAID 1 无校验的相互镜像

（3）RAID 5。

RAID 5 是目前最常见的 RAID 技术，可以同时存储数据和校验数据。数据块和对应的校验信息保存在不同的磁盘上，当一个数据盘损坏时，系统可以根据同一数据条带的其他数据块和对应的校验数据来重建损坏的数据。与其他 RAID 技术一样，重建数据时，RAID 5 的性能会受到很大影响。RAID 5 带分散校验的数据条带如图 2-4-3 所示。

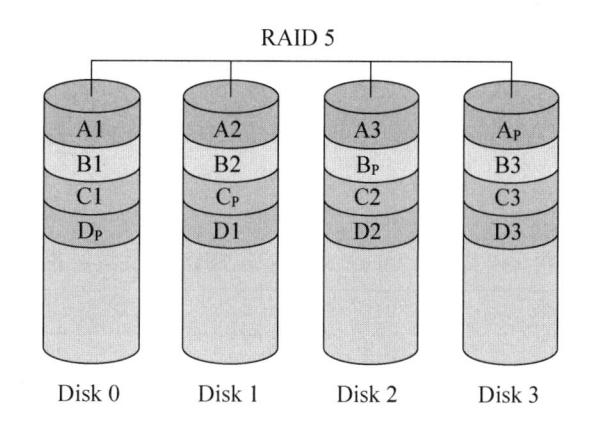

图 2-4-3　RAID 5 带分散校验的数据条带

RAID 5 兼顾存储性能、数据安全和存储成本等各方面因素，可以将其视为 RAID 0 和 RAID 1 的折中方案，是目前综合性能最佳的数据保护方案。RAID 5 基本上可以满足大部分的存储应用需求，数据中心大多将它作为应用数据的保护方案。

（4）RAID 01 和 RAID 10。

RAID 01 是先进行条带化再进行镜像，其本质是对物理磁盘实现镜像。RAID 10 是先进

行镜像再进行条带化,其本质是对虚拟磁盘实现镜像。在相同的配置下,通常 RAID 01 比 RAID 10 具有更好的容错能力。典型的 RAID 01 和 RAID 10 模型如图 2-4-4 所示。

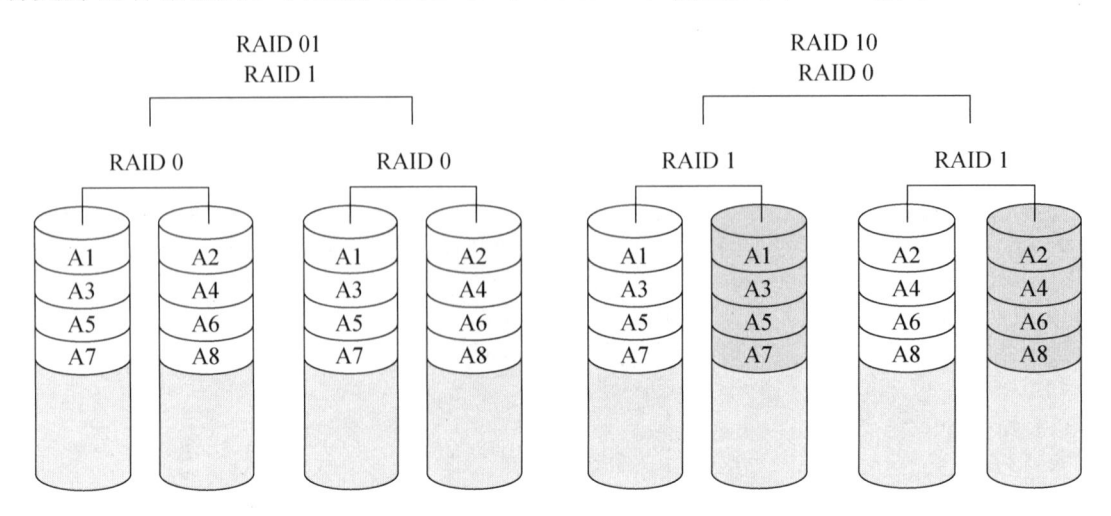

图 2-4-4　典型的 RAID 01 和 RAID 10 模型

RAID 01 兼具 RAID 0 和 RAID 1 的优点,它先用两块磁盘建立镜像,然后在镜像内部进行条带化。RAID 01 的数据将同时写入两个磁盘阵列,当其中一个磁盘阵列损坏时,仍可继续工作,在保证数据安全性的同时又提高了性能。RAID 01 和 RAID 10 内部都含有 RAID 1,因此整体磁盘的利用率仅为 50%。

3. mdadm 命令

mdadm 命令用于管理 Linux 操作系统中的软 RAID,其基本语法格式如下所示。

mdadm [模式] RAID设备 [选项] 成员设备名称

当前,生产环境中用到的服务器一般都会配备 RAID 阵列卡,如果没有 RAID 阵列卡,那么就必须使用 mdadm 命令在 Linux 操作系统中创建和管理软件 RAID。mdadm 命令的常用选项及其功能见表 2-4-2。

表 2-4-2　mdadm 命令的常用选项及其功能

选　　项	功　　能
-a	检测设备名称
-n	指定设备数量
-l	指定 RAID 设备等级
-C	创建 RAID 设备
-v	显示过程
-f	模拟设备损坏
-r	移除设备
-Q	查看摘要信息
-D	查看详细信息
-S	停止 RAID 设备

任务实施

1. 创建与挂载软 RAID 设备

步骤 1：在虚拟机中添加四块硬盘，每块硬盘大小为 5 GB，具体步骤参考任务 2.3。

步骤 2：使用 fdisk 命令查看添加的硬盘情况，如下所示。

```
[root@bogon ~]#fdisk -l|grep /dev/sd
Disk /dev/sda: 30 GiB, 32212254720 字节, 62914560 个扇区
/dev/sda1    *       2048   2099199   2097152   1G 83 Linux
/dev/sda2         2099200  62914559  60815360  29G 8e Linux LVM
Disk /dev/sdc: 5 GiB, 5368709120 字节, 10485760 个扇区
Disk /dev/sdb: 5 GiB, 5368709120 字节, 10485760 个扇区
Disk /dev/sde: 5 GiB, 5368709120 字节, 10485760 个扇区
Disk /dev/sdd: 5 GiB, 5368709120 字节, 10485760 个扇区
```

步骤 3：使用 mdadm 命令创建 RAID 5，RAID 设备名称为/dev/mdX，其中 X 为设备编号，该编号从 0 开始，如下所示。

```
[root@bogon ~]#mdadm -Cv /dev/md0 -a yes -n 3 -l 5 /dev/sdb /dev/sdc /dev/sdd
mdadm: layout defaults to left-symmetric
mdadm: layout defaults to left-symmetric
mdadm: chunk size defaults to 512K
mdadm: size set to 5237760K
mdadm: Defaulting to version 1.2 metadata
mdadm: array /dev/md0 started.
```

步骤 4：为新建立的/dev/md0 设备建立类型为 XFS 的文件系统，如下所示。

```
[root@bogon ~]#mkfs -t xfs /dev/md0
log stripe unit (524288 bytes) is too large (maximum is 256KiB)
log stripe unit adjusted to 32KiB
meta-data=/dev/md0               isize=512    agcount=16, agsize=163712 blks
         =                       sectsz=512   attr=2, projid32bit=1
         =                       crc=1        finobt=1, sparse=1, rmapbt=0
         =                       reflink=1    bigtime=0 inobtcount=0
data     =                       bsize=4096   blocks=2618880, imaxpct=25
         =                       sunit=128    swidth=256 blks
naming   =version 2              bsize=4096   ascii-ci=0, ftype=1
log      =internal log           bsize=4096   blocks=2560, version=2
         =                       sectsz=512   sunit=8 blks, lazy-count=1
realtime =none                   extsz=4096   blocks=0, rtextents=0
```

步骤 5：查看建立的 RAID 10 的具体情况，如下所示。

```
[root@bogon ~]#mdadm -D /dev/md0
/dev/md0:
```

```
……                              //此处省略部分内容
    Number   Major   Minor   RaidDevice   State
       0       8       16         0       active sync   /dev/sdb
       1       8       32         1       active sync   /dev/sdc
       3       8       64         2       active sync   /dev/sdd
```

步骤 6：将 RAID 设备挂载。将 RAID 设备/dev/md0 挂载到指定的/media/md0 挂载点目录下，挂载成功后可看到可用空间为 9.9 GB，如下所示。

```
[root@bogon ~]#mkdir /media/md0
[root@bogon ~]#mount /dev/md0 /media/md0
[root@bogon ~]# df -h|grep /dev/md0
/dev/md0              10G   105M   9.9G   2%  /media/md0
```

2. RAID 设备的修复

在生产环境中部署 RAID 5，是为了提高硬盘存储设备的读写速度及数据的安全性，但由于硬盘设备是在虚拟机中模拟出来的，所以对读写速度的改善效果可能并不明显。接下来讲解 RAID 设备损坏后的处理方法，从而使大家在步入运维岗位后遇到类似问题时，也可以轻松解决。这里假设/dev/sdd 设备已经损坏。

步骤 1：使用 mdadm 命令将其移除，如下所示。

```
[root@bogon ~]#mdadm /dev/md0 --fail /dev/sdd
mdadm: set /dev/sdd faulty in /dev/md0
```

步骤 2：移除失效的 RAID 成员设备，如下所示。

```
[root@bogon ~]#mdadm /dev/md0 --remove /dev/sdd
mdadm: hot removed /dev/sdd from /dev/md0
```

步骤 3：更换硬盘设备，添加一个新的 RAID 成员设备/dev/sde，如下所示。

```
[root@bogon ~]#mdadm /dev/md0 --add /dev/sde
mdadm: added /dev/sde
```

步骤 4：查看 RAID 5 的状态，如下所示。

```
[root@bogon ~]#mdadm --detail /dev/md0
/dev/md0:
……                              //此处省略部分内容
    Number   Major   Minor   RaidDevice   State
       0       8       16         0       active sync      /dev/sdb
       1       8       32         1       active sync      /dev/sdc
       3       8       64         3       spare rebuilding /dev/sde
//这里RAID 5失效的/dev/sdd硬盘设备已经被成功替换成/dev/sde硬盘设备
```

任务小结

（1）RAID 可分为软 RAID 和硬 RAID。

（2）配置 RAID 设备时，要注意不同种类的 RAID 设备的性能和功能都不相同。

项目实训

1. 文件及文件夹操作

（1）根据如图 2-4-5 所示的目录结构，在用户主目录下创建文件夹及目录。

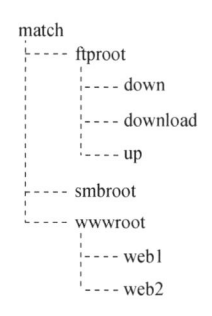

```
match
├---- ftproot
│      ├---- down
│      ├---- download
│      └---- up
├---- smbroot
└---- wwwroot
       ├---- web1
       └---- web2
```

图 2-4-5　目录结构

（2）在 web2 目录下使用 touch 命令建立 hello.txt 文件，并用 vim 编辑器编辑内容，内容为"Hello，world！"。

（3）在 web2 目录下使用 cat 命令建立文件 hello.html，并直接使用 cat 命令输入其内容"It's OK！"。

（4）将 web2 目录下的文件 hello.txt 用命令复制到 down 目录下，并重新命名为 hellocopied.txt。

（5）将 web2 目录下以"hello"开头的文件用命令移动到 download 目录下。

（6）将整个 match 目录及其子目录下的内容复制到/tmp 目录下。

（7）使用 cp 命令在/tmp 目录下为 hello.html 文件建立硬链接 hello，使用 ls -l 命令查看结果。

（8）使用 ln 命令为 down 目录下的 hellocopied.txt 文件在/tmp 目录下创建名为 softlink 的软链接，并用 ls -l 命令查结果。

（9）将/tmp 目录下的 match 目录及其子目录删除。

（10）在/var/lib 目录下查找用户为 root 的文件。

2. vim 编辑器的使用

（1）在/root 目录下创建 helloworld.txt 文件，并输入以下内容。

Cloudy computing provides computation, software, data access, and storage services that do not require end-user knowledge of the physically location and configuration of the system that delivers the services.Parallels to this concept can be drawn with the electricity grid, wherein end-users consume power without needing to understand the component devices or infrastructure required to provide the service.

（2）查找"physically"并修改成"physical"。

（3）快速定位到第四行，并删除。

项目 3

软件包管理

项目描述

A 公司是一家拥有上百台服务器的电子商务公司。该公司的网络管理员众多,作为一名 Linux 操作系统管理员,管理软件包是很常见的工作。

在 Linux 操作系统上安装软件的方法有很多,若操作系统提供了 GUI(Graphical User Interface,图形用户接口),则可以打开软件商店并选择需要的软件进行安装即可。Linux 在绝大多数情况下作为服务器使用,为了减少开销和增加安全性,通常情况下不提供 GUI,只提供命令行终端对系统进行管理。所以在大多数情况下需要在命令行中安装所需软件,在命令行中安装软件的方式主要有三种:使用 rpm 命令进行软件管理、使用 yum 与 dnf 软件包管理器、源码编译安装软件。在条件允许的情况下,应优先使用 dnf 软件包管理器,可以自动解析并安装依赖软件且速度比 yum 软件管理器快。因此,需要认识 RPM 软件包,掌握 rpm 命令管理软件包的常用操作;认识归档和压缩,掌握使用 tar、gzip 等命令并配合相关选项,进行归档、压缩及解压缩;配置本地安装源,并使用 dnf 命令安装 FTP(File Transfer Protocol,文件传输协议)服务相关软件及 BIND 软件包。

本项目主要介绍 RPM 软件包的管理,使用 tar、gzip 等命令对目录和文件进行归档、压缩、解压缩及 yum 与 dnf 软件包管理器等。

知识目标

1. 了解 RPM 软件包和 tar 包的功能。
2. 了解压缩与解压缩的作用。

3. 掌握 dnf 软件包管理器的配置文件。

能力目标

1. 能够使用 rpm 命令安装 RPM 软件包。
2. 能够使用 tar 命令对 tar 包进行归档和压缩。
3. 能够熟练使用 gzip、bzip2 和 xz 命令进行压缩。
4. 能够熟练使用 gunzip、bunzip2 和 unxz 命令进行解压缩。
5. 能够熟练配置本地 dnf 源,并进行安装软件。

素质目标

1. 培养读者防范盗版软件、提高软件安全意识和增强知识产权的保护意识。
2. 引导读者正确安装软件和使用软件。
3. 引导读者合理地进行文件归档,安全地压缩和解压缩文件。

任务 3.1 管理 RPM 软件包、归档和压缩

任务描述

A 公司的网络管理员小彭发现很多软件包是 RPM 软件包和源码包的,现在小彭需要对某些 RPM 软件包和源码包进行安装,来实现 Linux 操作系统的一些其他功能。

任务要求

RPM 软件包可为最终用户提供方便的软件包管理功能,主要包括安装、卸载、升级、查询等,执行这些任务的工具程序是 RPM。源码安装需要经历源代码的编译链接过程,这一编译工作由最终用户完成。应用程序的编译安装一般是通过一系列的开发工具和脚本语言配合完成的,并不是一件非常复杂的工作。本任务的具体要求如下所示。

(1) 使用 rpm 命令查询 vsftpd 软件包是否安装。
(2) 使用 rpm 命令,在已安装的软件包中查询包含 "httpd" 关键字的软件包是否安装。
(3) 使用 rpm 命令安装 vsftpd 软件包。
(4) 使用 rpm 命令查询 vsftpd 软件包描述信息。
(5) 使用 rpm 命令升级 vsftpd 软件包。
(6) 使用 rpm 命令删除已经安装的 vsftpd 软件包。
(7) 使用 tar 命令对 test1 文件夹和 file1 文件归档、压缩。
(8) 使用 tar 命令将 1.tar 文件恢复到/home 位置
(9) 使用 tar 命令将 file2 文件追加到 tar 包的结尾。

任务资讯

1. RPM 软件包

RPM（Red Hat Package Manager）是一个开放的软件包管理系统,其本质上就是一个软件包,包含可以立即在特定机器体系结构上安装和运行的 Linux 软件。这一文件格式名称虽然打上了 RedHat 的标志,但是其原始设计理念是开放式的,现在包括 OpenLinux 等 Linux 的分发版本都采用此类文件,可以作为公认的行业标准了。

RPM 软件包主要通过 rpm 命令来进行管理，RPM 软件包具有以下五大功能。

（1）安装：将软件从软件包中解压缩出来，并且安装到硬盘中。

（2）卸载：将软件从硬盘中清除。

（3）升级：替换软件的旧版本。

（4）查询：查询软件包的信息。

（5）验证：检验系统中的软件与软件包中软件的区别。

2. RPM 软件包格式

RPM 软件包的名称有其特有的格式，如某软件的 RPM 软件包的名称由如下部分组成。

```
name-version.type.rpm
```

（1）name：表示软件的名称。

（2）version：表示软件的版本号。

（3）type：表示软件包的类型。

① i[3456]86：表示是在 Intel x86 计算机平台上编译的。

② sparc：表示是在 SPARC 计算机平台上编译的。

③ alpha：表示是在 Alpha 计算机平台上编译的。

④ src：表示软件源代码。

（4）rpm：表示文件扩展名。

其中 i[3456]86、sparc 和 alpha 代表 CPU 的类型，使用最多的是 i[3456]86，而 sparc 和 alpha 两种 CPU 目前使用较少。

RPM 软件包的名称如例 3.1.1 所示。

例 3.1.1：RPM 软件包名称

```
gdm-libs-5.30.4-21.el6.i386.rpm
选项内容如下：
Name：软件包名称为gdm-libs。
Version：软件版本号为5.30.4-21。
Type：i386表示是在Intel x86计算机平台上编译的。
rpm：文件扩展名。
```

3. RPM 软件包

RPM 所提供的众多功能使维护系统要比以往容易得多。安装、卸载和升级 RPM 软件包只需一条 rpm 命令即可完成。rpm 命令的基本语法格式如下所示。

```
rpm [选项] 软件包名称
```

rpm 的命令选项很多，配合不同的选项，可以产生不同的功能。rpm 命令的常用选项及其功能见表 3-1-1。

表 3-1-1 rpm 命令的常用选项及其功能

选项	功能
-a	查询/验证所有的软件包
-c	列出所有的配置文件
-d	列出所有的程序文档
-e	清除（卸载）软件包
-f	查询/验证文件所属的软件包
-h	软件包安装时列出标记
-i	安装软件包
-l	列出软件包中的文件
-p	查询/验证一个软件包
-q	使用询问模式，当遇到任何问题时，rpm 命令会先询问用户
-s	显示列出文件的状态
-U	升级软件包
-v	提供更多的详细信息输出
-vv	详细显示命令执行过程，便于排错
--test	安装测试，并不实际安装
--nodeps	忽略软件包的依赖关系，强行安装或卸载
--force	忽略软件包及文件的冲突，强行安装

4．归档和压缩

归档就是人们常说的"打包"，归档就是将一组相同属性的文件或目录组合到一个文件中，归档文件没有经过压缩，因此，这个文件占用的空间是原来目录和文件的总和。压缩指的是通过某些算法，将文件或目录尺寸进行相应的缩小，同时不损失文件的内容，以减少其占用的存储空间。

在 Linux 操作系统中，最常用的归档命令就是 tar。tar 命令除了归档，还可以从归档文件中还原所需源文件，即"展开"归档文件，也就是归档的反过程。归档文件通常以".tar"作为文件扩展名，又称为 tar 包。

在实际工作中，通常配合其他压缩命令（如 bzip2 或 gzip）来实现对 tar 包的压缩或解压缩。tar 命令内置了相应的选项，可以直接调用相应的压缩/解压缩命令，以实现对 tar 包的压缩或解压缩。

5．tar 命令

tar 命令在 Linux 操作系统上是常用的归档、压缩、解压缩工具。网上下载的很多源码安装包是".tar.gz"或".tar.bz2"格式的，想要安装此类软件，必须先掌握 tar 命令。tar 命令的基本语法格式如下所示。

```
tar  [选项]  目标文件路径及名称  源目录路径文件名
```

tar 命令的选项和参数非常多，但常用的只有几个。tar 命令的常用选项及其功能见表 3-1-2。

表 3-1-2 tar 命令的常用选项及其功能

选项	功能
-c	创建一个新的归档文件（和-x、-t 选项不能同时使用）
-r	将文件追加到归档文件的结尾
-f	指定归档文件名
-v	显示归档详细过程
-x	展开归档文件
-t	在不解压的情况下，查看归档文件内容
-C	指定归档文件的解压目录
-j	使用 bzip2 来压缩/解压缩文件，若归档时使用该选项将文件进行压缩，则解压缩还原时一定还要使用该选项
-z	使用 gzip 来压缩/解压缩文件，用法同-j 选项

tar 命令非常灵活，只要使用合适的选项指明文件的格式，就可以同时进行归档和压缩文件操作或同时进行解压缩并展开归档文件操作，tar 命令的基本用法如例 3.1.2 所示。

例 3.1.2：tar 命令的基本用法

```
[root@bogon ~]#ls
1.tar  anaconda-ks.cfg  file1  file2  initial-setup-ks.cfg  test1
[root@bogon ~]#tar -zcf f1.tar.gz file1 file2     //使用-z和-c选项，归档和压缩f1.tar.gz文件
[root@bogon ~]#ls f1.tar.gz
f1.tar.gz
[root@bogon ~]#tar -zxf f1.tar.gz -C /tmp      //使用-z和-x选项，解压缩并展开f1.tar.gz文件
[root@bogon ~]#ls /tmp/file1 /tmp/file2
/tmp/file1  /tmp/file2
[root@bogon ~]#tar -jcf f1.tar.bz2 file1 file2   //使用-j和-c选项，归档和压缩f1.tar.bz2文件
[root@bogon ~]#ls f1.tar.bz2
f1.tar.bz2
[root@bogon ~]#tar -jxf f1.tar.bz2 -C /var    //使用-j和-x选项，解压缩并展开f1.tar.bz2文件
[root@bogon ~]#ls /var/file1 /var/file2
/var/file1  /var/file2
```

6. 压缩与解压缩

在 Linux 操作系统中，可以对归档文件进行压缩或解压缩操作。gzip、bzip2、xz 命令是 Linux 操作系统中常用的压缩工具；而 gunzip、bunzip2、unxz 命令是对应的解压缩工具。

（1）gzip 与 gunzip 命令。

gzip 命令用于对文件进行压缩，生成的压缩文件扩展名为".gz"，而 gunzip 命令用于对以".gz"为扩展名的文件进行解压缩。gzip 命令的基本用法如例 3.1.3 所示。

例 3.1.3：gzip 命令的基本用法

```
[root@bogon ~]#ls f1.tar.gz
f1.tar.gz
[root@bogon ~]#rm -rf f1.tar.gz
[root@bogon ~]#gzip f1.tar                //对f1.tar.gz文件压缩
[root@bogon ~]#ls f1.tar.gz
f1.tar.gz
[root@bogon ~]#gunzip f1.tar.gz           //或使用gzip -d 1.tar.gz命令
[root@bogon ~]#ls 1.tar
1.tar
```

（2）bzip2 与 bunzip2 命令。

bzip2 命令的压缩程度比 gzip 命令高，用时较长，以"bzip2+文件名"的形式进行压缩。在压缩时，默认原文件被删除，可使用-k 选项保留原来的文件。bzip2 命令的基本用法如例 3.1.4 所示。

例 3.1.4：bzip2 命令的基本用法

```
[root@bogon ~]#touch file3 file4
[root@bogon ~]#ls file3 file4
file3  file4
[root@bogon ~]#bzip2 file3
[root@bogon ~]#ls file3 file3.bz2
ls: 无法访问file3: 没有那个文件或目录
file3.bz2
[root@bogon ~]#bzip2 -k file4             //-k选项保留原来的文件
[root@bogon ~]#ls file4 file4.bz2
file4  file4.bz2
```

bunzip2 在解压缩时，以"bunzip2+压缩文件"的形式进行解压缩。bunzip2 命令的基本用法如例 3.1.5 所示。

例 3.1.5：bunzip2 命令的基本用法

```
[root@bogon ~]#bunzip2 file3.bz2
[root@bogon ~]#ls file3
file3
```

（3）xz 与 unxz 命令。

xz 命令的压缩程度很高，压缩速度也很快，适合备份各种数据。以"xz+文件名"的形式进行压缩；在压缩时，默认原文件被删除，可使用-k 选项保留原来的文件，xz 命令的基本用法如例 3.1.6 所示。

例 3.1.6：xz 命令的基本用法

```
[root@bogon ~]#ls file3 file4
file3  file4
[root@bogon ~]#xz file3
```

```
[root@bogon ~]#ls file3 file3.xz
ls：无法访问file3：没有那个文件或目录
file3.xz
[root@bogon ~]#xz -k file4                    //-k选项保留原来的文件
[root@bogon ~]#ls file4 file4.xz
file4  file4.xz
```

unxz 命令在解压缩时，以"unxz+压缩文件"的形式进行解压缩。unxz 命令的基本用法如例 3.1.7 所示。

例 3.1.7：unxz 命令的基本用法

```
[root@bogon ~]#unxz file3.xz
[root@bogon ~]#ls file3
file3
```

任务实施

（1）使用 rpm 命令查询 vsftpd 软件包是否安装，实施命令如下所示。

```
[root@bogon ~]#rpm -q vsftpd              //查询vsftpd软件包是否安装
未安装软件包 vsftpd
```

（2）在已安装的软件包中，使用 rpm 命令查询包含"httpd"关键字的软件包是否安装，实施命令如下所示。

```
[root@bogon ~]#rpm -qa|grep httpd
//在已安装的软件包里查询包含"httpd"关键字的软件包
```

（3）使用 rpm 命令安装 vsftpd 软件包，实施步骤如下所示。

步骤 1：将安装映像放入虚拟机光驱，请参考任务 1.2 完成。

步骤 2：使用 mount 命令挂载映像文件，将目录切换至相应的 RPM 软件包所在目录，实施命令如下所示。

```
[root@bogon ~]#mount /dev/cdrom /mnt          //挂载光盘
[root@bogon ~]#cd /mnt/Packages               //进入软件包所在目录
```

步骤 3：安装 vsftpd 软件包，实施命令如下所示。

```
[root@bogon Packages]#rpm -ivh vsftpd-3.0.2-22.el7.x86_64.rpm
警告:vsftpd-3.0.2-22.el7.x86_64.rpm: 头V3 RSA/SHA256 Signature, 密钥 ID f4a80eb5:NOKEY
准备中...                          ################################# [100%]
正在升级/安装...
1:vsftpd-3.0.2-22.el7              ################################# [100%]
//-i选项表示安装制定软件包
//-v选项表示显示详细的安装信息
//-h选项表示安装过程中通过"#"来显示安装进度
```

（4）使用 rpm 命令查询 vsftpd 软件包的描述信息，实施命令如下所示。

```
[root@bogon ~]#rpm -qi vsftpd              //查看vsftpd软件包的描述信息
```

```
Name         : vsftpd
Version      : 3.0.2
Release      : 22.el7
Architecture: x86_64
Install Date: 2021年07月04日 星期日 21时53分55秒
Group        : System Environment/Daemons
Size         : 356236
License      : GPLv2 with exceptions
Signature    : RSA/SHA256, 2017年08月10日 星期四 16时17分26秒, Key ID 24c6a8a7f4a80eb5
Source RPM   : vsftpd-3.0.2-22.el7.src.rpm
Build Date   : 2017年08月03日 星期四 02时10分20秒
Build Host   : c1bm.rdu2.centos.org
Relocations  : (not relocatable)
Packager     : CentOS BuildSystem <http://bugs.centos.org>
Vendor       : CentOS
URL          : https://security.appspot.com/vsftpd.html
Summary      : Very Secure Ftp Daemon
Description  :
vsftpd is a Very Secure FTP daemon. It was written completely from
scratch.
```

> **小提示**
>
> 安装系统光盘内的软件包时，应先挂载光盘，并将目录切换至相应的 RPM 软件包所在目录，才可安装。
>
> 在安装 RPM 软件包的时候可能会遇到软件包依赖问题。有时一个软件包的安装可能会依赖其他软件包，只有在所依赖的软件包安装完成后该软件包才能继续安装，可以通过 --nodeps 参数强制安装，但是不能保证一定可以安装完成，最好还是安装完成相应的依赖包后再安装所需软件包。

（5）使用 rpm 命令升级 vsftpd 软件包，实施命令如下所示。

```
[root@bogon ~]#rpm -Uvh vsftpd-3.0.2-22.el7.x86_64.rpm
警告:vsftpd-3.0.2-22.el7.x86_64.rpm: 头V3 RSA/SHA256 Signature, 密钥 ID f4a80eb5: NOKEY
准备中...                          ################################# [100%]
        软件包 vsftpd-3.0.2-22.el7.x86_64 已经安装
//如果要将系统中已经安装的某个软件包升级到较高版本，那么可以采用升级安装的方法实现。系统会自动卸载旧版本，安装新版本。若无旧版，则会直接安装新版本。升级使用-U选项同样也可以配合v、h选项一起使用
```

（6）使用 rpm 命令删除已经安装的 vsftpd 软件包，实施命令如下所示。

```
[root@bogon ~]#rpm -e vsftpd              //删除vsftpd软件包
```

（7）使用 tar 命令对 test1 文件夹和 file1 文件归档，实施命令如下所示。

```
[root@bogon ~]#mkdir test1
[root@bogon ~]#touch file1
```

```
[root@bogon ~]#ls
anaconda-ks.cfg  file1  test1
[root@bogon ~]#tar -cvf 1.tar test1 file1
test1/
file1
[root@bogon ~]#ls
1.tar  anaconda-ks.cfg  file1  test1
[root@bogon ~]#tar -tf 1.tar
test1/
file1
```

（8）使用 tar 命令将 1.tar 文件恢复到/home 位置，实施命令如下所示。

```
[root@bogon ~]#tar -xf 1.tar -C /home
[root@bogon ~]#ls -d /home/test1 /home/file1
/home/file1  /home/test1
//从归档文件中恢复原文件时只需以-x选项代替-C选项即可
```

（9）使用 tar 命令将 file2 文件追加到 tar 包的结尾，实施命令如下所示。

```
[root@bogon ~]#touch file2
[root@bogon ~]# tar -rf 1.tar file2
[root@bogon ~]# tar -tf 1.tar
test1/
file1
file2
//若要将一个文件追加到tar包的结尾，则需要使用-r选项
```

任务小结

（1）RPM 软件包具有五大功能，即安装、卸载、升级、查询和验证。

（2）Linux 操作系统的很多源码安装包都是 ".tar.gz" 或 ".tar.bz2" 格式的，所以应熟练掌握 tar 命令。

任务 3.2 yum 与 dnf 软件包管理器

任务描述

A 公司的网络管理员小彭学习了 RPM 软件包管理后，发现了 RPM 软件包之间存在相互

依赖的问题，这使小彭无法顺利地安装所需软件包。

任务要求

针对这个问题，使用 yum 和 dnf 软件包管理器可以进一步降低软件的安装难度和复杂程度。yum 和 dnf 是功能强大的软件，会自动计算软件包的相互依赖关系，并判断哪些软件应该安装，哪些软件无须安装。使用 yum 和 dnf 软件包管理器可以方便地进行软件的安装、查询、更新、卸载等，而且命令简洁而又好记。本任务的具体要求如下所示。

（1）实现使用 ISO 映像文件创建本地 yum 存储库。
（2）使用 dnf 软件包管理工具安装 BIND 软件包。

任务资讯

1. 认识 yum 软件包管理器

在 Linux 操作系统维护中令管理员感到很头疼的是软件包之间的依赖问题，如要安装 A 软件，但是编译时提示在安装 A 软件之前需要 B 软件，而当安装 B 软件时，又提示需要安装 C 库，安装好 C 库之后，发现安装版本不合适等。由于历史原因，RPM 软件包对软件之间的依赖性关系没有内部定义，这造成在安装 RPM 软件包时经常出现令人无法解决的软件包依赖问题。yum 软件包管理器便是为了进一步降低软件安装时的复杂程度而设计的。

目前 yum 软件包管理器是 Red Hat 和 Fedora 系统上默认安装的。yum 是一个在 RedHat（含 Fedora 和 CentOS）及 Rocky Linux 中的 Shell 前端软件包管理器。基于 RPM 软件包管理，能够从指定的服务器上自动下载 RPM 软件包并安装，能够自动处理依赖性关系，并且一次安装所有依赖的软件包，无须烦琐地一次次下载、安装。yum 软件包管理器提供了查找、安装、删除某一个或一组甚至全部软件包的命令，而且命令简洁而又好记。

yum 软件包管理器特点：可以自动解决软件包的依赖问题；可以方便地添加、删除、更新 RPM 软件包；便于管理大量的系统更新问题；可以同时配置多个资源库，可以简洁地配置文件（/etc/yum.conf）；可以保持与 RPM 数据库的一致性；有一个比较详细的 log（日志），可以查看何时升级、安装了什么软件包等；使用方便，是 Red Hat Enterprise Linux、CentOS、Fedora 和 Rocky Linux 操作系统自带的工具，因此能使用官方的软件源，完成官方发布的各种升级；支持第三方软件源。

2. 认识 dnf 软件包管理器

dnf 软件包管理器可以安装或升级 RPM 软件包，并自动处理软件包的依赖问题。dnf 命令可以用来从服务器上下载软件包并安装，也可以用来建立自己的软件库。与传统的 yum 软件包管理器相比，dnf 软件包管理器在功能和性能方面有了重大提升，同时还带来了许多新功能，包括对模块化内容的支持和文件完善的 API（Application Program Interface，应用程序界

面）。由于 dnf 与 yum v3 兼容，所以使用 dnf 命令编辑或创建配置文件时，可以使用类似于在早期版本中使用 yum 命令的方式使用 dnf 命令及其所有选项。Rocky Linux 8.6 操作系统自带的 yum 命令是 dnf 命令的软链接，即 yum 和 dnf 命令可以完全互换。

dnf 命令基本语法如下所示。

```
dnf [选项] 操作 [软件包或软件包组名称]
```

dnf 命令的常用选项及其功能见表 3-2-1。

表 3-2-1 dnf 命令常用选项及其功能

选 项	功 能
-y	表示执行非交互式安装，安装过程提示选择全部为 yes
-q	不显示安装的过程

常见的 dnf 命令及其作用见表 3-2-2。

表 3-2-2 常见的 dnf 命令及其作用

命 令	作 用
dnf repolist all	列出所有仓库
dnf list all	列出仓库中所有软件包
dnf info 软件包名称	查看软件包信息
dnf install 软件包名称	安装软件包
dnf reinstall 软件包名称	重新安装软件包
dnf update 软件包名称	升级软件包
dnf remove 软件包名称	移除软件包
dnf clean all	清除所有仓库缓存
dnf check-update	检查可更新的软件包
dnf grouplist	查看系统中已经安装的软件包组
dnf groupinstall 软件包组	安装指定的软件包组
dnf groupremove 软件包组	移除指定的软件包组
dnf groupinfo 软件包组	查询指定的软件包组信息

3. dnf 命令基本操作

使用 dnf list 命令列出资源库中特定的可安装或更新及已安装的 RPM 软件包。dnf list 命令的基本用法如例 3.2.1 所示。

例 3.2.1：dnf list 命令的基本用法

```
[root@bogon ~]#dnf list gcc                           //列出名为 gcc 的软件包
上次元数据过期检查: 0:04:36 前, 执行于 2022年10月02日 星期日 22时40分30秒。
可安装的软件包
gcc.x86_64                    8.5.0-10.el8                    media-appstream
```

使用 dnf info 命令列出特定的可安装或更新及已安装的 RPM 软件包的信息。dnf info 命令的基本用法如例 3.2.2 所示。

例 3.2.2：dnf info 命令的基本用法

```
[root@bogon ~]#dnf info gcc                          //列出gcc软件包信息
上次元数据过期检查：0:06:29 前，执行于 2022年10月02日 星期日 22时40分30秒。
可安装的软件包
名称      : gcc
版本      : 8.5.0
发布      : 10.el8
架构      : x86_64
大小      : 23 M
源        : gcc-8.5.0-10.el8.src.rpm
仓库      : media-appstream
概况      : Various compilers (C, C++, Objective-C, ...)
URL       : http://gcc.gnu.org
协议      : GPLv3+ and GPLv3+ with exceptions and GPLv2+ with exceptions and LGPLv2+
and BSD
描述      : The gcc package contains the GNU Compiler Collection version 8.
          : You'll need this package in order to compile C code.
```

使用 dnf install 命令安装指定的软件包。dnf install 命令的基本用法如例 3.2.3 所示。

例 3.2.3：dnf install 命令的基本用法

```
[root@bogon ~]#dnf install -y vsftpd                 //安装vsftpd软件包
上次元数据过期检查：0:07:35 前，执行于 2022年10月02日 星期日 22时40分30秒。
依赖关系解决。
================================================================================
 软件包           架构         版本              仓库              大小
================================================================================
安装：
 Vsftpd          x86_64       3.0.3-35.el8      media-appstream   180 k

事务概要
================================================================================
安装  1 软件包

总计：180 k
安装大小：347 k
下载软件包：
运行事务检查
事务检查成功。
运行事务测试
事务测试成功。
运行事务
```

```
    准备中  :                                                          1/1
    安装    : vsftpd-3.0.3-35.el8.x86_64                              1/1
    运行脚本: vsftpd-3.0.3-35.el8.x86_64                              1/1
    验证    : vsftpd-3.0.3-35.el8.x86_64                              1/1

已安装:
    vsftpd-3.0.3-35.el8.x86_64

完毕!
```

使用 dnf remove 命令删除软件包及与该软件包有依赖的软件包。dnf remove 命令的基本用法如例 3.2.4 所示。

例 3.2.4: dnf remove 命令的基本用法

```
[root@bogon ~]#dnf remove -y vsftpd                //移除vsftpd软件包
依赖关系解决。
================================================================================
 软件包          架构            版本              仓库              大小
================================================================================
移除:
 vsftpd          x86_64          3.0.3-35.el8      @media-appstream   347 k

事务概要
================================================================================
移除  1 软件包

将会释放空间: 347 k
运行事务检查
事务检查成功。
运行事务测试
事务测试成功。
运行事务
    准备中  :                                                          1/1
    运行脚本: vsftpd-3.0.3-35.el8.x86_64                              1/1
    删除    : vsftpd-3.0.3-35.el8.x86_64                              1/1
    运行脚本: vsftpd-3.0.3-35.el8.x86_64                              1/1
    验证    : vsftpd-3.0.3-35.el8.x86_64                              1/1

已移除:
    vsftpd-3.0.3-35.el8.x86_64

完毕!
```

4. BaseOS 和 AppStream

在 Rocky Linux 8.6 操作系统中提出一个新的设计理念，即 AppStream（应用程序流），这样就可以比以往更轻松地升级用户空间软件包，同时保留核心操作系统软件包。AppStream 允许在独立的生命周期中安装其他版本的软件，并使操作系统保持更新。这使用户能够安装同一个程序的多个主要版本。

Rocky Linux 8.6 软件源分成了两个主要存储库：BaseOS 和 AppStream。

（1）BaseOS 存储库以传统 RPM 软件包的格式提供操作系统底层软件的核心集，是基础软件安装库，这些软件包是运行最小操作系统所必需的。

（2）AppStream 存储库中包括额外的用户空间应用程序、运行时语言和数据库，以支持不同的工作负载和用例。AppStream 存储库中的内容有两种格式：熟悉的 RPM 格式和称为模块的 RPM 格式扩展。

任务实施

（1）使用 ISO 映像文件创建本地 yum 存储库，实施步骤如下所示。

步骤 1：将安装映像放入虚拟机光驱，请参考任务 1.2 完成。

步骤 2：创建一个合适的挂载点，然后在其上挂载 DVD 映像文件，实施命令如下所示。

```
[root@bogon ~]#mkdir /mnt/dvd
[root@bogon ~]#mount /dev/cdrom /mnt/dvd           //将光盘挂载到/mnt/dvd目录下
mount: /mnt/dvd: WARNING: device write-protected, mounted read-only.
```

步骤 3：在/etc/fstab 文件中加入一行文字，实施命令如下所示。

```
/dev/cdrom             /mnt/dvd          iso9660 defaults      0 0
//便于系统在重新引导后自动加载映像文件
```

步骤 4：进入/etc/yum.repos.d/目录，将其目录的 Rocky-Media.repo 文件保留，其余文件全部删除，将 Rocky-Media.repo 文件作为本地存储库文件，实施命令如下所示。

```
[root@bogon dvd]#cd /etc/yum.repos.d/
[root@bogon yum.repos.d]#rm *
rm: 是否删除普通文件 'Rocky-AppStream.repo'? y
rm: 是否删除普通文件 'Rocky-BaseOS.repo'? y
rm: 是否删除普通文件 'Rocky-Debuginfo.repo'? y
rm: 是否删除普通文件 'Rocky-Devel.repo'? y
rm: 是否删除普通文件 'Rocky-Extras.repo'? y
rm: 是否删除普通文件 'Rocky-HighAvailability.repo'? y
rm: 是否删除普通文件 'Rocky-Media.repo'? n
rm: 是否删除普通文件 'Rocky-NFV.repo'? y
rm: 是否删除普通文件 'Rocky-Plus.repo'? y
rm: 是否删除普通文件 'Rocky-PowerTools.repo'? y
rm: 是否删除普通文件 'Rocky-ResilientStorage.repo'? y
```

rm：是否删除普通文件 'Rocky-RT.repo'? y

rm：是否删除普通文件 'Rocky-Sources.repo'? y

步骤 5：修改 Rocky-Media.repo 本地存储库文件，实施命令如下所示。

```
[root@bogon yum.repos.d]#vim Rocky-Media.repo
[media-baseos]
name=Rocky Linux $releasever - Media - BaseOS
baseurl=file:///mnt/dvd/BaseOS              //光盘的挂载点或者光盘内容的复制目录
gpgcheck=0                                  //0表示不进行检查
enabled=1                                   //1表示开启本地源
gpgkey=file:///etc/pki/rpm-gpg/RPM-GPG-KEY-rockyofficial


[media-appstream]
name=Rocky Linux $releasever - Media - AppStream
baseurl=file:///mnt/dvd/AppStream           //光盘的挂载点或者光盘内容的复制目录
gpgcheck=0                                  //0表示不进行检查
enabled=1                                   //1表示开启本地源
gpgkey=file:///etc/pki/rpm-gpg/RPM-GPG-KEY-rockyofficial
//使用vim编辑器配置本地存储库文件
```

步骤 6：清除缓存，重新测试，实施命令如下所示。

```
[root@bogon ~]#dnf clean all
0 文件已删除
```

步骤 7：查看新建的本地存储库是否启用，实施命令如下所示。

```
[root@bogon ~]#dnf repolist
仓库 id                                       仓库名称
media-appstream                              Rocky Linux 8 - Media - AppStream
media-baseos                                 Rocky Linux 8 - Media - BaseOS
```

（2）使用 dnf 命令安装 BIND 软件，实施命令如下所示。

```
[root@bogon ~]#dnf install -y bind
……                                                              //此处省略部分内容


事务概要
================================================================================
安装  1 软件包


总计：2.1 M
安装大小：4.6 M
下载软件包：
Rocky Linux 8 - Media - AppStream            209 kB/s | 1.6 kB     00:00
导入 GPG 公钥 0x6D745A60:
 Userid: "Release Engineering <infrastructure@rockylinux.org>"
 指纹: 7051 C470 A929 F454 CEBE 37B7 15AF 5DAC 6D74 5A60
```

```
来自：/etc/pki/rpm-gpg/RPM-GPG-KEY-rockyofficial
导入公钥成功
运行事务检查
事务检查成功
运行事务测试
事务测试成功
运行事务
……                                        //此处省略部分内容
已安装：
  bind-32:9.11.36-3.el8.x86_64

完毕！
```

> **小提示**
>
> 本任务中 VMware 虚拟机的光驱使用的是 ISO 映像文件，因此非常方便。若工作环境中不是使用 ISO 映像文件而是使用物理光驱，则可以将光盘的内容复制到 Linux 本地文件夹，这样会更加方便。

任务小结

（1）yum 与 dnf 软件包管理器可以自动处理软件包依赖问题，功能强大，使用起来非常方便。

（2）dnf 软件包管理器是下一代的 yum 软件包管理器，推荐使用 dnf 软件包管理器，速度比 yum 软件包管理器快。

项目实训

1. RPM 软件包和 tar 包管理

（1）新建/tartest 目录，将/root 目录下的 install.log 文件复制到/tartest 目录下。

（2）将整个/tartest 目录归档成 mytartest.tar 文件，保存在/root 目录下。

（3）将整个/tartest 目录归档并压缩成 mytartest.tar.gz 文件，保存在/root 目录下。

（4）将整个/tartest 目录归档并压缩成 mytartest.tar.bz2 文件，保存在/root 目录下。

（5）查询显示 mytartest.tar、mytartest.tar.gz 文件的目录列表。

（6）解压缩 mytartest.tar、mytartest.tar.gz 文件到/home 目录下。

（7）删除/root 目录下的 mytartest.tar、mytartest.tar.gz、mytartest.tar.bz2 文件。

（8）查询 telnet-server 软件包是否安装，若未安装，则安装 telnet-server 软件包。

（9）安装之后查询 telnet-server 软件包的说明信息，查询软件包内所包含的文件名称列表。

2. 配置本地 dnf 源

（1）创建/yumresource 目录，将 Rocky Linux 8.6 光盘中的文件复制到/yumresource 目录下。

（2）将/yumresource 目录作为本地 yum 源目录，配置 repo 文件，实现本地 dnf 管理软件。

（3）使用 dnf 命令安装 lynx（纯文本网页浏览器）。

（4）使用 dnf 命令安装 BIND 软件包。

项目 4

配置常规网络和使用远程服务

项目描述

A 公司是一家刚成立不久的创业型公司,小彭作为 Linux 操作系统的网络管理员,始终觉得学习 Linux 服务器的网络配置是至关重要的。

为了工作方便,Linux 操作系统的网络管理员应及时对服务器进行维护,因此掌握远程管理服务器的方法,以保证其正常工作。远程登录出现的时间较早,而且此类服务一直在网络管理中发挥着非常重要的作用。管理员通过远程的方式,能够随时随地进行远程管理操作。随着远程登录服务功能的完善,它成为互联网上最广泛的应用之一。

本项目主要介绍网络配置的相关知识和技能,包括主机名、IP 地址、子网掩码、网关地址及 DNS 服务器等。本项目还深入讲解了远程登录的原理及 SSH 服务器的配置和操作方法。项目拓扑图如图 4-0-1 所示。

用户名:teacher
密码:123456

1.实现基于口令的验证
2.实现基于密钥的验证

server
IP:192.168.1.201/24
GW:192.168.1.254

虚拟交换机
所有连接采用仅主机模式

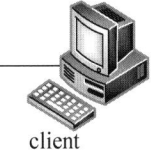

client
IP:192.168.1.210/24
GW:192.168.1.254

图 4-0-1　项目拓扑图

知识目标

1. 掌握网络配置的相关配置文件和配置参数。
2. 了解 SSH 服务器的功能和原理。
3. 了解 SSH 服务器的相关配置文件。

能力目标

1. 熟练掌握 Linux 服务器网络相关参数配置方法。
2. 掌握 SSH 服务器配置和远程登录方法。

素质目标

1. 培养读者实践出真知的道理，了解解决方法多样性。
2. 引导读者正确地配置网络，合理、安全地管理网络。
3. 引导读者正确使用软件，合理、安全地配置和使用远程登录服务。

任务 4.1　配置常规网络

任务描述

A 公司部署了若干台 Linux 服务器，网络管理员小彭按照公司的业务要求，为公司的 Linux 服务器配置与管理网络，来实现与其他主机的通信。

任务要求

Linux 主机要与网络中其他主机进行通信，首先要进行正确的网络配置。网络配置通常包括主机名、IP 地址、子网掩码、默认网关地址、DNS 地址等。本任务的具体要求如下所示。

（1）两台计算机的信息配置见表 4-1-1。

表 4-1-1　两台计算机的信息配置

项　目	说　明	
主机名	server	client
IP 地址/子网掩码	192.168.1.201/24	192.168.1.210/24
默认网关地址	192.168.1.254	
DNS 地址	192.168.1.201、202.96.128.86	

（2）使用 ping 命令测试 server 与 client 之间的连通性。

任务资讯

1. 使用图形界面配置网络

Linux 初学者适合使用图形界面配置网络，其操作比较简单、直观。

步骤 1：使用 root 用户（管理员）身份登录 Rocky Linux 8.6 操作系统，依次单击左上角的"活动"→"应用程序"→"设置"→"网络"，打开"网络"界面，如图 4-1-1 所示。

步骤 2：在"网络"界面中，单击"有线"选项组中的齿轮按钮，设置有线连接，如图 4-1-2 所示。

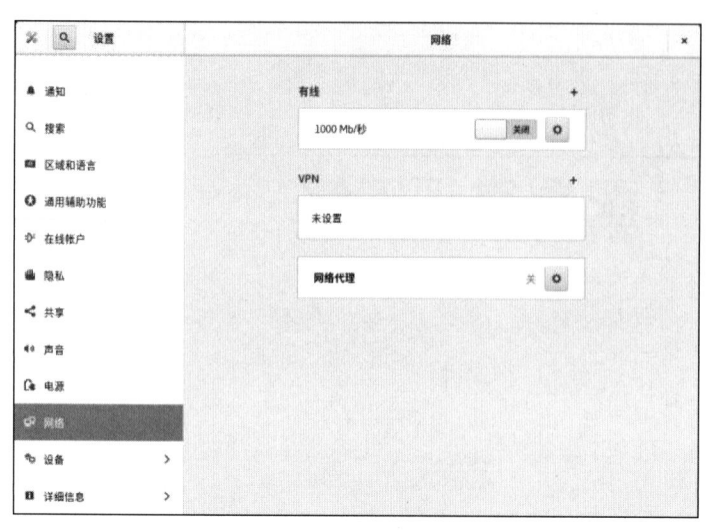

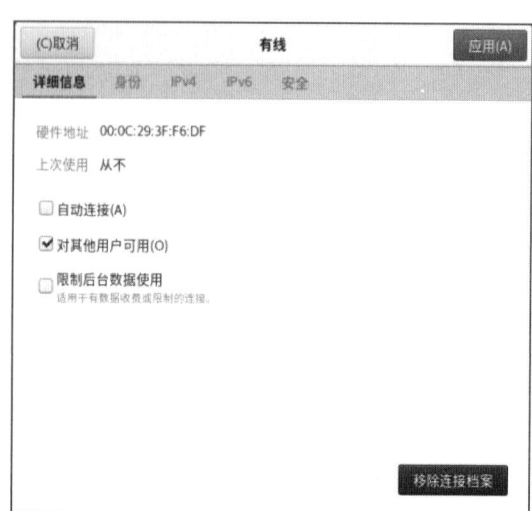

图 4-1-1 "网络"界面

图 4-1-2 设置有线连接

步骤 3：在图 4-1-2 中，单击"IPv4"选项卡，配置 IPv4 等信息，设置 IP 地址获取方式为"手动"，分别设置地址、子网掩码、网关地址和 DNS 信息，然后单击"应用"按钮保存设置，如图 4-1-4 所示。

图 4-1-3 配置 IPv4 等信息

步骤 4：返回到如图 4-1-1 所示的"网络"界面，单击图 4-1-1 中的"有线"选项组中右侧的"打开/关闭"按钮，开启有线网络，再次单击"有线"选项组中的齿轮按钮，可看到"详细信息"界面已有配置成功后的 IP 地址等信息，如图 4-1-4 所示。

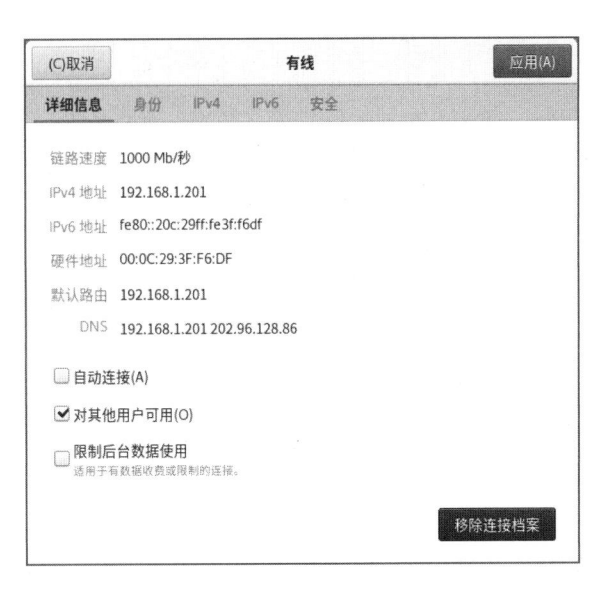

图 4-1-4 "详细信息"界面

2. 使用 nmcli 命令配置网络

NetworkManager 是管理和监控网络设置的守护进程，nmcli 命令是用于控制 NetworkManager 和报告网络状态的命令行工具。一个网络接口可以有多个连接配置，但同时只有一个连接配置生效。nmcli 命令基本语法格式如下所示。

```
nmcli    [选项]    {connection|device等object} [命令]    [参数]
```

常见的 nmcli 命令及其作用见表 4-1-2。

表 4-1-2 常见的 nmcli 命令及其作用

命 令	作 用
nmcli connection show	查看所有连接
nmcli connection show-active	查看所有活动的连接状态
nmcli connection show ens160	查看网络连接配置
nmcli device status	查看设备状态
nmcli device show ens160	查看网络接口属性
nmcli connection add help	查看帮助
nmcli connection reload	重新加载配置
nmcli connection down ens160	禁用 ens160 配置文件
nmcli connection up ens160	启用 ens160 配置文件
nmcli device disconnect ens160	禁用 ens160 网卡
nmcli device connect ens160	启用 ens160 网卡

使用 nmcli 命令可以创建、编辑、修改、删除、激活和禁用网络连接，以及控制和显示网络设备状态。nmcli 命令的基本用法如例 4.1.1 所示。

例 4.1.1：nmcli 命令的基本用法

```
[root@bogon ~]#nmcli connection show            //查看所有连接
```

```
名称              UUID                                        类型              设备
ens160    057dd50c-306d-49ec-9bd7-2c76666b9256    802-3-ethernet    ens160
[root@bogon ~]#nmcli connection show ens160        //查看网络连接配置
connection.id:                        ens160
connection.uuid:                      057dd50c-306d-49ec-9bd7-2c76666b9256
connection.stable-id:                 --
connection.interface-name:            ens160
connection.type:                      802-3-ethernet
connection.autoconnect:               yes
……                      //省略部分内容
[root@bogon ~]#nmcli con modify ens160 \           //配置IP地址信息
>ipv4.method manual \
>ipv4.addresses 192.168.1.201/24 \
>ipv4.gateway 192.168.1.254 \
>ipv4.dns 192.168.1.201,202.96.128.86
[root@bogon ~]#nmcli connection up ens160           //启用ens160配置文件
连接已成功激活（D-Bus 活动路径：/org/freedesktop/NetworkManager/ActiveConnection/7）
[root@bogon ~]#ip addr show ens160
2: ens160: <BROADCAST,MULTICAST,UP,LOWER_UP> mtu 1500 qdisc fq_codel state UP group default qlen 1000
    link/ether 00:0c:29:3f:f6:df brd ff:ff:ff:ff:ff:ff
    inet 192.168.1.201/24 brd 192.168.1.255 scope global noprefixroute ens160
       valid_lft forever preferred_lft forever
    inet6 fe80::20c:29ff:fe3f:f6df/64 scope link noprefixroute
       valid_lft forever preferred_lft forever
[root@bogon ~]#cat /etc/sysconfig/network-scripts/ifcfg-ens160
……                      //省略部分内容
IPADDR=192.168.1.201
PREFIX=24
GATEWAY=192.168.1.254
DNS1=192.168.1.201
DNS2=202.96.128.86
```

nmcli 是一个功能非常强大的命令，本书限于篇幅不能详尽介绍，只能介绍常用设置或命令，读者可以使用 man nmcli 命令或 man NetworkManager.conf 命令来获取详细信息。

3. 使用网卡配置文件配置网络

在 Linux 操作系统中，一切都是文件。因此，配置网络即编辑相应的网卡配置文件。在 Rocky Linux 中，"ets"是网卡的默认编号。网卡文件的前缀是"ifcfg"，位于/etc/sysconfig/network-scripts 目录下。可使用 ip addr 命令查看当前系统的默认网卡文件。使用网卡配置文件配置网络如例 4.1.2 所示。

例 4.1.2：通过网卡配置文件配置网络

```
[root@bogon ~]#ls /etc/sysconfig/network-scripts
ifcfg-ens160
[root@bogon ~]#vim /etc/sysconfig/network-scripts/ifcfg-ens160
TYPE=Ethernet                          //设备类型，Ethernet表示以太网
PROXY_METHOD=none
BROWSER_ONLY=no
BOOTPROTO=static                       //地址分配模式，static或none表示静态，dhcp表示动态
DEFROUTE=yes
IPV4_FAILURE_FATAL=no
IPV6INIT=yes
IPV6_AUTOCONF=yes
IPV6_DEFROUTE=yes
IPV6_FAILURE_FATAL=no
IPV6_ADDR_GEN_MODE=stable-privacy
NAME=ens160                            //网卡名称
UUID=057dd50c-306d-49ec-9bd7-2c76666b9256
DEVICE=ens160                          //设备名称
ONBOOT=yes                             //是否启动，yes表示启动，no表示不启动
IPADDR=192.168.1.201                   //IP地址
PREFIX=24                              //子网掩码，或NETMASK=255.255.255.0
GATEWAY=192.168.1.254                  //网关地址
DNS1=192.168.1.201                     //DNS地址
DNS2=202.96.128.86                     //DNS地址
```

在本例中，有些参数已经存在，有些参数需要手动添加，如"IPADDR""PREFIX""GATEWAY""DNS1"参数就是手动添加的。编辑好网卡配置文件后需要使用 nmcli con reload 命令手动重新加载网络配置，然后使用 ip addr show ens160 命令查看 IP 地址等信息是否生效。重新加载网络配置，查看 IP 地址信息如例 4.1.3 所示。

例 4.1.3：重新加载网络配置，查看 IP 地址信息

```
[root@bogon ~]#nmcli con reload                //手动重新加载网络配置
[root@bogon ~]#ip addr show ens160             //查看IP地址信息
2: ens160: <BROADCAST,MULTICAST,UP,LOWER_UP> mtu 1500 qdisc fq_codel state UP group default qlen 1000
    link/ether 00:0c:29:3f:f6:df brd ff:ff:ff:ff:ff:ff
    inet 192.168.1.201/24 brd 192.168.1.255 scope global noprefixroute ens160
       valid_lft forever preferred_lft forever
    inet6 fe80::20c:29ff:fe3f:f6df/64 scope link noprefixroute
       valid_lft forever preferred_lft forever
```

4. 使用 nmtui 工具配置网络

nmtui 是 Linux 操作系统提供的一个具有字符界面的文本配置工具。在 nmtui 工具的网络管理器界面中，通过键盘的上下方向键可以选择不同的操作，通过左右方向键或 Tab 键可以在不同的功能区之间跳转。使用 nmtui 工具配置网络的方法如例 4.1.4 所示。

例 4.1.4：使用 nmtui 工具配置网络的方法

步骤 1：在命令行或 Shell 终端的命令提示符后，以 root 用户身份运行 nmtui 命令即可进入网络管理器界面，如图 4-1-5 所示。

步骤 2：在如图 4-1-5 所示的网络管理器界面中，选择"Edit a connection"选项后按 Enter 键，可以看到系统当前已有的网卡及操作列表，如图 4-1-6 所示。

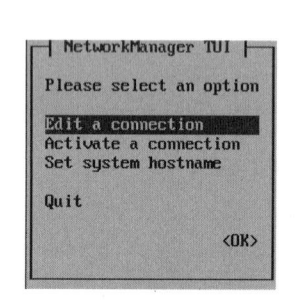

图 4-1-5　网络管理器界面　　　　图 4-1-6　网卡及操作列表

步骤 3：在如图 4-1-6 所示的网卡及操作列表中，选择"ens160"选项，按 Enter 键后进入 nmtui 工具的编辑连接界面，如图 4-1-7 所示。

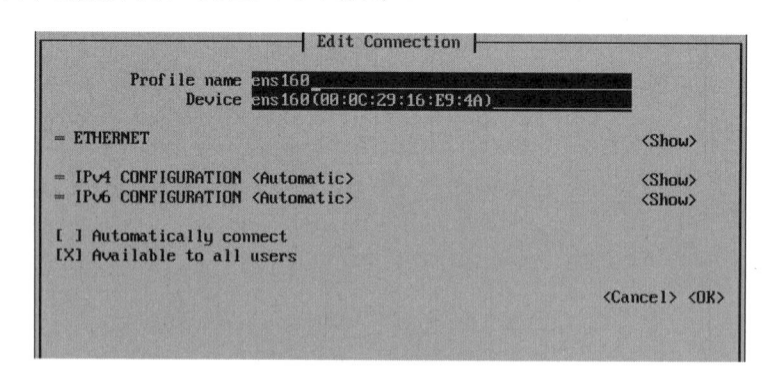

图 4-1-7　编辑连接界面

步骤 4：在如图 4-1-7 所示的编辑连接界面中，在 IPv4 CONFIGURATION 的"Automatic"按钮处按空格键，设置 IP 地址的配置方式为"Manual"（手动）；然后填写相关配置信息，如图 4-1-8 所示，在 IPv4 CONFIGURATION 的"Show"按钮处按空格键，显示和 IP 地址相关的文本输入框；在 Addresses 的"Add…"处按 Enter 键添加 IP 地址和子网掩码为"192.168.1.201/24"；在 Gateway 处添加网关地址为"192.168.1.254"；在 DNS servers 的"Add…"处按 Enter 键添加 DNS 服务器地址为"192.168.1.201"和"202.96.128.86"；在"Automatically connect"处按空格键进行选择。配置完成后，单击"OK"按钮，返回到如图 4-1-6 所示的界面。

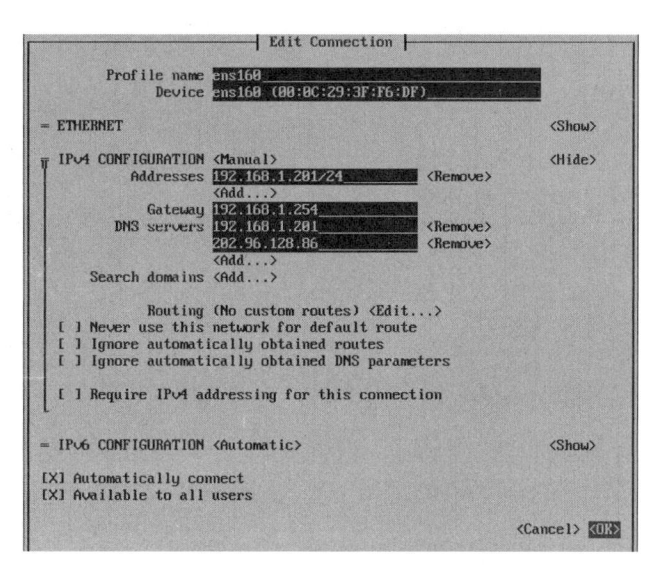

图 4-1-8　填写相关配置信息

步骤 5：在"Back"按钮处按 Enter 键返回网络管理器界面，选择"Activate a connection"选项，如图 4-1-9 所示，激活刚才的链接"ens160"，前面标有"*"表示激活，激活链接如图 4-1-10 所示。

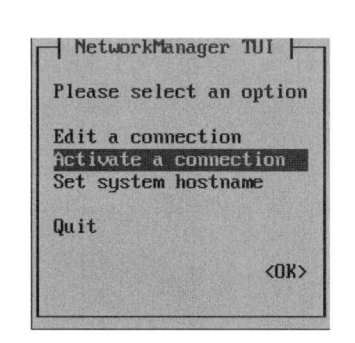

图 4-1-9　选择"Activate a connection"选项　　　图 4-1-10　激活链接

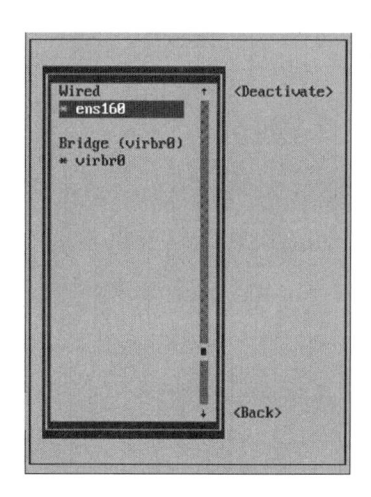

步骤 6：退出 nmtui 工具。

步骤 7：查看网卡配置文件，确认配置是否成功写入文件，如例 4.1.5 所示。

例 4.1.5：查看网卡配置文件，确认配置是否成功写入文件

```
[root@bogon ~]#cat /etc/sysconfig/network-scripts/ifcfg-ens160
TYPE=Ethernet
……                                    //此处省略部分内容
DEVICE=ens160
ONBOOT=yes
IPADDR=192.168.1.201
PREFIX=24
GATEWAY=192.168.1.254
DNS1=192.168.1.201
DNS2=202.96.128.86
```

虽然 nmtui 工具的操作界面不像图形界面那么清晰明了，但是熟练相关操作之后，nmtui 是一个非常方便的网络配置工具。

5. 设置主机名

主机名就是计算机的名字，网络中主机名唯一。主机名用于在网络上识别独立的计算机（即使用户的计算机没有联网，也应该有一个主机名）。Linux 操作系统的默认主机名为 localhost。

Rocky Linux 8.6 有以下三种形式的主机名。

（1）静态的（static）："静态"主机名也称为内核主机名，是操作系统在启动时从主机配置文件/etc/hostname 自动初始化的主机名。

（2）瞬态的（transient）："瞬态"主机名是在操作系统运行时临时分配的主机名，由内核管理。例如：通过 DHCP 或 DNS 服务器分配的 localhost 就是这种形式的主机名。

（3）灵活的（pretty）："灵活"主机名是 UTF-8 格式的自由主机名，以展示给终端用户。与之前版本不同，Rocky Linux 8.6 中操作系统的主机配置文件为/etc/hostname，可以在配置文件中直接更改主机名。

在 Rocky Linux 8.6 操作系统中，可以使用 hostnamectl 命令（后面项目 5 学习）、nmtui 命令和 nmcli 命令来修改主机名。

（1）使用 nmtui 命令修改主机名。

步骤 1：在命令行或 Shell 终端的命令提示符后，以 root 用户身份执行 nmtui 命令即可进入网络管理器界面，如图 4-1-5 所示。

步骤 2：在如图 4-1-5 所示的界面中，选择"Set system hostname"选项后按 Enter 键，设置系统主机名，如图 4-1-11 所示。

步骤 3：在如图 4-1-11 所示的界面中，将"localhost.localdomain"改为"server.phei.com.cn"，按 Enter 键后进入如图 4-1-12 所示的界面，在"OK"按钮处按 Enter 键，确认系统主机名。

图 4-1-11　设置系统主机名　　　　　图 4-1-12　确认系统主机名

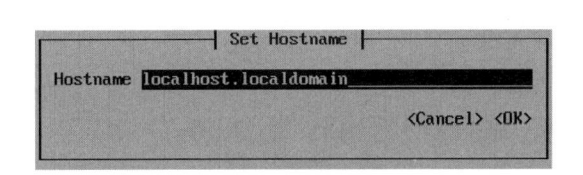

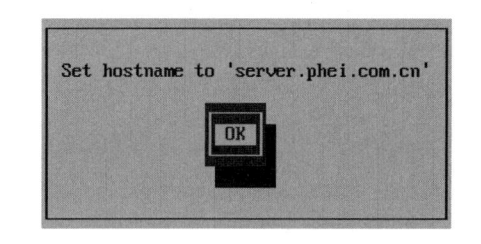

步骤 4：确认系统主机名后，返回网络管理器界面，选择"Quit"选项，按 Enter 键，退出网络管理器界面。

步骤 5：使用 nmtui 工具成功设置主机名后，可使用 hostname 命令查看主机名是否正确。使用 hostname 命令查看主机名如例 4.1.6 所示。

例 4.1.6：使用 hostname 命令查看主机名

```
[root@bogon ~]#hostname                           //查看主机名
server.phei.com.cn
```

（2）使用 nmcil 命令修改主机名。

nmcli 命令同样也可以进行主机名的修改。使用 nmcil 命令修改主机名如例 4.1.7 所示。

例 4.1.7：使用 nmcil 命令修改主机名

```
[root@bogon ~]#nmcli general hostname              //使用nmcli命令修改主机名
server.phei.com.cn
[root@bogon ~]#nmcli general hostname server1.phei.com.cn
[root@bogon ~]#nmcli general hostname
server1.phei.com.cn
```

6. 配置 DNS 服务器地址

/etc/resolv.conf 文件用于在 DNS 客户端指定所使用的 DNS 服务器的相关信息。通过修改 /etc/resolv.conf 文件的相关配置项，完成 DNS 客户端的配置。DNS 客户端的配置如例 4.1.8 所示。

例 4.1.8：DNS 客户端的配置

```
[root@bogon ~]#vim  /etc/resolv.conf
domain  phei.com.cn
search  phei.com.cn
nameserver 202.102.192.68
nameserver 202.102.192.69
```

该配置文件主要包括 nameserver、search、domain 选项，具体说明如下所示。

（1）domain 选项：指定主机所在的网络域名，可不设置。

（2）search 选项：指定 DNS 服务器的域名搜索列表，最多 6 个，可不设置。

（3）nameserver 选项：用来设置 DNS 服务器的 IP 地址，最多可以设置 3 个，每个服务器记录一行。

7. 测试网络连通性

ping 命令通常用于测试网络连通性。ping 命令可以对一个网络地址发送测试数据包，看该网络地址是否有响应并统计响应时间，以此测试网络的连通性。ping 命令基本语法如下所示。

```
ping [选项] 目标主机名或IP地址
```

ping 命令的常用选项及其功能见表 4-1-3。

表 4-1-3　ping 命令的常用选项及其功能

选项	功能
-c	表示数目，发送指定数量的 ICMP 数据包
-q	表示只显示结果，不显示传送封包信息
-R	表示记录路由过程

任务实施

（1）配置服务器计算机的主机名为 server.phei.com.cn，实施命令如下所示。

```
[root@ns1 ~]#nmcli general hostname server.phei.com.cn    //设置新的主机名
[root@ns1 ~]#bash                                         //立即生效
[root@server ~]#cat /etc/hostname
server.phei.com.cn
```

（2）配置服务器计算机的 IP 地址为 192.168.1.201，子网掩码为 255.255.255.0，网关地址设置为 192.168.1.254，实施命令如下所示。

```
[root@server ~]#nmcli con modify ens160 \        //用"\"换行继续输入
>ipv4.method manual \                            //配置指定静态IP地址
>ipv4.addresses 192.168.1.201/24 \               //配置IP地址和子网掩码
>ipv4.gateway 192.168.1.254                      //配置网关地址
[root@server ~]#nmcli con up ens160              //若ens160连接未启用，则启用
//由于完整的命令比较长，因此用"\"将命令换行继续输入。另外，"modify"操作只是修改了网卡配置文件，要想使配置生效，必须手动启用这些配置
```

（3）查看网卡配置信息，实施命令如下所示。

```
[root@bogon ~]#ip addr show ens160               //查看网卡配置信息
2: ens160: <BROADCAST,MULTICAST,UP,LOWER_UP> mtu 1500 qdisc fq_codel state UP group default qlen 1000
    link/ether 00:0c:29:3f:f6:df brd ff:ff:ff:ff:ff:ff
    inet 192.168.1.201/24 brd 192.168.1.255 scope global noprefixroute ens160
       valid_lft forever preferred_lft forever
    inet6 fe80::20c:29ff:fe3f:f6df/64 scope link noprefixroute
       valid_lft forever preferred_lft forever
```

（4）配置服务器计算机的 DNS 服务器地址为 192.168.1.201 和 202.96.128.86，实施命令

如下所示。

```
[root@server ~]#vim  /etc/resolv.conf
nameserver 192.168.1.201
nameserver 202.96.128.86
```

（5）配置客户端计算机的主机名、IP 地址和 DNS 服务器地址等信息，参考服务器的配置来完成，此处省略。

（6）使用 ping 命令测试网络连通性，实施命令如下所示。

```
[root@server ~]#ping 192.168.1.210    //无任何选项时，会一直测试，按"Ctrl+C"组合键停止
PING 192.168.1.210 (192.168.1.210) 56(84) bytes of data.
64 bytes from 192.168.1.210: icmp_seq=1 ttl=64 time=0.024 ms
64 bytes from 192.168.1.210: icmp_seq=2 ttl=64 time=0.033 ms
64 bytes from 192.168.1.210: icmp_seq=3 ttl=64 time=0.078 ms
64 bytes from 192.168.1.210: icmp_seq=4 ttl=64 time=0.043 ms
^C
--- 192.168.1.210 ping statistics ---
4 packets transmitted, 4 received, 0% packet loss, time 2999ms
rtt min/avg/max/mdev = 0.024/0.044/0.078/0.021 ms
```

任务小结

（1）配置网络时，一定要保证有线网络是处于连接状态的。

（2）配置网络有四种方法，使用 nmcli 命令实现是需要重点掌握的方法。

任务 4.2　配置 SSH 服务

任务描述

A 公司的信息中心有多台服务器，网络管理员小彭准备开启服务器的远程登录功能，实现远程安全管理信息中心内的服务器。

任务要求

Linux 操作系统实现安全远程登录，可通过开启 SSH 服务来实现。根据网络管理员小彭的环境描述，正确配置 Linux 服务器的 SSH 服务，在网络可达的情况下即可使用 SSH 安全远

程登录服务。本任务的具体要求如下所示。

（1）两台虚拟机的网络连接方式统一配置为仅主机模式。

（2）计算机名：server，角色为服务器，IP 地址为 192.168.1.201/24。

（3）计算机名：client，角色为客户机，IP 地址为 192.168.1.210/24。

（4）分别采用基于密码的验证和基于密钥的验证两种不同的验证方式实现 SSH 远程登录。

任务资讯

1. SSH 服务的功能

SSH 服务（Secure Shell）是一种能够以安全的方式提供远程登录的协议，也是目前远程管理 Linux 操作系统的首选方式。在此之前，一般使用 FTP 或 Telnet 来进行远程登录。当时因为它们以明文的形式在网络中传输账号密码和数据信息，很容易遭受黑客发起的中间人攻击，所以很不安全。轻则篡改传输的数据信息，重则直接抓取服务器的账号密码。

2. SSH 服务验证方式

若想使用 SSH 服务来远程管理 Linux 操作系统，则需要部署配置 sshd 服务程序。sshd 是基于 SSH 服务开发的一款远程管理服务程序，不仅使用起来方便快捷，而且提供了以下两种安全验证的方法。

（1）基于密码的验证——用账号和密码来验证登录。在这种认证方式下，无须进行任何配置，用户就可以使用 SSH 服务器存在的账号和密码进行登录，其基本格式如下所示。

```
ssh [参数] 主机IP地址
```

（2）基于密钥的验证——需要在本地生成密钥对，然后把密钥对中的公钥上传至服务器，并与服务器中的公钥进行比较，该方式相对来说更安全。

密钥就是密文的钥匙，有私钥和公钥之分。在传输数据时，若担心被他人监听或截获，则可以在传输前先使用公钥对数据进行加密处理，然后再进行传输。此时只有掌握私钥的用户才能解密这段数据，除此之外的其他人即便截获了数据，也很难将其破译为明文信息。所以在生产环境中使用密码进行密码验证始终存在被暴力破解或嗅探截获的风险。如果正确配置了密钥验证方式，那么 SSH 服务将更加安全。

3. SSH 配置文件

Linux 操作系统中的一切都是文件，因此在 Linux 操作系统中修改服务程序的运行参数，实际上就是在修改程序配置文件。实现 SSH 服务的软件是 OpenSSH，OpenSSH 常用的配置文件为/etc/ssh/ssh_config 和/etc/ssh/sshd_config 文件。其中/etc/ssh/ssh_config 文件为客户端配置文件，/etc/ssh/sshd_config 文件为服务器端配置文件。运维人员一般会把保存最主要配置信息的文件称为主配置文件，而配置文件中有许多以"#"开头的注释行，要想让这些配置参数生效，需要在修改参数后再去掉前面的"#"。SSH 服务器端配置文件包含的重要参数及其作用见表 4-2-1。

表 4-2-1　SSH 服务器端配置文件包含重要参数及其作用

参　　数	作　　用
Port 22	默认的 SSH 服务端口
ListenAddress 0.0.0.0	设定 SSH 服务监听的 IP 地址
Protocol 2	SSH 协议的版本号
HostKey /etc/ssh/ssh_host_key	SSH 协议版本为 1 时，DES 私钥存放的位置
HostKey /etc/ssh/ssh_host_rsa_key	SSH 协议版本为 2 时，RSA 私钥存放的位置
HostKey /etc/ssh/ssh_host_dsa_key	SSH 协议版本为 2 时，DSA 私钥存放的位置
PermitRootLogin yes	设定允许 root 用户直接登录
StrictModes yes	当远程用户的私钥改变时直接拒绝连接
MaxAuthTries 6	最大密码尝试次数
MaxSessions 10	最大终端数
PasswordAuthentication yes	允许密码验证
PermitEmptyPasswords no	不允许空密码登录（很不安全）

4. 认识 SSH 服务相关软件包

在 Rocky Linux 8.6 操作系统中默认安装 SSH 服务，SSH 服务使用的软件包名称为 openssh，可以使用 rpm 命令查看已经安装过相关软件包，如例 4.2.1 所示。

例 4.2.1：查询已安装的 SSH 服务软件包

```
[root@bogon ~]#rpm -qa|grep openssh
openssh-askpass-8.0p1-13.el8.x86_64
openssh-8.0p1-13.el8.x86_64
openssh-clients-8.0p1-13.el8.x86_64                //客户端主程序
openssh-server-8.0p1-13.el8.x86_64                 //服务器端主程序
```

5. SSH 服务的启停

SSH 服务的后台守护进程是 sshd，因此，在启动、停止 SSH 服务和查询 SSH 服务状态时要以 sshd 为参数。

任务实施

1. 实现基于密码的验证

（1）使用 ssh 命令远程连接服务器，实施命令如下所示。

```
[root@client ~]#ssh 192.168.1.201
The authenticity of host '192.168.1.201 (192.168.1.201)' can't be established.
ECDSA key fingerprint is SHA256:reJyGQCb70Jt4gZRJdLOOz6fcMBB/zALStb8nHFzU+0.
```

```
ECDSA key fingerprint is MD5:02:c5:b5:88:a4:d4:f3:75:6b:2e:64:d7:9f:a0:f5:d6.
Are you sure you want to continue connecting (yes/no)? yes
Warning: Permanently added '192.168.1.201' (ECDSA) to the list of known hosts.
root@192.168.1.201's password:           //此处输入远程主机root用户的密码
Last login: Thu Jul  8 08:58:15 2021 from 192.168.1.210
[root@server ~]# exit                    //退出远程连接
logout
Connection to 192.168.1.201 closed.
```

（2）禁止 root 用户远程登录服务器，可大大降低被暴力破解密码的概率。下面进行相应配置。

步骤 1：在 server 服务器上。使用 vim 编辑器打开 SSH 进程的主配置文件/etc/ssh/sshd_config，然后把第 43 行 PermitRootLogin yes 的参数值 yes 改成 no，保存文件并退出，如下所示。

```
[root@server ~]#vim /etc/ssh/sshd_config
……                          //此处省略部分信息
 41
 42 #LoginGraceTime 2m
 43 PermitRootLogin no
 44 #StrictModes yes
……                          //此处省略部分信息
```

步骤 2：重启服务和设置开机自动启动，如下所示。

```
[root@server ~]#systemctl restart sshd
[root@server ~]#systemctl enable sshd
//需要手动重启服务程序，让新配置文件生效。最好也将这个服务程序加入开机启动项，这样系统在下一次启动时，该服务程序便会自动运行，继续为用户提供服务。
```

步骤 3：当 root 用户再来尝试访问 SSH 进程时，系统会提示不可访问的错误信息，如下所示。

```
[root@client ~]#ssh 192.168.1.201
root@192.168.1.201's password:           //此处输入远程主机root用户的密码
Permission denied, please try again.
```

2. 实现基于密钥的验证

下面使用密钥验证方式，以用户 teacher 身份登录 SSH 服务器，具体配置如下所示。

步骤 1：在服务器 server 上建立 teacher 用户，并设置密码 123456，如下所示。

```
[root@server ~]#useradd teacher
[root@server ~]#passwd teacher
更改用户 teacher 的密码 。
新的密码：
无效的密码：密码少于8个字符
```

重新输入新的密码：
passwd：所有的身份验证令牌已经成功更新。

步骤2：在客户端主机 client 上生成密钥对，如下所示。

```
[root@client ~]#ssh-keygen
Generating public/private rsa key pair.
Enter file in which to save the key (/root/.ssh/id_rsa):    //按Enter键或设置密钥的存储路径
Created directory '/root/.ssh'.
Enter passphrase (empty for no passphrase):   //直接按Enter键或设置密钥的密码
Enter same passphrase again:                  //再次按Enter键或设置密钥的密码
Your identification has been saved in /root/.ssh/id_rsa.
Your public key has been saved in /root/.ssh/id_rsa.pub.
The key fingerprint is:
SHA256:UJREcqnbD0w/BXBIk+jBGN0uInTkuuHIu+DvpkcwlBg root@client
The key's randomart image is:
+---[RSA 3072]---+
|E...o=.BX*.     |
|.o..o =+*o.     |
|.. ....+ .      |
| o... +.o .     |
| =. . *S. .     |
|.o + . + o      |
|o.+     o .     |
|o .o     .      |
| =Bo            |
+----[SHA256]----+
```

步骤3：把客户端主机 client 中生成的公钥文件传送至远程主机，如下所示。

```
[root@client ~]# ssh-copy-id teacher@192.168.1.201
/usr/bin/ssh-copy-id: INFO: Source of key(s) to be installed: "/root/.ssh/id_rsa.pub"
The authenticity of host '192.168.1.201 (192.168.1.201)' can't be established.
ECDSA key fingerprint is SHA256:qBcGSghYejWmuvy+Gtky8NvMSxFQ4VtbgfB6c+2Smu0.
Are you sure you want to continue connecting (yes/no/[fingerprint])? yes
/usr/bin/ssh-copy-id: INFO: attempting to log in with the new key(s), to filter out any that are already installed
/usr/bin/ssh-copy-id: INFO: 1 key(s) remain to be installed -- if you are prompted now it is to install the new keys
teacher@192.168.1.201's password:

Number of key(s) added: 1

Now try logging into the machine, with:   "ssh 'teacher@192.168.1.201'"
and check to make sure that only the key(s) you wanted were added.
```

步骤4：在服务器 server 上进行设置，将第 70 行的"PasswordAuthentication yes"改为"PasswordAuthentication no"，使其只允许密钥验证，拒绝传送的口令验证方式。保存后退出并重启 sshd 服务程序，如下所示。

```
[root@server ~]#vim /etc/ssh/sshd_config
……                    //此处省略部分内容
   67 # To disable tunneled clear text passwords, change to no here!
   68 #PasswordAuthentication yes
   69 #PermitEmptyPasswords no
   70 PasswordAuthentication no
……                    //此处省略部分内容
[root@server ~]#systemctl restart sshd
```

步骤5：在客户端 client 上尝试使用 teacher 用户远程登录到服务器，此时无须输入密码也可以成功登录。同时使用 ip addr 命令可以查看到网卡的 IP 地址是 192.168.1.201，即服务器 server 网卡的 IP 地址，说明已成功登录到了远程服务器 server 上。

```
[root@client ~]#ssh teacher@192.168.1.201
Activate the web console with: systemctl enable --now cockpit.socket
[student@server ~]$ip addr show ens160
2: ens160: <BROADCAST,MULTICAST,UP,LOWER_UP> mtu 1500 qdisc fq_codel state UP group default qlen 1000
    link/ether 00:0c:29:3f:f6:df brd ff:ff:ff:ff:ff:ff
    inet 192.168.1.201/24 brd 192.168.1.255 scope global noprefixroute ens160
       valid_lft forever preferred_lft forever
    inet6 fe80::20c:29ff:fe3f:f6df/64 scope link noprefixroute
       valid_lft forever preferred_lft forever
```

步骤6：在服务器 server 上查看 client 客户机的公钥是否传送成功，如下所示。

```
[root@server ~]#cat /home/student/.ssh/authorized_keys
[root@server ~]# cat /home/teacher/.ssh/authorized_keys
ssh-rsa
AAAAB3NzaC1yc2EAAAADAQABAAABgQDFWMHT7Td3Ky5o2YhcJGWYK/c8aTZ6yOXfBZPaw3oKTzNUnHjI3FgKUeV/u/G7j0cN4CBWHDxWkKSctpbgchcKohczeKv6EK9ks1s5NPeCwZPPMJCSipi8ki5wkrXUhBQkmNdYAyKeLM5vB6cjgTEIhJ13ZswW+l3TxKeoor2LS+5JbxW07bsoWPvuov9l0fb6HmyIUG6bKgr1Zzv5nuMwkKuj/chUC2uIAm2YszWH793zD+MfT3zJZAi/bZ9ZaBoInJgUrZX3e02S4+YSVMzAUjoZeF73y20b3u0pFY8b4oKNgseTG90Vml4wvhkljMXox2YsWlfxzdmvwZSa4t3a9jUOyQp/yKfVWMXO+rZUCLaIS1YfysDyxBJdRtD8yJjQ4qPSPt0QUIH2VikfSWhP0CG2GjVwcNgXx2WFKvmq4Wt5fbqFqg8Quhn6Gm4SA17HSuSeQATW+iwYSqXqJZxXKRPyayNhWXe1VlVmy/pxLvWsph94MonvHufLxXdifVM= root@client.phei.com.cn
```

📋 任务小结

（1）使用 SSH 服务来远程管理 Linux 操作系统，提供了基于密码的验证和基于密钥的验证。

（2）基于密钥的验证，需要在本地生成密钥对，该方式相对来说更安全。

项目实训

1. 配置网络基础

（1）设置 ens160 网卡 IP 地址为 192.168.1.7，子网掩码为 255.255.255.0，默认网关地址为 192.168.1.1，DNS 地址为 192.168.1.7，202.96.128.86，202.96.134.133。

（2）设置主机名为 bogon.feiteng.com，别名为 www。

（3）使用 ping 命令测试与物理机是否可以通信，并将虚拟机网卡设置为桥接模式。

2. 配置远程登录服务

（1）建立 SSH 服务器，使用密钥认证。

（2）建立 SSH 服务器，设置 root 用户不能登录。

项目 5

操作系统初始化与进程管理

项目描述

A 公司是一家拥有上百台服务器的系统集成服务公司。该公司的网络管理员众多,作为一名 Linux 操作系统管理员,了解操作系统初始化与进程管理是非常重要的工作。

操作系统初始化是实现操作系统控制的第一步,也是体现操作系统优劣的重要部分。了解 Linux 操作系统的初始化及启动和执行的过程,对于进一步掌握 Linux 操作系统,解决相关启动问题是十分有帮助的。

进程是程序在计算机中的一次运行活动,也是操作系统进行资源分配和调度的基本单位。只要运行程序就会启动进程。Linux 操作系统创建新的进程时,会为其指定一个唯一的编号,即 PID(Process ID,进程号),并以此区分不同的进程。通过进程管理,用户可以了解操作系统执行的状态及各程序占用资源的多少等情况,判断操作系统的性能是否正常。

本项目主要介绍 Linux 操作系统的初始化过程,查看和管理进程的方法,包括启用进程和停止进程及任务调度的方法等。

知识目标

1. 掌握操作系统服务的基本概念及作用。
2. 掌握进程的基本概念及作用。
3. 掌握操作系统管理相关命令的用途。
4. 了解在各版本操作系统中进行系统管理的区别。

能力目标

1. 能够使用进程管理命令实现进程管理。
2. 能够熟练使用 systemctl 相关命令。
3. 能够熟练使用 at 和 cron 命令进行任务调度。

素质目标

1. 培养读者的系统性思维、处理任务的整体观和全局观。
2. 培养读者任务分解、并行处理的思维,养成提前规划意识。
3. 培养读者严谨、细致的工作态度和职业素养。

任务 5.1　操作系统初始化

📋 任务描述

A 公司购置了 Linux 服务器，安装了 Rocky Linux 8.6 操作系统，现网络管理员小彭需要了解操作系统初始化的完整过程、管理服务器后台运行的应用程序和高效管理进程的方法。

📖 任务要求

小彭在操作系统维护过程中，需要经常查看服务器在启动过程中遇到的问题、查看服务进程等，这些操作对于网络管理员来说是非常有必要的。本任务的具体要求如下所示。

（1）查看 Linux 服务器操作系统当前的默认执行级别。
（2）将 Linux 服务器操作系统执行级别的图形界面切换到字符界面。
（3）设置 Linux 服务器操作系统的默认执行级别为字符界面。
（4）查询 Linxu 服务器操作系统的启动时间。
（5）修改 Linux 服务器操作系统的主机名为 ns1。
（6）把 Linux 服务器操作系统的当前时区修改为亚洲/重庆。
（7）查询 Linux 服务器操作系统当前登录的用户。

💻 任务资讯

1. 操作系统初始化

操作系统初始化可分为两个阶段：引导和启动。引导阶段是从开机到内核完成初始化的过程，执行 systemd 进程；启动阶段在基本环境已经设置好的基础上，建立用户终端，显示用户登录界面。

（1）引导阶段。

① 引导阶段的过程。POST（Power On Self Test，加电自检）→BIOS（Basic Input Output System，基本输入输出系统）→加载对应引导盘上的 MBR→MBR 设置加载其 BootLoader→内核初始化→initrd（Linux 的初始 RAM 磁盘，是在系统引导过程中挂载的一个临时根文件系统）→systemd 进程加载。

②引导阶段的具体描述。当打开计算机电源，听到"嘀"的一声时，操作系统进入引导阶段。首先检测计算机的硬件设备是否存在故障，如 CPU、内存、显卡、主板等，若存在故障，则会停机或显示报警信息；若没有故障，则操作系统完成自检任务。完成自检任务后，操作系统读取 BIOS，按照 BIOS 中设置的流程启动设备，若检测通过，则读取引导盘上的MBR，这时操作系统根据启动区安装的引导加载程序（BootLoader）开始执行核心识别的任务。GRUB（GRand Unified BootLoader）是一个用于寻找操作系统内核并加载其到内存的智能程序，GRUB 读取完毕后，加载选定的内核文件到内存中，内核文件将自行解压，一旦内核文件解压完成，就会加载 systemd 进程，并将控制权转移到 systemd 进程中，引导阶段完成。

需要注意的是，Rocky Linux 8.6 操作系统使用 systemd 进程替换了 System V init 进程，不再使用新版的 inittab，转而使用全新的 systemd 初始化进程服务来进行设置，有利于在进程启动过程中更有效地引导加载服务。

（2）启动阶段。

启动阶段紧随引导阶段之后，该阶段主要通过 systemd 进程挂载、访问配置文件，使 Linux 进入可操作状态，并能够执行功能性任务。

2. systemd 初始化进程

如果读者之前学习的是 CentOS 5 或 CentOS 6 操作系统，可能会感觉不适应。Systemd 初始化进程服务采用了并发启动机制，开机速度得到了很大的提升。

Rocky Linux 8.6 操作系统选择 systemd 初始化进程服务已经是一个既定事实，因此也没有了"运行级别"这个概念。Linux 操作系统在启动时要进行大量的初始化工作，如挂载文件系统和交换分区、启动各类进程服务等，这些都可以看作是一个一个的单元（Unit）。systemd 用目标（target）代替了 System V init 运行级别的概念，System V init 与 systemd 的区别及其作用见表 5-1-1。

表 5-1-1 System V init 与 systemd 的区别及其作用

区 别		作 用
System V init 运行级别	systemd 目标名称	
0	runlevel0.target,poweroff.target	关机
1	Runlevel1.target,rescue.target	单用户模式
2	Runlevel2.target,multi-user.target	等同于级别 3
3	Runlevel3.target,multi-user.target	多用户的字符界面
4	Runlevel4.target,multi-user.target	等同于级别 3
5	Runlevel5.target,graphical.target	多用户的图形界面
6	Runlevel6.target,reboot.target	重启
emergency	Emergency.target	紧急 Shell

如果想要将操作系统默认的运行目标修改为"多用户、无图形"模式，那么可直接使用

ln 命令把多用户模式目标文件连接/etc/systemd/system/目录或使用 set-default 命令设置，可以使用 get-default 命令获取当前默认的目标，如例 5.1.1 所示。

例 5.1.1：将操作系统默认的运行目标修改为"多用户、无图形"模式

```
[root@bogon ~]#cd /lib/systemd/system
[root@bogon ~]#ln -sf multi-user.target /etc/systemd/system/default.target
或
[root@bogon ~]#systemctl set-default graphical.target
[root@bogon ~]#systemctl get-default
graphical.target
```

3. systemd 服务控制

服务控制就是管理 Linux 后台运行的应用程序，用户在 Linux 操作系统中进行操作时，不可避免地会涉及对服务的控制。

systemd 是 Linux 操作系统和服务的管理器，它是后台服务系统中 PID 为 1 的进程，其功能不仅包括启动系统，还包括接管后台服务、状态查询、日志归档、设备管理、电源管理、定时任务管理等，且支持有特定事件（如插入特定 USB 设备）和特定接口数据触发的 on-demand（按需）任务。systemd 的优点是功能强大、使用方便，缺点是体系庞大、非常复杂。

systemd 对应的进程管理命令是 systemctl，用于取代 service 和 chkconfig 命令。systemctl 命令主要用来管理 Linux 操作系统中的各种服务，其基本语法格式如下所示。

```
systemctl [选项] 命令 [名称]
```

其中，systemd 命令的作用主要包括查看状态（status）、开启（start）、关闭（stop）、重启（restart）、开启开机自启动（enable）、禁止开机自启动（disable）等。

在 CentOS 6 操作系统中使用 service、chkconfig 等命令来管理系统服务，而在 Rocky Linux 8.6 操作系统中使用 systemctl 命令来管理服务。service 命令与 systemctl 命令的对比及其作用见表 5-1-2，chkconfig 命令与 systemctl 命令的对比及其作用见表 5-1-3，后续项目中会经常用到它们，这里以常用的 SSH 服务的 sshd 进程为例。

表 5-1-2 service 命令与 systemctl 命令的对比及其作用

对比		作用
service 命令 （CentOS 6 操作系统）	systemctl 命令 （Rocky Linux 8.6 操作系统）	
service sshd start	systemctl start sshd.service	启动服务
service sshd restart	systemctl restart sshd.service	重启服务
service sshd stop	systemctl stop sshd.service	停止服务
service sshd reload	systemctl reload sshd.service	重新加载配置文件（不终止服务）
service sshd status	systemctl status sshd.service	查看服务状态

表 5-1-3 chkconfig 命令与 systemctl 命令的对比及其作用

对比		
chkconfig 命令（CentOS 6 操作系统）	systemctl 命令（Rocky Linux 8.6 操作系统）	作用
chkconfig sshd on	systemctl enable sshd.service	开机自动启动
chkconfig sshd off	systemctl disable sshd.service	开机不自动启动
chkconfig sshd	systemctl is-enabled sshd.service	查看特定服务是否为开机自动启动
chkconfig --list	systemctl list-unit-files –type=service	查看各个级别下服务的启动与禁用情况

Rocky Linux 8.6 操作系统版本提供了 systemctl 命令来管理网络服务。systemctl 命令的基本用法如例 5.1.2 所示。

例 5.1.2：systemctl 命令的基本用法

```
[root@bogon ~]#systemctl status sshd        //查看sshd进程状态
sshd.service - OpenSSH server daemon
Loaded: loaded (/usr/lib/systemd/system/sshd.service; enabled; vendor preset: enabled)
Active: active (running) since 五 2020-12-25 20:59:00 CST; 1 weeks 5 days ago
Docs: man:sshd(8)
      man:sshd_config(5)
  Main PID: 1020 (sshd)
    CGroup: /system.slice/sshd.service
           └─1020 /usr/sbin/sshd -D
```

命令返回结果如下所示。

（1）active（running）表示正有一个或多个程序正在操作系统中执行。

（2）atcive（exited）表示仅执行一次就正常结束的服务，目前没有任何程序在操作系统中执行。

（3）atcive（waiting）表示正在执行中，还在等待其他事件。

（4）inactive（dead）表示服务关闭。

（5）enabled 表示服务开机启动。

（6）disabled 表示服务开机不自启。

（7）static 表示服务开机启动项不可被管理。

（8）failed 表示操作系统配置错误。

4．常用的 systemd 命令

除了 systemctl 命令，systemd 还提供了其他的一些命令，如 systemd-analyze、hostnamectl 及 localectl 命令等。了解和掌握这些常用命令，对于网络管理员来说是非常必要的。

（1）systemd-analyze 命令。

systemd-analyze 命令用来分析系统启动时的性能，其基本语法格式如下所示。

```
systemd-analyze  [选项]  子命令
```

systemd-analyze 命令的常用选项及其功能见表 5-1-4。

表 5-1-4 systemd-analyze 命令的常用选项及其功能

选项	功能
--user	在用户级别上查询 systemd 实例
--system	在操作系统级别上查询 systemd 实例

与 systemctl 命令一样，systemd-analyze 命令也提供了一些子命令，systemd-analyze 命令的常用子命令及其功能见表 5-1-5。

表 5-1-5 systemd-analyze 命令的常用子命令及其功能

子命令	功能
time	输出操作系统启动时间，该命令为默认命令
blame	按照占用时间长短的顺序输出所有正在运行的单元。该命令通常用来优化操作系统，缩短启动时间
critical-chain	以树状形式输出单元的启动链，并以红色标注延时较长的单元
plot	以 SVG 图像的格式输出服务的启动时间及耗时
dot	输出单元依赖图
dump	输出详细的、可读的服务状态

systemd-analyze 命令的基本用法如例 5.1.3 所示。

例 5.1.3：systemd-analyze 命令的基本用法

```
[root@bogon ~]# systemd-analyze time            //输出操作系统的启动时间
Startup finished in 986ms (kernel) + 1.905s (initrd) + 7.286s (userspace) = 10.178s
graphical.target reached after 7.267s in userspace
```

（2）hostnamectl 命令。

用户可以使用 hostnamectl 命令查看或者修改主机名，并将其直接写入/etc/hostname 文件中。使用 hostnamectl 命令修改主机名如例 5.1.4 所示。

例 5.1.4：使用 hostnamectl 命令修改主机名

```
[root@bogon ~]#hostname
bogon
[root@bogon ~]#hostnamectl set-hostname server.phei.com.cn      //修改主机名
[root@bogon ~]#bash                                              //立即生效
[root@server ~]#cat /etc/hostname
server.phei.com.cn
```

（3）localectl 命令。

localectl 命令可以查看或修改当前操作系统的区域和键盘布局。在计算机中，区域一般至少包括语言和地区两部分。

不含任何参数和选项的 localectl 命令会输出当前操作系统的区域信息。localectl 命令输出

和修改当前系统的区域信息如例 5.1.5 所示。

例 5.1.5：localectl 命令输出和修改当前系统的区域信息

```
[root@server ~]#localectl                    //查询当前操作系统的区域信息
    System Locale: LANG=zh_CN.UTF-8
        VC Keymap: cn
       X11 Layout: cn
[root@server ~]#localectl set-locale LANG=en_GB.UTF-8
                                  //将当前操作系统区域设置为en_GB.UTF-8
[root@server ~]#localectl
    System Locale: LANG=en_GB.UTF-8
        VC Keymap: cn
       X11 Layout: cn
```

（4）timedatectl 命令。

timedatectl 命令用于查看或者修改当前操作系统的时区设置。查看和修改当前系统的时区如例 5.1.6 所示。

例 5.1.6：查看和修改当前系统的时区

```
[root@server ~]#timedatectl
               Local time: 一 2022-10-24 00:04:42 CST
           Universal time: 日 2022-10-23 16:04:42 UTC
                 RTC time: 日 2022-10-23 16:04:42
                Time zone: Asia/Shanghai (CST, +0800)
System clock synchronized: no
              NTP service: inactive
          RTC in local TZ: no
[root@server ~]#timedatectl set-timezone Asia/Shanghai
//以上命令把当前操作系统的时区设置为亚洲的上海
```

（5）loginctl 命令。

该命令用于查看当前登录的用户，其语法格式如下所示。

```
loginctl 子命令
```

loginctl 命令提供了一些常用的子命令，loginctl 命令的常用子命令及其功能见表 5-1-6。

表 5-1-6 loginctl 命令的常用子命令及其功能

子命令	功能
list-users	列出当前操作系统中的用户及其 ID
show-user	列出某个用户的详细信息

loginctl 命令的基本用法如例 5.1.7 所示。

例 5.1.7：loginctl 命令的基本用法

```
[root@server ~]#loginctl
SESSION      UID      USER     SEAT     TTY
    5         0                root
```

```
        c1       42      gdm      seat0    tty1

2 sessions listed.
```
//以上命令的输出结果包括会话ID、用户ID、登录名等信息

使用 loginctl list-uses 命令可以列出当前操作系统中的用户及其 ID，如例 5.1.8 所示。

例 5.1.8：使用 loginctl list-uses 命令列出当前操作系统中的用户及其 ID

```
[root@server ~]#loginctl list-users
 UID     USER
   0     root
  42     gdm

2 users listed.
```

使用 loginctl show-uses 命令可以列出用户的详细信息，如例 5.1.9 所示。

例 5.1.9：使用 loginctl show-uses 命令列出用户的详细信息

```
[root@server ~]#loginctl show-user root
UID=0
GID=0
Name=root
Timestamp=Sun 2022-10-23 23:58:01 CST
TimestampMonotonic=59090120
RuntimePath=/run/user/0
Service=user@0.service
Slice=user-0.slice
Display=5
State=active
Sessions=5
IdleHint=no
IdleSinceHint=0
IdleSinceHintMonotonic=0
Linger=no
```

小提示

loginctl 命令列出的仅仅是当前已登录用户，而非所有的操作系统用户。

任务实施

（1）查看 Linux 服务器操作系统当前的默认执行级别，实施命令如下所示。

```
[root@server ~]#systemctl get-default
graphical.target
```

（2）将多用户的图形界面切换到字符界面，实施命令如下所示。

```
[root@server ~]#systemctl isolate multi-user.target
```
//临时切换到字符界面，计算机重启后恢复默认启动图形界面

（3）设置 Linux 服务器操作系统的默认执行级别为字符界面，实施命令如下所示。

```
[root@server ~]#systemctl set-default multi-user.target
[root@server ~]#systemctl get-default
multi-user.target
```

（4）查询 Linux 服务器操作系统的启动时间，实施命令如下所示。

```
[root@server ~]#systemd-analyze
Startup finished in 1.171s (kernel) + 1.755s (initrd) + 4.980s (userspace) = 7.907s
graphical.target was never reached
```

（5）修改 Linux 服务器操作系统的主机名为 ns1，实施命令如下所示。

```
[root@server ~]#hostnamectl set-hostname ns1.phei.com.cn
[root@server ~]#bash
[root@ns1 ~]#cat /etc/hostname
ns1.phei.com.cn
```

（6）把 Linux 服务器操作系统的当前时区修改为亚洲/重庆，实施命令如下所示。

```
[root@ns1 ~]#timedatectl set-timezone Asia/Chongqing
[root@ns1 ~]#timedatectl|grep zone
         Time zone: Asia/Chongqing (CST, +0800)
```

（7）查询 Linux 服务器系统当前登录的用户，实施命令如下所示。

```
[root@ns1 ~]#loginctl
SESSION UID USER SEAT TTY
      1   0 root

1 sessions listed.
```

任务小结

（1）了解操作系统初始化的执行过程，对于进一步掌握 Linux 操作系统，解决相关启动问题是很有帮助的。

（2）systemd 为操作系统的启动和管理提供一套完整的解决方案。systemd 不仅是初始化程序，还包含着许多其他的功能模块。

任务 5.2 进程管理

任务描述

A 公司的网络管理员小彭在日常管理工作中，要经常查看操作系统的进程并进行管理，需要定制不同运行级别下自启动的服务和进程，还需要根据工作需求设置操作系统在某个时间执行特定的命令或进程以减轻维护工作量。

任务要求

使用 Linux 操作系统能够有效地管理和跟踪进程，在 Linux 操作系统中，启动、停止、终止及恢复进程的过程称为进程管理。Linux 操作系统提供了许多命令，能让用户高效管理进程。本任务的具体要求如下所示。

（1）查看 tomcat 进程，并结束整个进程。

（2）查询用户 user1 的进程。

（3）使用 vim 编辑器编辑 1.txt 文件，使用"Ctrl+Z"组合键将 vim 进程挂起，切换至后台，查看后台作业，再将后台作业切换回前台。

（4）设置用户 user1 每周星期一、星期三早上 4:00 将/home/user1 目录下的所有文件压缩至/bak 目录下，并命名为 user1.tar.gz。

（5）设置在 2022 年 12 月 31 日 23:59，向所有登录用户发送"Happy New Year！"。

任务资讯

1. 进程

进程由程序产生，但进程不是程序。进程与程序的区别在于程序是一系列命令的集合，是静态的，可以长期保存；进程是程序的一次运行过程，是动态的，只能短暂存在，它动态地产生、变化和消亡。

进程具有独立性、动态性与并发性的特点，进程具有自己的生命周期和各种不同的状态。

2. 进程的状态

通常操作系统将进程分为三种基本状态。

（1）就绪状态。

就绪状态指的是当进程分配到除 CPU 以外的所有必要资源后，只要再获得 CPU，便可立即执行的状态。在一个操作系统中，将处于就绪状态的进程排成一个队列，即就绪队列。

（2）执行状态。

执行状态指的是进程已获得 CPU 而正在执行的状态。在单处理器操作系统中，处于执行状态的进程只有一个；在多处理器操作系统中，处于执行状态的进程有多个。

（3）阻塞状态。

阻塞状态指的是正在执行的进程由于发生某事件而暂时无法继续执行时的状态，又称为等待状态或封锁状态。导致进程阻塞的典型事件有 I/O 请求、申请缓冲空间等。通常将这种处于阻塞状态的进程也排成一个队列。有的操作系统则根据阻塞原因的不同，把处于阻塞状态的进程排成多个队列。

处于就绪状态的进程，在调度程序为其分配了 CPU 后，该进程便可执行，相应地，它就由就绪状态转为执行状态。正在执行的进程也称为当前进程，如果因分配给它的时间片已用完而暂停执行，那么该进程便由执行状态又回到就绪状态；如果因发生某事件而使进程的执行受阻（例如，进程请求访问某临界资源，而该资源正被其他进程访问），无法继续执行，那么该进程将由执行状态转为阻塞状态。

3. 进程的优先级

在 Linux 操作系统中，进程的优先级对于操作系统的性能和响应时间至关重要。进程的优先级决定了该进程在操作系统资源分配中所占的比例。哪些进程先执行，哪些进程后执行，都由进程优先级来控制。因此，配置进程优先级对多任务环境的 Linux 操作系统很有用，可以更好地管理和优化操作系统的性能。

4. 进程管理相关命令

在 Linux 操作系统中，启动、停止、终止及恢复进程的过程称为进程管理。Linux 操作系统提供了许多命令可用于查看、管理操作系统进程，能让用户高效管理进程。下面介绍几个常用的进程管理类命令。

（1）ps 命令。

ps 命令可用于查看当前操作系统进程执行的情况，其基本语法如下所示。

```
ps [选项]
```

ps 命令是最常用的监控进程的命令，通过此命令可以查看操作系统中所有运行进程的详细信息。ps 命令的常用选项及其功能见表 5-2-1。

表 5-2-1 ps 命令的常用选项及其功能

选项	功能
-A	显示当前控制终端所有的进程
-e	
-u userlist	显示进程的用户名和启动时间等信息
-t n	显示第 n 个终端进程
-f	按完整格式显示进程信息
-l	按长格式形式输出进程信息
-w	按宽格式形式输出进程信息

ps 命令的基本用法如例 5.2.1 所示。

例 5.2.1：ps 命令的基本用法

```
[root@ns1 ~]#ps -f -u root
```

```
UID         PID    PPID  C  STIME    TTY       TIME       CMD
root         2      0    0  19:47    ?         00:00:00   [kthreadd]
root         3      2    0  19:47    ?         00:00:00   [ksoftirqd/0]
root         5      2    0  19:47    ?         00:00:00   [kworker/0:0H]
root         7      2    0  19:47    ?         00:00:00   [migration/0]
root         8      2    0  19:47    ?         00:00:00   [rcu_bh]
root         9      2    0  19:47    ?         00:00:01   [rcu_sched]
root        10      2    0  19:47    ?         00:00:00   [watchdog/0]
……
```

（2）top 命令。

ps 命令可以一次性显示出当前操作系统中进程状态，但使用此命令得到的信息缺乏时效性，而 top 命令可以动态地持续监听进程的运行状态。top 命令的基本语法如下所示。

```
top [选项]
```

top 命令除了显示每个进程的详细信息外，还可以显示操作系统硬件资源的占用情况。top 命令的常用选项及其功能见表 5-2-2。

表 5-2-2 top 命令的常用选项及其功能

选项	功能
-d	指定 top 命令每隔几秒更新，默认为 3 s
-n	指定 top 命令结束前执行的最大次数
-u	仅监视指定用户的进程
-p	仅查看制定进程 ID 的进程

top 命令的基本用法如例 5.2.2 所示。

例 5.2.2：top 命令的基本用法

```
[root@ns1 ~]#top -d 15 -o PID        //每15 s刷新一次
//以下是操作系统的资源汇总信息
top - 20:56:45 up  6:23,  4 users,  load average: 0.34, 0.21, 0.21
Tasks: 184 total,   2 running, 182 sleeping,   0 stopped,   0 zombie
%Cpu(s):  3.0 us,  3.0 sy,  0.0 ni, 93.9 id, 0.0 wa, 0.0 hi,  0.0 si,  0.0 st
MiB Mem :   1785.4 total,    738.0 free,    326.0 used,    721.3 buff/cache
MiB Swap:   2076.0 total,   2074.2 free,      1.8 used.   1298.6 avail Mem
//以下是进程的详细信息
PID USER      PR  NI    VIRT    RES    SHR S  %CPU  %MEM     TIME+ COMMAND
1024107 root  20   0  275212   4644   4016 R   0.0   0.3   0:00.00 top
1024106 root  20   0  217084    928    860 S   0.0   0.1   0:00.00 sleep
1024083 root  20   0  224720   3548   3200 S   0.0   0.2   0:00.00 bash
1023677 root  20   0  217084    940    872 S   0.0   0.1   0:00.00 sleep
1023613 root  20   0  275784   4876   3724 S   0.0   0.3   0:00.03 top
1023482 root  20   0   40484   4964   4432 S   0.0   0.3   0:00.00 sftp-server
1023463 root  20   0   40484   4880   4348 S   0.0   0.3   0:00.00 sftp-server
```

```
1023444 root      20   0   40484    5004    4472 S   0.0   0.3   0:00.00 sftp-server
1023425 root      20   0   40484    4880    4348 S   0.0   0.3   0:00.00 sftp-server
1023406 root      20   0   40484    4952    4420 S   0.0   0.3   0:00.00 sftp-server
1023387 root      20   0   47264    4944    4416 S   0.0   0.3   0:00.00 sftp-server
1023386 root      20   0  163852    6304    4984 S   0.0   0.3   0:00.00 sshd
1023350 root      20   0  239460    6076    4100 S   0.0   0.3   0:00.02 bash
1023349 root      20   0  163852   10532    9216 S   0.0   0.6   0:00.02 sshd
1023319 root      20   0  237352    5624    3756 S   0.0   0.3   0:00.02 bash
1023318 root      20   0  164204    6700    5088 S   0.0   0.4   0:00.12 sshd
```

（3）前台及后台进程切换。

在命令的尾部输入"&"，可把命令转到后台运行，而不影响终端窗口的操作。后台运行命令如例 5.2.3 所示。

例 5.2.3：后台运行命令

```
[root@ns1 ~]#history &              //将historyls命令放入后台运行
[1] 75198                           //显示任务号和进程号
    1  ls                           //显示history命令的输出结果
    2  cd
    3  history &
[1]+  完成                  history  //history命令在后台运行完毕
```

jobs 命令用于显示任务列表及任务状态，包括后台运行的任务。bg 命令将后台处于暂停状态的进程重新进入运行状态。fg 命令将后台的进程恢复到前台继续运行。jobs、bg 及 fg 命令的基本用法如例 5.2.4 所示。

例 5.2.4：jobs、bg 及 fg 命令的基本用法

```
[root@ns1 ~]#sleep 30 &             //sleep进程进入后台工作
[1] 130409
[root@ns1 ~]#sleep 40               //通过"Ctrl+Z"组合键使命令进入后台并处于暂停状态
^Z
[2]+  已停止              sleep 40
[root@ns1 ~]#jobs -l                //查询放入后台的工作
[1]- 130409 运行中         sleep 30 &
[2]+ 130525 停止           sleep 40
[root@ns1 ~]#bg 2                   //使2号作业进入后台运行状态
[2]+ sleep 40 &
[root@ns1 ~]#jobs -l                //可看到1和2作业都在运行中
[1]- 130409 运行中         sleep 30 &
[2]+ 130525 运行中         sleep 40 &
[root@ns1 ~]#fg 2                   //将2号作业进入前台工作
sleep 40
```

（4）kill 命令。

kill 命令会向操作系统内核发送一个信号（多是终止信号）和目标进程的 PID，然后操作

系统内核根据收到的信号类型，对指定进程进行相应的操作。kill 命令的基本语法如下所示。

```
kill [选项] pid
```

kill 命令的常用选项及其功能见表 5-2-3。

表 5-2-3 kill 命令的常用选项及其功能

选 项	功 能
-l	查看信号及编号
-a	当处理当前进程时，不限制命令名和进程号的对应关系
-p	指定 kill 命令只打印相关进程的进程号，而不发送任何信号
-s	指定发送信号
-u	指定用户

使用 kill-l 命令可列出所有可用信号，而最常用的三种信号如下所示。

① 1（HUP）：重新加载进程。

② 9（KILL）：杀死一个进程。

③ 15（TERM）：正常停止一个进程。

kill 命令的基本用法如例 5.2.5 所示。

例 5.2.5：kill 命令的基本用法

```
[root@ns1 ~]#sleep 60 &
[1] 60776
[root@ns1 ~]#kill -9 60776          //-9表示彻底杀死进程
[root@ns1 ~]#kill -9 60776
-bash: kill: (60776) - 没有那个进程
[1]+  已杀死               sleep 60
```

（5）free 命令。

free 命令用于查看操作系统的内存状态，包括可用和已用的物理内存、交换内存和内核缓冲区内存。free 命令的基本语法如下所示。

```
free [选项]
```

free 命令的常用选项及其功能见表 5-2-4。

表 5-2-4 free 命令的常用选项及其功能

选 项	功 能
-b	以 B 为单位显示结果
-k	以 KB 为单位显示结果
-m	以 MB 为单位显示结果
-g	以 GB 为单位显示结果
-h	以方便阅读的单位显示结果

使用不带参数的 free 命令查看操作系统内存状态的示例，如例 5.2.6 所示。

例 5.2.6：使用不带参数的 free 命令查看操作系统内存状态

```
[root@ns1 ~]#free
              total        used        free      shared  buff/cache   available
Mem:        1828236      316916      788440        8644      722880     1346784
Swap:       2125820        1828     2123992
```

使用带参数的 free 命令查看操作系统内存状态的示例，如例 5.2.7 所示。

例 5.2.7：使用带参数的 free 命令查看操作系统内存状态

```
[root@ns1 ~]#free -m
              total        used        free      shared  buff/cache   available
Mem:           1785         309         769           8         706        1315
Swap:          2075           1        2074
[root@ns1 ~]#free -h
              total        used        free      shared  buff/cache   available
Mem:           1.7Gi       310Mi       768Mi       8.0Mi       706Mi       1.3Gi
Swap:          2.0Gi       1.0Mi       2.0Gi
```

（6）nice 命令。

nice 命令用来调整进程的优先级，nice 命令共有 40 个等级，从-20（最高优先级）～19（最低优先级）。数值越小，优先级越高；数值越大，优先级越低。需要注意的是，只有管理员用户 root 才有权调整-20～19 范围内的优先级，而普通用户只能调整 0～19 范围内的优先级。nice 命令的基本语法如下所示。

```
nice [选项] 命令
```

nice 命令的常用选项及其功能见表 5-2-5。

表 5-2-5 nice 命令的常用选项及其功能

选　　项	功　　能
-n	将原有优先级增加，默认值为 10
--version	显示版本信息并退出

nice 命令的基本用法如例 5.2.8 所示。

例 5.2.8：nice 命令的基本用法

```
[root@ns1 ~]#nice -n -10 vi&  //设置vi进程的niceness值为-10，提高优先级
[1] 2805709
[root@ns1 ~]#ps -l
F S   UID     PID    PPID  C PRI  NI ADDR SZ WCHAN  TTY          TIME CMD
0 S     0 2289500 2289497  0  80   0 - 59338 -      pts/0    00:00:00 bash
4 T     0 2805709 2289500  0  70 -10 - 58852 -      pts/0    00:00:00 vi
4 R     0 2805825 2289500  0  80   0 - 63824 -      pts/0    00:00:00 ps
//NI字段表示进程的niceness值，PRI表示进程当前的总优先级，NI为-10，PRI由默认值80变为70，其数值越小，优先级越高
```

（7）renice 命令。

renice 命令与 nice 命令一样，都用于修改进程的优先级，它们之间的区别在于 nice 命令修改的是即将运行的进程的优先级，而 renice 命令修改的是正在运行的进程的优先级。renice 命令的基本语法如下所示。

```
renice 优先级数值 选项
```

renice 命令的常用选项及其功能见表 5-2-6。

表 5-2-6　renice 命令的常用选项及其功能

选项	功　能
-n	修改指定 nice 增量
-p	修改指定进程的优先级
-g	修改指定组中所有用户启用进程的默认优先级
-u	修改指定用户所启用进程的默认优先级

renice 命令的基本用法如例 5.2.9 所示。

例 5.2.9：renice 命令的基本用法

```
[root@master ~]#nice -n -10 vi&
[1] 2805709
[root@master ~]#ps -l
F S   UID     PID    PPID  C PRI  NI ADDR SZ WCHAN  TTY      TIME CMD
0 S     0 2289500 2289497  0  80   0 - 59338 -       pts/0    00:00:00 bash
4 T     0 2805709 2289500  0  70 -10 - 58852 -       pts/0    00:00:00 vi
4 R     0 2805825 2289500  0  80   0 - 63824 -       pts/0    00:00:00 ps

[1]+  已停止                nice -n -10 vi
[root@master ~]#renice -5 -p 2805709
2805709 (process ID) 旧优先级为 -10，新优先级为 -5
[root@ns1 ~]#ps -l
F S   UID     PID    PPID  C PRI  NI ADDR SZ WCHAN  TTY      TIME CMD
0 S     0 2289500 2289497  0  80   0 - 59375 -       pts/0    00:00:00 bash
4 T     0 2805709 2289500  0  75  -5 - 58852 -       pts/0    00:00:00 vi
4 R     0 2807835 2289500  0  80   0 - 63824 -       pts/0    00:00:00 ps
```

5. 周期性任务调度

同 Windows 操作系统中的用户可以指定计划任务一样，在 Linux 操作系统中，用户也可以设置计划任务，让操作系统能够定期执行或在指定的时间执行一些进程，以达到自动执行任务的目的，crontab 和 at 这两条命令可以实现这些功能。

（1）cron 服务和 crontab 命令。

cron 是 Linux 操作系统中用来周期性地执行某个任务或等待处理某些时间的一个服务，

cron 服务在安装完 Linux 操作系统时会默认安装，并且会自动启动 cron 服务，cron 服务每分钟会定期检查 Linux 操作系统是否有要执行的任务，若有，则自动执行该任务。

cron 服务的后台守护进程是 crond，因此，在启动、停止 cron 服务和查询 cron 服务状态时要以 crond 为参数。

① crontab 文件。

Linux 操作系统下的任务调度分为两类：操作系统任务调度和用户任务调度（某个用户定期执行的任务调度）。其中，操作系统任务调度指系统周期性执行的任务，如写缓存数据到硬盘、日志清理等。在/etc/目录下有一个 crontab 文件，它是操作系统任务调度的配置文件。

crontab 文件的含义：在用户建立的 crontab 文件中，每行都代表一个任务，每行的每个字段代表一项设置，它分为 6 个字段，前 5 个字段是时间设置段，第 6 个字段是要执行的命令段，格式如下所示。

* * * * * 命令

crontab 文件前 5 个 "*" 的含义见表 5-2-7。

表 5-2-7　crontab 文件前 5 个 "*" 的含义

第 1 个*	第 2 个*	第 3 个*	第 4 个*	第 5 个*
分钟 （0～59）	小时 （0～23）	日期 （1～31）	月份 （1～12）	星期 （0～6）

crontab 文件内容如例 5.2.10 所示。

例 5.2.10：crontab 文件内容

```
[root@ns1 ~]#cat /etc/crontab
SHELL=/bin/bash
PATH=/sbin:/bin:/usr/sbin:/usr/bin
MAILTO=root

# For details see man 4 crontabs

# Example of job definition:
# .---------------- minute (0 - 59)
# |  .------------- hour (0 - 23)
# |  |  .---------- day of month (1 - 31)
# |  |  |  .------- month (1 - 12) OR jan,feb,mar,apr ...
# |  |  |  |  .---- day of week (0 - 6) (Sunday=0 or 7) OR sun,mon,tue,wed,thu,fri,sat
# |  |  |  |  |
# *  *  *  *  * user-name  command to be executed
```

关于 crontab 文件，需要注意以下几点。

● 所有字段不能为空，字段之间用空格隔开。

- 若不指定字段内容，则需要输入"*"通配符，表示全部。例如，在 day 字段输入"*"，表示每天都执行。
- 可以使用"-"表示一段时间，如在 day 字段输入"6-9"，则每个月的 6~9 日都要执行指定的命令。
- 如果不是连续的日期或者时间可用","隔开，如 day 字段输入"6,9"表示每个月 6 日和 9 日执行。
- 可以使用"*/"来表示每隔多长时间执行，如在 minute 字段输入"*/5"表示每 5 分钟执行一次命令。
- 日期和星期只需要有一个匹配即可执行指定命令，但是其他字段必须完全匹配才可以执行相关命令。

② crontab 命令。

cron 服务是通过 crontab 命令来完成设置的。crontab 命令的功能是管理用户的 crontab 文件，每个用户在想定制例行性任务时先以用户本人的身份登录，然后执行 crontab 命令。crontab 命令的基本语法如下所示。

```
crontab 选项
```

crontab 命令的常用选项及其功能见表 5-2-8。

表 5-2-8　crontab 命令的常用选项及其功能

选　　项	功　　能
-e	执行文件编辑器来设置日程表
-l	列出目前的日程表
-r	删除目前的日程表
-u	设置指定用户的日程表

crontab 命令的基本用法如例 5.2.11 所示。

例 5.2.11：crontab 命令的基本用法

```
[root@ns1 ~]#crontab -e     //以管理员用户root身份，每隔15分钟向控制台输出当前时间
*/15,* * * /bin/echo 'date' >/dev/console
//输入命令后，操作系统自动启动vi编辑器，用户如以上配置内容后，保存并退出
```

（2）atd 服务和 at 命令。

atd 是 Linux 操作系统中用来临时性地执行某个任务或等待处理某些时间的一个服务。atd 是 at 的后台守护进程，因此，在启动、停止 atd 服务和查询 atd 服务状态时要以 atd 为参数。

at 命令用于在指定的时间执行某程序或命令，并且只执行一次，用于完成一次性定时计划。at 命令的基本语法如下所示。

```
at [-f 文件名] 选项 <时间>
```

at 命令的常用选项及其功能见表 5-2-9。

表 5-2-9　at 命令的常用选项及其功能

选项	功能
-d	删除指定的调度作业
-f	从指定的文件读取，而不是从标准输入读取
-l	该命令用于查看安排的作业序列，它将列出用户排在队列中的作业，如果是管理员用户，那么将列出队列中的所有作业
-m	作业结束后发送邮件给执行 at 命令的用户

at 命令的基本用法如例 5.2.12 所示。

例 5.2.12：at 命令的基本用法

```
[root@ns1 ~]#at 12:00 10/25/2022            //指定执行命令的时间
//时间格式为HH: MM，其中"HH"为小时，"MM"为分钟，若执行命令的时间大于一天，则还要加上日期，格式为MM/DD/YY，其中"MM"为月，"DD"为日，"YY"为年
warning: commands will be executed using /bin/sh
at> touch /root/test.txt                    //输入需要执行的任务
at> <EOT>                                   //按"Ctrl+D"组合键退出交换模式
job 1 at Tue Oct 25 12:00:00 2022
[root@ns1 ~]#at -l                          //查看at命令的任务列表
1       Tue Oct 25 12:00:00 2022 a root
[root@ns1 ~]#atrm 1                         //删除编号为1的任务
[root@ns1 ~]#at -l
[root@ns1 ~]#
```

任务实施

（1）查看 tomcat 进程，并结束整个进程，实施命令如下所示。

```
[root@ns1 ~]#ps -ef|grep tomcat
root     3168686 2289500  0 04:51 pts/0    00:00:00 grep --color=auto tomcat
[root@ns1 ~]#kill -9 2289500
```

（2）查询 user1 用户的进程，实施命令如下所示。

```
[root@ns1 ~]#ps -u user1
    PID TTY          TIME CMD
3199264 pts/0    00:00:00 bash
```

（3）使用 vim 编辑器编辑 1.txt 文件，使用"Ctrl+Z"组合键将 vim 进程挂起，切换至后台，查看后台作业，再将后台作业切换回前台，实施命令如下所示。

```
[root@ns1 ~]#vim 1.txt

[1]+  已停止               vim 1.txt
[root@ns1 ~]#bg 1
[1]+ vim 1.txt &
[root@ns1 ~]#jobs
```

```
[1]+  3178074 停止 (tty 输出)        vim 1.txt
[root@ns1 ~]# fg 1
vim 1.txt


[1]+  已停止                vim 1.txt
```

（4）设置在 2022 年 12 月 31 日 23:59，向所有登录用户发送 "Happy New Year！"，实施命令如下所示。

```
[root@ns1 ~]#at 23:59 12/31/2022
warning: commands will be executed using /bin/sh
at> who
at> wall Happy New Year!
at> <EOT>
job 2 at Sat Dec 31 23:59:00 2022
[root@ns1 ~]#atq
2       Sat Dec 31 23:59:00 2022 a root
```

（5）设置 user1 用户每周星期一、星期三早上 4:00 将/home/user1 目录下的所有文件压缩至/bak 目录下，并取名为 user1.tar.gz，实施命令如下所示。

```
[root@ns1 ~]#su user1
[user1@ns1 root]$crontab -e
0 4 * * 1,3 tar -czf /bak/user1.tar.gz /home/user1
```

任务小结

（1）Linux 操作系统提供了许多命令，让用户高效管理和跟踪进程。
（2）通过 crontab 和 at 命令实现定期执行或在指定的时间执行一些进程。

项目实训

1. 修改运行级别

（1）使用 root 用户身份登录服务器操作系统，查询默认的运行级别。
（2）如果查询服务器操作系统的默认运行级别是 runlevel 3，将其修改为 runlevel 5，反之亦然。
（3）重启计算机测试结果。

2. 管理进程

（1）显示所有用户的所有进程的详细信息。

（2）使用 more anaconda-ks.cfg 命令，并切换至后台。

（3）查看 more 进程。

（4）查看 more 进程的优先级。

（5）设定 more 进程的优先级为 5。

（6）使用 kill 命令杀死 more 进程。

（7）使用 ps 命令动态显示当前进程。

3. 任务调度

（1）由于 Linux 服务器每月要定期进行维护，故需制定一个 cron 任务：每月 1 日的 0:00 重启服务器，并给出提示消息"FOR MAINTANCE!"

（2）定制一次性任务：每天 23:45 关闭 Linux 服务器。

项目 6

用户和权限管理

项目描述

　　A 公司是一家拥有上百台服务器的大型互联网公司。该公司的网络管理员众多，因网络管理员的职能、水平各不相同，对服务器的熟知度也不同，所以容易出现操作不规范的现象，可能使该公司服务器安全存在极大的不稳定性和操作安全隐患，因此对用户和权限的管理显得至关重要。了解和掌握 Linux 操作系统的用户和权限管理，可以提高 Linux 操作系统的安全性。

　　在 Linux 操作系统中，每个文件都有很多和安全相关的属性，这些属性决定了哪些用户可以对这个文件执行哪些操作。对于 Linux 初学者来说，文件权限管理是必须掌握的一个重要知识点。能否合理有效地管理文件权限，是评价一个 Linux 操作系统管理员是否合格的重要标准。

知识目标

1. 了解用户账号的类型。
2. 了解用户和用户组有关的配置文件。
3. 了解配置文件内容及结构。

能力目标

1. 能够熟练使用命令行进行用户和用户组的管理。
2. 能够熟练使用命令进行权限的配置和修改。

素质目标

1. 培养读者的系统安全意识、风险意识。
2. 培养读者的保护数据安全意识、数据隐私意识。
3. 增强读者的数据隐私保护意识、数据安全意识。

任务 6.1 管理用户和用户组

任务描述

A 公司的网络管理员对 Linux 服务器进行了基本设置后,主管表示员工目前还无法进行工作,网络希望管理员尽快解决。网络管理员经过查看后,发现用户还没有合理的用户名和密码,所以决定开始设置用户名和密码。

任务要求

Linux 是一个真正的多用户操作系统,无论用户是从本地还是从远程登录,用户都必须拥有用户账号。用户登录时,操作系统将检验输入的用户名和密码,只有当该用户名已存在,而且密码与用户名相匹配时,用户才能进入操作系统。本任务的具体要求如下所示。

(1) 新建 chris、user1、user2 用户,将 user1 用户和 user2 用户加入到 chris 用户组中。

(2) 设置 user1、user2 用户的密码为 123456,禁用 user1 用户。

(3) 创建一个新的用户组,用户组的名称为 group1,将 user2 用户加入到 group1 用户组中。

(4) 新建 user3 用户,UID 为 1005,指定其所属的私有用户组为 group2(group2 用户组的标识符为 1010),user3 用户的主目录为/home/user3,Shell 用户的主目录为/bin/bash,用户密码为 123456,用户账号永不过期。

(5) 设置 user1 用户的最短密码存活期为 8 天,最长密码存活期为 60 天,密码到期前 5 天提醒用户修改密码,设置完成后查看各属性值。

任务资讯

1. 用户和用户组基本概念

Linux 是一个多用户、多任务的网络操作系统,它允许多个用户同时登录操作系统,使用系统资源。要登录 Linux 操作系统,首先必须有合法的登录名和密码。操作系统的每个文件都设计成隶属相应的用户和用户组,不同的用户则决定了其操作系统内的文件是否可以访问。Linux 操作系统通过定义不同的用户,来控制用户在操作系统中的权限。

在 Linux 操作系统中,为了方便操作系统管理员的管理和用户的工作,产生了用户组的概念。用户组是具有相同特征用户的逻辑组合,将所有需要访问相同资源的用户放入同一个用户组中，然后给这个用户组授权，用户组内的用户就会自动拥有这些权限。用户组极大地简化了 Linux 操作系统管理用户的难度，提高了操作系统管理员的工作效率。

用户使用人们容易记忆与识别的名字作为标识，以此来增强操作的便利性。然而在 Linux 操作系统内部，操作系统通过为每个用户和用户组分配唯一的标识号来区分不同的用户和用户组，这个唯一的标识号也就是 UID（User ID，用户 ID）和 GID（Group ID，组 ID），每个用户和用户组都有唯一的 UID 和 GID。

在 Linux 操作系统中，用户账号分为管理员用户、系统用户和普通用户。

（1）管理员用户：也称超级用户，在 Linux 操作系统中的管理员用户为 root 用户。它具有一切权限，管理员用户对操作系统具有绝对的控制权，一旦操作失误很容易对操作系统造成破坏。因此，在生产环境中，不建议使用管理员用户身份直接登录操作系统。默认情况下，root 用户的 UID 为 0。

（2）系统用户：用于执行系统服务进程，系统服务进程通常无须以管理员用户的身份执行，每个系统服务进程在执行时，操作系统都会为其分配相应的系统用户，以确保相关资源不受其他用户的影响，是 Linux 操作系统正常工作所必需的内建的用户。系统用户不能用来登录，系统用户的 UID 一般为 1~999。

（3）普通用户：为了完成某些任务而手动创建的用户，一般只在用户自己的主目录内拥有完全权限，该类用户拥有的权限受到一定的限制，从而保证了 Linux 操作系统的安全性。普通用户的 UID 一般为 1 000~65 535。

2. 用户配置文件

在 Linux 操作系统中，与用户相关的配置文件有两个，即用户账号管理文件/etc/passwd 和用户密码文件/etc/shadow。

（1）/etc/passwd 文件。

/etc/passwd 是一个非常重要的文件，修改该文件可以实现对用户的管理，该文件记录了用户的基本信息。/etc/passwd 文件的内容如例 6.1.1 所示。

例 6.1.1：/etc/passwd 文件的内容

```
[root@bogon ~]#cat /etc/passwd
root:x:0:0:root:/root:/bin/bash
bin:x:1:1:bin:/bin:/sbin/nologin
daemon:x:2:2:daemon:/sbin:/sbin/nologin
adm:x:3:4:adm:/var/adm:/sbin/nologin
…省略部分内容输出…
admin:x:1000:1000:admin:/home/admin:/bin/bash
```

在/etc/passwd 文件中，每一行代表一个用户的信息。每行的用户信息都由 7 个字段组成，字段之间用 ":" 隔开，该文件的格式如下所示。

```
用户名:密码:UID:GID:用户描述:主目录:登录Shell
```

/etc/shadow 文件中各字段的功能说明见表 6-1-1。

表 6-1-1　/etc/passwd 文件中各字段的功能说明

字　段	功　能　说　明
用户名	即登录时使用的名称，操作系统内唯一
密码	用户的密码通过加密后保存在/etc/shadow 文件中，这里用"x"表示
UID	用来标识用户身份的数字标识符
GID	用来标识用户组身份的数字标识符，每个用户都隶属一个用户组。root 用户的 GID 是 0，系统用户的 GID 为 1~999，普通用户在建立的同时除非指定，否则操作系统默认会建立一个同名、同 ID 号的用户组
用户描述	记录了用户的个人信息，可填写用户姓名、电话等，该字段可选
主目录	用户登录操作系统后默认所在的目录，一般来说，root 用户的主目录是/root，普通用户除非在创建时指定，否则操作系统会在/home 目录下创建与用户名同名的主目录
登录 Shell	用户登录后的 Shell 环境，操作系统默认使用的是 Bash。若指定 Shell 为"/sbin/nologin"，则代表该用户是虚拟用户，将无法登录操作系统

（2）/etc/shadow 文件。

/etc/shadow 文件记录了用户的密码及相关信息。为了安全起见只有 root 用户才可以打开/etc/shadow 文件，普通用户是无法打开的。/etc/shadow 文件的内容如例 6.1.2 所示。

例 6.1.2：/etc/shadow 文件的内容

```
[root@bogon ~]#cat /etc/shadow
root:$6$5hutu2YT3NUxfE2U$I2BhDd3mBHwR1dOHaGAZZcCnXoqGUArb4z9arLpk45YUdNyW609fyrnlK
DJvg.A79sgyS72e1599EgGv5S7xi0::0:99999:7:::
…省略部分内容输出…
admin:$6$F/B8s14pmtSlYR3Q$oOBRGsh2JhAYEan/LIILAQHwW9FxipF//pC/l0UwyWiEB7iWJqzCzBcn
tF0eqbZsjeYKjRI/zUltRmKKUHdNW.::0:99999:7:::
```

和/etc/passwd 文件的内容类似，/etc/shadow 文件中每一行代表一个用户的信息，并用":"分隔为 9 个字段。/etc/shadow 文件的格式如下所示。

用户名:密码:最后一次修改时间:最小时间间隔:最大时间间隔:警告时间:不活动时间:失效时间:保留字段

/etc/shadow 文件中各字段的功能说明见表 6-1-2。

表 6-1-2　/etc/shadow 文件中各字段的功能说明

字　段	功　能　说　明
用户名	用户登录时使用的用户名
密码	加密后的密码，"*"表示禁止登录，"!"表示被锁定
最后一次修改时间	从 1970 年 1 月 1 日距离上次修改密码日期的间隔天数
最小时间间隔	密码自上次修改后，要隔多少天才能再次修改（为 0 则无限制）
最大时间间隔	密码自上次修改后，要隔多少天才能再次修改（为 9 999 则密码未设置为必须修改）
警告时间	提前多少天警告用户密码将过期（默认为 7）

续表

字段	功能说明
不活动时间	在密码过期多少天之后禁用该账号
失效时间	从 1970 年 1 月 1 日起到账号过期的间隔天数
保留字段	用于功能扩展，未使用

3. 用户组配置文件

（1）/etc/group 文件。

/etc/group 文件记录了用户组的基本信息。/etc/group 文件的内容如例 6.1.3 所示。

例 6.1.3：/etc/group 文件的内容

```
[root@bogon ~]#cat /etc/group
root:x:0:root
bin:x:1:
…省略部分内容输出…
admin:x:1000:
```

/etc/group 文件的每一行代表某个用户组的相关信息，并用"："分隔为 4 个字段，/etc/group 文件的格式如下所示。

```
用户组名:组密码:GID:组成员列表
```

/etc/group 文件中各字段的功能说明见表 6-1-3。

表 6-1-3　/etc/group 文件中各字段的功能说明

字段	功能说明
用户组名	用户组的名称，和用户名一样，不可重复
组密码	该字段存储的是用户组的密码。该字段一般很少使用，用户组一般都没有密码，因此该字段一般为空
GID	用来标识用户组的数字标识符，和 UID 类似，GID 为整数，与/etc/passwd 文件中的 GID 字段相对应
组成员列表	每个用户组包含的用户，用户之间用","分隔，若没有成员，则默认为空

（2）/etc/gshadow 文件。

/etc/gshadow 文件记录的用户组的密码。/etc/gshadow 文件的内容如例 6.1.4 所示。

例 6.1.4：/etc/gshadow 文件的内容

```
root:::
bin:::
…省略部分输出…
admin:!::
```

/etc/gshadow 文件与/etc/shadow 文件类似，根据/etc/group 文件来产生，每一行描述一个用户组信息，通过"："隔开，分为 4 个字段，/etc/gshadow 文件的格式如下所示。

```
用户组名:组密码:用户组的管理者:组成员列表
```

/etc/gshaadow 文件中各字段的功能说明见表 6-1-4。

表 6-1-4　/etc/gshaadow 文件中各字段的功能说明

字　段	功　能　说　明
用户组名	用户组的名称，和用户名一样，不可重复
组密码	用户组的密码，保存已加密的密码
用户组的管理者	管理员有权对该用户组进行添加、删除用户账号操作
组成员列表	每个用户组包含的用户，用户之间用 "," 分隔

4. 用户和用户组的关系

在 Linux 操作系统中，每个用户都有一个对应的用户组，用户组即是多个（包括一个）成员用户为同一个目的组成的组织，用户组内的成员对属于该用户组下的文件拥有相同的权限。用户和用户组的对应关系有一对一、一对多、多对一和多对多。对这四种关系的解析如下。

（1）一对一：一个用户可以存在一个用户组中，也可以是用户组中的唯一用户。

（2）一对多：一个用户可以存在多个用户组中，此用户具有多个用户组的共同权限。

（3）多对一：多个用户存在一个用户组中，这些用户具有与用户组相同的权限。

（4）多对多：即多个用户可以存在多个用户组中。

创建用户时，操作系统除了创建该用户外，默认情况下还会创建一个同名的用户组作为该用户的用户组，同时还会在/home 目录下创建同名的目录作为该用户的主目录。如果一个用户属于多个组，那么记录在/etc/passwd 文件中的用户组称为该用户的初始组（又称主组），其他的用户组称为附属组。

（1）初始组（主组）：每个用户有且只有一个初始组。

（2）附属组：用户可以是零个或多个附属组成员。

5. 添加用户

（1）useradd 命令。

在命令行模式下，使用 useradd 命令可以添加一个用户。useradd 命令的基本语法如下所示。

```
useradd [选项] 用户名
```

useradd 命令的常用选项及其功能见表 6-1-5。

表 6-1-5　useradd 命令的常用选项及其功能

选　项	功　能
-d	指定主目录，必须是绝对路径
-u	指定用户的 UID
-g	指定用户所属的初始组，后接 GID 或者组名
-G	指定用户所属的附属组，后接 GID 或者组名
-s	指定登录 Shell

useradd 命令的基本用法如例 6.1.5 所示。

例 6.1.5：useradd 命令的基本用法

```
[root@bogon ~]#useradd user001                    //添加user001用户，不添加任何选项
[root@bogon ~]#grep user001 /etc/passwd           //查询user001用户是否存在
user001:x:1001:1001::/home/user001:/bin/bash
[root@bogon ~]#grep user001 /etc/shadow
user001:!!:18802:0:99999:7:::
[root@bogon ~]#grep user001 /etc/group
user001:x:1001:                                    //创建了一个同名的用户组
[root@bogon ~]#ls -ld /home/user001
drwx------. 3 user001 user001 78 7月  30 15:28 /home/user001
[root@bogon ~]#useradd -d /home/user002 -u 222 -g admin user002
            //添加user002用户，初始组为admin，主目录为home/user002，UID为222
[root@bogon ~]#grep user002 /etc/passwd
user002:x:222:1000::/home/user002:/bin/bash
[root@bogon ~]#grep user002 /etc/group
[root@bogon ~]#ls -ld /home/user002
drwx------. 3 user002 admin 78 7月  30 15:35 /home/user002
```

（2）passwd 命令。

新创建的用户必须设置密码才能登录系统，可以使用 passwd 命令为用户设置密码。passwd 命令的基本语法如下所示。

```
passwd [选项] [用户名]
```

passwd 命令还能对用户的密码进行管理，包括用户密码的创建、修改、删除、锁定等操作。passwd 命令的常用选项及其功能见表 6-1-6。

表 6-1-6　passwd 命令的常用选项及其功能

选项	功 能
-d	删除用户密码，用户登录系统时无须密码（只有 root 用户可以执行）
-l	锁定用户，禁止其登录（只有 root 用户可以执行）
-u	解锁被锁定的用户账号，允许其登录（只有 root 用户可以执行）
-S	查询用户密码的相关信息，即查询/etc/shadow 文件的内容

passwd 命令的使用方法比较简单，如果想要修改自己的密码，那么直接在命令行中输入 passwd 命令即可，如果想要修改其他用户的密码，那么需要 root 用户的权限。passwd 命令的基本用法如例 6.1.6 所示。

例 6.1.6：passwd 命令的基本用法

```
[root@bogon ~]#passwd                              // root用户修改自己的密码
更改用户 root 的密码
新的密码：
无效的密码：密码少于8个字符
重新输入新的密码：
```

```
passwd: 所有的身份验证令牌已经成功更新
[root@bogon ~]#su - user001
[user001@bogon ~]$passwd                    // user001用户修改自己的密码
更改用户 user001的密码
Current password:                           //这里输入原密码
新的密码:                                    //输入新密码
重新输入新的密码:                             //确定新密码
passwd: 所有的身份验证令牌已经成功更新
//新的密码至少8位, 且通过字典检查, 否则无效
[root@bogon ~]#passwd user001               //root用户修改user001用户的密码
更改用户 user001 的密码
新的密码:                                    //输入user001用户的密码
无效的密码: 密码少于8个字符                   //提示密码太简单, 但只是提示而已
重新输入新的密码:                             //确定新密码
passwd: 所有的身份验证令牌已经成功更新
```

若密码过于简单，如少于 8 位、过于有规律、基于字典等，则操作系统都会给出提示信息，提示密码不安全，用户若执意使用这种密码，可以不理会提示信息。在实际的生产环境中，强烈建议使用符合安全性的密码，如包含字母、数字、特殊字符的组合等。

（3）usermod 命令。

对于创建好的用户账号，可使用 usermod 命令来设置和管理用户账号的各项属性，包括登录名、主目录、用户组、登录 Shell 等，该命令只能由 root 用户执行。usermod 命令的基本语法如下所示。

```
usermod [选项] 用户名
```

usermod 命令的常用选项及其功能见表 6-1-7。

表 6-1-7 usermod 命令的常用选项及其功能

选项	功能
-a	将用户添加到指定的附属组，该选项只能和-G 选项一起使用
-c	修改用户注释字段的值
-d -m	-d 与-m 连用，可重新指定用户的主目录并自动转移旧数据
-e	指定用户账号失效日期，格式为 YYYY-MM-DD
-f	指定密码
-g	修改用户的初始组。指定的用户组必须存在。用户主目录下，属于原来的初始组的文件将转交新用户组所有。主目录之外的文件所属的用户组必须手动修改
-G	指定用户的附属组，多个用户组之间用逗号隔开
-l	修改用户的登录名
-L	锁定用户账号，禁止其登录系统
-U	解锁用户账号，允许其登录系统
-s	修改用户的默认 Shell
-u	指定用户新的用户标识号

usermod 命令的基本用法如例 6.1.7 所示。

例 6.1.7：usermod 命令的基本用法

```
[root@bogon ~]#grep user001 /etc/passwd
user001:x:1001:1001::/home/user001:/bin/bash
[root@bogon ~]#usermod -d /home/user01 -u 333 -g root user001
//修改用户user001的初始组为root、主目录为home/user01、UID为333
[root@bogon ~]#grep user001 /etc/passwd
user001:x:333:0::/home/user01:/bin/bash
```

（4）userdel 命令。

要删除指定用户账号，可使用 userdel 命令来实现，该命令只能由 root 用户执行。userdel 命令的基本语法如下所示。

```
userdel [-r] 用户名
```

userdel 命令的常用选项及其功能见表 6-1-8。

表 6-1-8 userdel 命令的常用选项及其功能

选项	功能
-r	在删除该用户账号的同时，同时删除该用户账号对应的主目录及目录下所有文件
-f	强制删除用户账号、用户账号对应的主目录以及目录下所有文件

如果新建用户账号时创建了同名用户组，该用户组内也无其他用户账号，那么删除用户账号时会一并删除该同名用户组，正在登录的用户账号无法被删除。userdel 命令的用法如例 6.1.8 所示。

例 6.1.8：userdel 命令的用法

```
[root@bogon ~]#grep user002 /etc/passwd              //存在user002用户
user002:x:222:1000::/home/user002:/bin/bash
[root@bogon ~]#grep user002 /etc/group               //user002所属组的GID为1 000
user002:x:1000
[root@bogon ~]#grep user002 /etc/group               //显示user002用户的主目录
[root@bogon ~]#ls -d /home/user002
/home/user002
[root@bogon ~]#userdel -r user002                    //删除用户账号，并删除用户主目录
[root@bogon ~]#grep user002 /etc/passwd              //user002用户不存在
[root@bogon ~]#grep user002 /etc/group               //user002所属组不存在
[root@bogon ~]#ls -d /home/user002
ls: 无法访问/home/user002: 没有那个文件或目录          //用户主目录一同被删除
```

6. 添加用户组

（1）groupadd 命令。

groupadd 命令用于新增用户组，该命令只能由 root 用户执行。groupadd 命令的基本语法

如下所示。

```
groupadd [选项] 用户组名
```

groupadd 命令的常用选项及其功能见表 6-1-9。

表 6-1-9 groupadd 命令的常用选项及其功能

选项	功能
-g	指定新的用户组的组标识号
-r	创建系统用户组

groupadd 命令的基本用法如例 6.1.9 所示。

例 6.1.9：groupadd 命令的基本用法

```
[root@bogon ~]#groupadd user010           //添加user010用户组
[root@bogon ~]#grep user010 /etc/group    //user010用户组已创建
user010:x:1002:
[root@bogon ~]#groupadd -g 1010 ice       //指定用户组ID
[root@bogon ~]#grep ice /etc/group        //ice用户组已创建
ice:x:1010:
```

（2）groupmod 命令。

groupmod 命令用于修改用户组的相关属性，包括名称、GID 等，该命令只能由 root 用户执行。groupmod 命令的基本语法如下所示。

```
groupmod [选项] 用户组名
```

groupmod 命令的常用选项及其功能见表 6-1-10。

表 6-1-10 groupmod 命令的常用选项及其功能

选项	功能
-g	指定用户组的 GID
-n	指定用户组的名称

groupmod 命令的基本用法如例 6.1.10 所示。

例 6.1.10：groupmod 命令的基本用法

```
[root@bogon ~]#grep ice /etc/group
ice:x:1010:
[root@bogon ~]#groupmod -g 1011 ice       //修改ice用户组的GID为1011
[root@bogon ~]#grep ice /etc/group
ice:x:1011:
[root@bogon ~]#groupmod -n water ice      //修改ice用户组的名称为water
[root@bogon ~]#grep water /etc/group
water:x:1011:
```

（3）groupdel 命令。

要删除指定用户组，可使用 groupdel 命令来实现，该命令只能由 root 用户执行。groupdel

命令的基本语法如下所示。

```
groudel 用户组名
```

在删除指定用户组之前，应保证该用户组不是任何用户的初始组，否则要先删除以该组为初始组的用户，才能删除这个用户组。groupdel 命令的基本用法如例 6.1.11 所示。

例 6.1.11：groupdel 命令的基本用法

```
[root@bogon ~]#tail -2 /etc/group
user010:x:1002:
water:x:1011:
[root@bogon ~]#groupdel water              //删除water用户组
[root@bogon ~]#grep water /etc/group       //未查询到，表示已删除
```

（4）gpasswd 命令。

若要将用户添加到指定组，使其成为该组成员或者从组内移除某个用户，则可以使用 gpasswd 命令，该命令只能由 root 用户执行。gpasswd 命令的基本语法如下所示。

```
gpasswd [选项] 用户名 用户组名
```

gpasswd 命令的常用选项及其功能见表 6-1-11。

表 6-1-11 gpasswd 命令的常用选项及其功能

选项	功能
-a	添加用户到用户组
-d	将用户从用户组中移除
-A	设置有管理权限的用户列表
-M	设置用户组成员列表
-r	删除密码
-R	限制用户加入用户组，只有用户组中的成员才可以使用 newgrp 命令加入该用户组

gpasswd 命令的基本用法如例 6.1.12 所示。

例 6.1.12：gpasswd 命令的基本用法

```
[root@bogon ~]#gpasswd -a user001 admin    //将user001用户加入到admin用户组中
正在将用户"user001"加入到"admin"组中
[root@bogon ~]#grep admin /etc/group       //查询user001用户属于admin用户组
printadmin:x:992:
admin:x:1000:user001
```

7. 其他用户相关命令

（1）id 命令。

id 命令用于查看一个用户的 UID、GID、用户所属组列表和附属组信息。id 命令的基本语法如下所示。

```
id [选项] 用户名
```

id 命令的常用选项及其功能见表 6-1-12。

表 6-1-12　id 命令的常用选项及其功能

选　　项	功　　能
-g	仅显示有效的用户组标识号
-G	显示所有的用户组标识号
-n	显示名称而不是数字
-	显示有效用户标识号

若没有任何选项和参数，则 id 命令会显示当前已经登录用户的身份信息，如例 6.1.13 所示。

例 6.1.13：id 命令的基本用法——显示当前已经登录用户的身份信息

```
[root@bogon ~]#id root                  //查看root用户的相关信息
uid=0(root) gid=0(root) 组=0(root)
```

若想要显示指定用户的身份信息，则需要指定登录名，如例 6.1.14 所示。

例 6.1.14：id 命令的基本用法——显示指定用户的身份信息

```
[root@bogon ~]#id admin                 //查看admin用户的相关信息
id=1000(admin) gid=1000(admin) 组=1000(admin)
```

（2）su 命令。

su 命令可以使用户在登录期间变成另一个用户的身份，即在不同的用户之间进行切换。su 命令的基本语法如下所示。

```
su [选项] 用户名
```

su 命令的常用选项及其功能见表 6-1-13。

表 6-1-13　su 命令的常用选项及其功能

选　　项	功　　能
-c	指定切换后执行的 Shell 命令
-或-l	提供一个类似于用户直接登录的环境
-s	指定切换后使用的 Shell 程序

su 命令的基本用法如例 6.1.15 所示。

例 6.1.15：su 命令的基本用法

```
[root@bogon ~]#su - admin          //从root用户切换到普通用户，无须输入密码
[admin@bogon ~]$su - root          //从admin用户切换到root用户
密码：                              //输入root用户的密码
[root@bogon ~]#                    //输入root密码后，切换成功
```

若用户名被省略，则表示切换到 root 用户。普通用户切换至其他用户或者 root 用户时，需要输入被切换用户的密码，而 root 用户切换为普通用户无须输入密码。输入 exit 可以返回原用户身份。另外，su 命令将启动非登录 Shell，而 su -命令会启动登录 Shell。两种命令的主要区别在于，su -命令会将 Shell 环境设置成用该用户的身份重新登录一样，而 su 命令仅表示以该用户身份启动 Shell，但仍然使用原始用户的环境设置。

（3）chage 命令。

chage 命令用于显示和修改用户的密码等相关属性。chage 命令的基本语法如下所示。

```
chage [选项] 用户名
```

chage 命令的常用选项及其功能见表 6-1-14。

表 6-1-14　chage 命令的常用选项及其功能

选项	功能
-d	指定密码最后修改日期
-E	指定密码到期日期，到期后，此用户账号将不可用；"0"表示马上过期，"-1"表示永不过期
-h	显示帮助信息并退出
-I	指定密码过期后，锁定用户账号的天数
-l	显示用户及密码的有效期
-m	指定密码可更改的最小天数，若为零则代表任何时候都可以更改密码
-M	指定密码保持有效的最大天数
-W	指定密码过期前，提前收到警告信息的天数

chage 命令的基本用法如例 6.1.16 所示。

例 6.1.16：chage 命令的基本用法

```
[root@bogon ~]#passwd admin
[root@bogon ~]#chage -m 7 -M 70 -W 5 admin
//设置admin用户最短密码存活期为7天，最长密码存活期为70天，密码到期前5天提供用户修改密码
[root@bogon ~]#chage -l admin          //显示admin用户的有效期
最近一次密码修改时间：                  : 8月24,2022
密码过期时间：                          : 11月02,2022
密码失效时间：                          : 从不
账号过期时间：                          : 从不
两次改变密码之间相距的最小天数：        : 7
两次改变密码之间相距的最大天数：        : 70
在密码过期之前警告的天数：              : 5
```

任务实施

（1）新建 chris、user1、user2 用户，将 user1 用户和 user2 用户加入到 chris 用户组中，实施命令如下所示。

```
[root@bogon ~]#useradd chris
[root@bogon ~]#useradd user1
[root@bogon ~]#useradd user2
[root@bogon ~]#usermod -G chris user1
[root@bogon ~]#usermod -G chris user2
```

（2）设置 user1、user2 用户的密码为 123456，禁用 user1 用户，实施命令如下所示。

```
[root@bogon ~]#passwd user1
更改用户user1的密码
新的密码：
无效的密码：密码少于8个字符
重新输入新的密码：
passwd：所有的身份验证令牌已经成功更新
[root@bogon ~]#passwd user2
更改用户user2的密码
新的密码：
无效的密码：密码少于8个字符
重新输入新的密码：
passwd：所有的身份验证令牌已经成功更新
[root@bogon ~]#passwd -l user1                //禁用user1用户
锁定用户user1的密码
passwd：操作成功
或
[root@bogon ~]#usermod -L user1               //禁用user1用户
```

（3）创建一个新的用户组，用户组的名称为 group1，将 user2 用户加入到 group1 用户组中，实施命令如下所示。

```
[root@bogon ~]#groupadd group1
[root@bogon ~]#gpasswd -a user2 group1
正在将用户user2加入到group1组中
```

（4）新建 user3 用户，UID 为 1005，指定其所属的私有用户组为 group2（group2 用户组的标识符为 1010），user3 用户的主目录为/home/user3，Shell 用户的主目录为/bin/bash，用户密码为 123456，用户账号永不过期，实施命令如下所示。

```
[root@bogon ~]#groupadd -g 1010 group2
[root@bogon ~]#useradd -u 1005 -g 1010 -d /home/user3 -s /bin/bash -p 123456 -f -1 user3
[root@bogon ~]#cat /etc/passwd|grep user3
user3:x:1005:1010::/home/user3:/bin/bash
```

（5）设置 user1 用户的最短密码存活期为 8 天，最长密码存活期为 60 天，密码到期前 5 天提醒用户修改密码，设置完成后查看各属性值，实施命令如下所示。

```
[root@bogon ~]#chage -m 8 -M 60 -W 5 user1
[root@bogon ~]#chage -l user1
最近一次密码修改时间：                        10月 08, 2022
密码过期时间：                                12月 07, 2022
密码失效时间：                                从不
账号过期时间：                                从不
两次改变密码之间相距的最小天数：              8
两次改变密码之间相距的最大天数：              60
```

在密码过期之前警告的天数：　　　　　　　　　　　　　5

任务小结

（1）用户管理在 Linux 安全管理机制中是非常重要的，Linux 操作系统中的每个功能模块都与用户和权限有着密不可分的关系。

（2）在 Linux 操作系统中，每个用户和用户组都有唯一的 UID 和 GID。

任务 6.2　管理文件权限

任务描述

A 公司的网络管理员小彭，在学习了目录和文件的操作后产生了一些疑问：在 Linux 操作系统中如何才能做到保护文件和目录不被破坏呢？如何对文件和目录的权限进行设置，让不同的用户有不同的使用权限呢？

任务要求

Linux 操作系统的权限管理拥有一套成熟和严谨的规范。正确的权限管理，对于维护 Linux 操作系统的安全非常重要。这里主要了解和掌握 Linux 操作系统中权限的表示方法及相关命令的使用方法。本任务的具体要求如下所示。

（1）根目录（/）下，新建一个名为 test 的文件夹，在 test 文件夹内新建 test1 文件，将 test1 文件的所有者改为 admin 用户，test 文件夹的所属组改为 group1 用户组（若没有 group1 用户组，则自行建立）。

（2）设置 test1 文件的所属用户对 test1 文件具有全部的权限，其他人只有读取的权限。

任务资讯

1. 文件的用户和用户组

文件与用户和用户组是密不可分的。用户在创建文件的同时，也对该文件具有执行操作的权限。在 Linux 操作系统中，根据应用权限，可将用户的身份分为文件的所有者（user）、属组（group）和其他人（others）。每种用户对文件都可以进行读/写和执行操作，分别对应文件的读权限、写权限和执行权限。

文件的所有者一般为文件的创建者，哪个用户创建了文件，该用户就成为该文件的所有者。通常情况下，文件的所有者拥有该文件的所有权限。如果有些文件比较敏感（如工资单），不想被所有者以外的任何人读取或修改，那么就要把文件的权限设置为所有者可以读取或修改，其他所有人无权这么做。

除了文件所有者和所属组，操作系统中的所有其他用户都统一称为其他的用户组。

Linux 操作系统使用字母"u"表示文件的所有者（user），"g"表示文件的所属组（group），"o"表示其他用户（others），"a"表示所有的用户（all）。

2. 权限类型

在 Linux 操作系统中，每个文件都有三种基本的权限类型，分别为读（read，r）、写（write，w）和执行（execute，x）。权限类型见表 6-2-1。

表 6-2-1 权限类型

类　　型	对文件而言	对目录而言
读（r）	表示用户能否读取文件的内容	表示具有浏览目录的权限
写（w）	表示用户能够修改文件的内容	表示具有删除、移动目录内文件的权限
执行（x）	表示用户能够执行该文件	表示进入目录的权限

3. 权限表示

使用 ls-l 或 -ll 命令查看文件的权限信息，如例 6.2.1 所示。

例 6.2.1：查看文件的权限信息

```
[root@bogon ~]#touch file1 file2
[root@bogon ~]#ls -l
-rw-------. 1 root root 1519 6月  18 19:05 anaconda-ks.cfg
-rw-r--r--. 1 root root    0 7月  30 21:22 file1
-rw-r--r--. 1 root root    0 7月  30 21:22 file2
-rw-r--r--. 1 root root 1567 6月  18 19:06 initial-setup-ks.cfg
```

使用 ll 命令输出的第 1 列共有 10 个字符（最后的"."暂不考虑，代表文件的类型和权限）。每一行的第 1 个字符表示文件的类型，前面的内容已有介绍。每一行的第 2~10 个字符表示文件的权限。这 9 个字符每 3 个字符为一组，左边 3 个字符表示文件所有者的权限，中间 3 个字符表示文件属组的权限，右边 3 个字符表示其他人的权限。每一组是"r""w""x" 3 个字母的组合，"r""w""x"的顺序不能改变，文件权限用字母表示时的顺序如图 6-2-1 所示。若不具备相应的权限，则用减"-"代替。

除了使用"r""w""x"表示权限，Linux 操作系统还支持一种八进制的权限表示方法，如图 6-2-2 所示。在这种形式中，"4"表示读权限，"2"表示写权限，"1"表示执行权限。

r：4（读权限）

w: 2（写权限）

x: 1（执行权限）

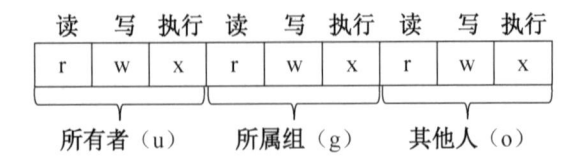

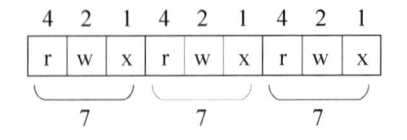

图 6-2-1　文件权限用字母表示时的顺序

图 6-2-2　八进制的权限表示方法

以 file1 文件为例，其权限的具体说明如下所示。

（1）第一组权限"rw-"（数字为"6"=4+2+0）表示文件所有者对该文件具有可读、可写、不可执行的权限。

（2）第二组权限"r--"（数字为"4"=4+0+0）表示所属组用户对该文件具有可读，但不可写，也不可执行的权限。

（3）第三组权限"r--"（数字为"4"=4+0+0）表示其他人对该文件具有可读，但不可写，也不可执行的权限。

4. 修改文件权限

在创建文件时，操作系统会自动赋予文件权限，若这些默认权限无法满足需要，则可以通过 chmod 命令来进行修改。chmod 命令的基本语法如下所示。

```
chmod [选项] 文件|目录
```

修改文件权限的方法有两种：一种是使用符号类型修改法，另一种是使用数字类型修改法。

（1）符号类型修改法。

符号类型修改法是指将文件的读、写、执行权限分别用"r""w""x"表示，将所有者、所属组、其他人和所有人的用户身份分别用"u""g""o""a"来表示，使用操作符"+""-""="来表示操作的类型，即添加某种权限，移除某种权限和赋予给定某种权限并取消原来的权限。符号类型修改法的格式见表 6-2-2。

表 6-2-2　符号类型修改法的格式

命　令	选　项	身份权限	操　作	权　限	操作对象
chmod	-R（递归）	u（user） g（group） o（others） a（all）	+（添加） -（移除） =（设置）	r w x	文件或目录

"-R"选项表示递归处理，当操作项是目录的时候，表示把目录下所有的文件以及子目录的权限全部修改。

不同用户之间的权限可以同时设置，使用逗号来分隔不同用户之间的权限，逗号前后不能有空格。用符号修改法修改文件权限如例 6.2.2 所示。

例 6.2.2：用符号修改法修改文件权限

```
[root@bogon ~]#ls -l
-rw-------. 1 root root 1519 6月  18 19:05 anaconda-ks.cfg
-rw-r--r--. 1 root root    0 7月  30 21:22 file1
-rw-r--r--. 1 root root    0 7月  30 21:22 file2
-rw-r--r--. 1 root root 1567 6月  18 19:06 initial-setup-ks.cfg
[root@bogon ~]#chmod u+x,g+w file1       //添加所有者的执行权限，添加属组的写权限
[root@bogon ~]#chmod g=w,o-r file2       //设置属于的权限为可写，移除其他人的可读权限
[root@bogon ~]#ls -l
-rw-------. 1 root root 1519 6月  18 19:05 anaconda-ks.cfg
-rwxrw-r--. 1 root root    0 7月  30 21:23 file1
-rw--w----. 1 root root    0 7月  30 21:23 file2
-rw-r--r--. 1 root root 1567 6月  18 19:06 initial-setup-ks.cfg
```

（2）数字类型修改法。

数字类型修改法是指将文件的读（r）、写（w）和执行（x）权限分别用 4，2，1 的数字表示出来，没有授予的部分用 0 表示，然后再把表示每个用户权限的数字相加，这种方法也叫作八进制数表示法。例如，现在要把文件 file2 的权限设置为 rwxrw-rw-，三种用户权限组合后的数字为 766。用数字类型修改法修改文件权限如例 6.2.3 所示。

例 6.2.3：用数字类型修改法修改文件权限

```
[root@bogon ~]#ls -l file2
-rw--w----. 1 root root    0 7月  31 11:17 file2
[root@bogon ~]#chmod 766 file2         //相当于chmod u=rwx,g+r,o+rw file2
[root@bogon ~]#ls -l file2
-rwxrw-rw-. 1 root root    0 7月  31 11:17 file2
```

5. 更改文件的所有者和所属组

（1）更改文件所属组。

改变一个用户的所属组也比较简单，使用 chgrp 命令即可实现。chgrp 命令的基本语法如下所示。

```
chgrp -R 组名  文件或者目录
```

这里的"-R"选项表示递归修改，当选项是目录的时候，表示将目录下所有的文件及子目录的属组全部更改。

修改后的用户组必须是已经存在于/etc/group 文件中的用户组。chgrp 命令的基本用法如例 6.2.4 所示。

例 6.2.4：chgrp 命令的基本用法

```
[root@bogon ~]#ls -l file1
-rwxrw-r--. 1 root root 0 7月  31 11:22 file1
```

```
[root@bogon ~]#chgrp admin file1//将file1的属组改为admin
[root@bogon ~]#ls -l file1
-rwxrw-r--. 1 root admin 0 7月  31 11:22 file1
```

（2）更改文件所有者。

使用 chown 命令可以修改文件的所有者和所属组。chown 命令的基本语法如下所示。

```
chown [-R] 用户名:属组名 文件或者目录
```

同样的，这里的"-R"选项表示递归修改，当选项是目录的时候，表示将目录下所有的文件及子目录的拥有者全部更改。

若想要修改文件的所有者，则只需要在 chown 命令中指定新的所有者即可。若想要同时修改文件的用户名和所属组，则需要把用户名和所属组用":"分隔。若想要修改多个文件的所有者，则可以将所有的文件都指定在 chown 命令后面，用空格隔开即可。

有些时候 chgrp 命令的功能可以使用 chown 命令替代，若只修改文件的所属组，则此时只需要在用户组的前面加一个"."或":"即可。chown 命令的基本用法如例 6.2.5 所示。

例 6.2.5：chown 命令的基本用法

```
[root@bogon ~]#ls -l file1
-rwxrw-r--. 1 root admin 0 6月  31 11:23 file1
[root@bogon ~]#chown admin file1           //只修改文件的所有者
[root@bogon ~]#ls -l file1
-rwxrw-r--. 1 admin admin 0 7月  31 11:23 file1
[root@bogon ~]#ls -l file2
-rwxrw-rw-. 1 root root 0 7月  31 11:27 file2
[root@bogon ~]#chown admin:admin file2     //同时修改文件的所有者和所属组
[root@bogon ~]#ls -l file2
-rwxrw-rw-. 1 admin admin 0 7月  31 11:27 file2
[root@bogon ~]#chown .root file1           //只修改文件的所属组，组名前有"."
[root@bogon ~]#ls -l file1
-rwxrw-r--. 1 admin root 0 7月  31 11:28 file1
```

任务实施

（1）在根目录（/）下，新建一个名称为 test 的文件夹，在 test 文件夹内新建 test1 文件，将 test1 文件的所有者改为 admin 用户，test 文件夹的所属组改为 group1 用户组（若没有 group1 用户组，则自行建立），实施命令如下所示。

```
[root@bogon ~]#mkdir /test
[root@bogon ~]#touch /test/test1
[root@bogon ~]#tree /test
/test
└── test1
```

```
0 directories, 1 file
[root@bogon ~]#chown admin: /test/test1
[root@bogon ~]#chown :group1 /test
[root@bogon ~]#ll /test/test1|grep test1
-rw-r--r--.      1 admin admin   0   10月  7 22:11 /test/test1
[root@bogon ~]#ll /|grep test
drwxr-xr-x.      2 root group1  19  10月  7 22:18 test
```

（2）设置 test1 文件的所属用户对 test1 文件具有全部的权限，其他人只有读取的权限，实施命令如下所示。

```
[root@bogon ~]#chmod u=rwx,g=r,o=r /test/test1
或
[root@bogon ~]#chmod 744 /test/test1
[root@bogon ~]#ll /test
总用量 0
-rwxr--r--. 1 admin admin 0 10月  7 22:18 test1
```

任务小结

（1）文件和目录的权限设置非常重要，会让不同文件和目录具有不同的使用权限。

（2）修改文件权限有符号类型修改法和数字类型修改法两种方法，使用数字类型修改法更加方便、灵活。

项目实训

1. 用户和组的管理

（1）使用 root 用户身份登录操作系统，查看账号文件/etc/passwd 及/etc/shadow 的内容，注意其存储格式、各个用户账号使用的 Shell、UID、GID 等信息。

（2）创建名为 alpha 的用户账号。

（3）设置 alpha 用户账号的密码为 1cptbtptp2，并查看/etc/shadow 文件。

（4）创建以自己姓名拼音为用户名的用户账号，设置附属组为 root，密码自定义。查看账号文件/etc/passwd，查看/etc/group 目录，查看/home 目录。

（5）创建一个 webusers 用户组，在/home 目录下创建 test 目录，创建 webuser1 用户，指定其主目录为/home/test，加入到 webusers 用户组，Shell 的主目录为/sbin/nologin 目录。

（6）在终端上使用 su 命令切换上述用户，观察系统提示符。

2. 权限管理

（1）使用 ls -l 命令查看/root 目录下 install.log 文件的权限。

（2）更改 install.log 文件的权限，给用户组和其他用户添加写权限，然后使用 ls -l 命令查看。

（3）在/home/root 目录下新建一个 test.log 文件，并录入一些内容。

（4）使用命令显示 test.log 文件的权限。

（5）使用命令设置 test.log 文件的所有者权限为可读、可写、可执行，文件所有者所在组权限为可读、可写，其他用户为可读。

（6）使用命令更改 test.log 文件的用户所有权归 abc 用户所有。

（7）使用命令改变 test.log 文件工作组所有权归 group1 用户组所有。

项目 7

配置与管理 DNS 服务器

项目描述

A 公司是一家电子商务运营公司，公司需要一台 DNS 服务器为内部用户提供内网域名解析，用户可以在内网中使用 FQDN（Fully Qualified Domain Name，全限定域名）访问公司的网站，同时 DNS 服务器还可以为用户解析公网域名。为了减轻 DNS 服务器的压力，公司还需要搭建第二台 DNS 服务器，将第一台 DNS 服务器上的记录传输到第二台 DNS 服务器上。通过对 DNS 服务器的配置，来实现域名解析服务。Rocky Linux 8.6 操作系统提供的 DNS 服务，可以很好地解决员工简单快捷地访问本地网络及 Internet 上的资源的问题。

本项目主要介绍 Rocky Linux 8.6 操作系统 DNS 服务器的创建、配置与管理，辅助 DNS 服务器的配置等，以便为网络用户提供可靠的 DNS 服务。项目拓扑图如图 7-0-1 所示。

主DNS服务器
master
IP：192.168.1.201/24
DNS：192.168.1.201

域名：phei.com.cn

虚拟交换机
所有连接采用仅主机模式

客户端
client
IP：192.168.1.210/24
主DNS：192.168.1.201
辅DNS：192.168.1.202

辅助DNS服务器
slave
IP：192.168.1.202/24
DNS：192.168.1.202

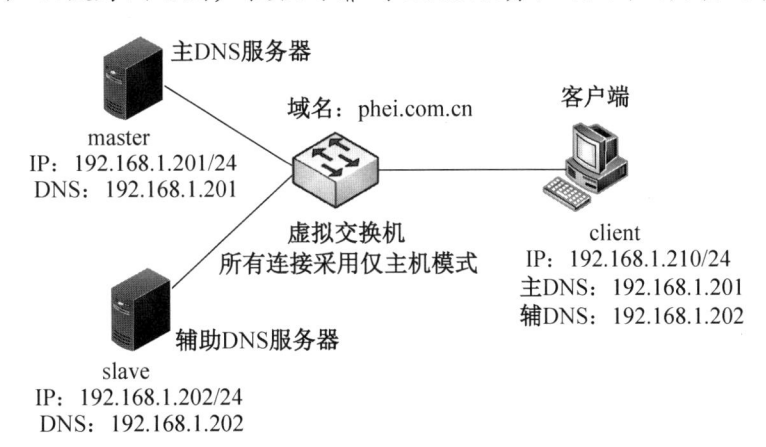

图 7-0-1　项目拓扑图

知识目标

1. 了解 DNS 服务器的工作原理。
2. 掌握 DNS 服务器的相关配置文件。

能力目标

1. 能够实现主 DNS 服务器的配置和验证。
2. 能够实现辅助 DNS 服务器的配置和验证。

素质目标

1. 能够主动收集客户需求，按需配置服务器，逐步养成爱岗敬业精神和服务意识。
2. 能够独立思考，积极参与工作任务并按需提出优化建议。
3. 了解 DNS 的发现历史和域名解析的基本过程，了解我国拥有根域名服务器对网络空间安全的重要性，树立为我国网络安全和信息化建设做出贡献的价值观。

任务 7.1　安装与配置 DNS 服务器

📋 任务描述

公司向外发布网站和员工能简单快捷地访问本地网络及 Internet 上的资源都需要在公司局域网内部部署 DNS 服务器，公司将此任务交给网络管理员小彭。接下来小彭的工作便是在公司的服务器上安装与配置 DNS 服务器。

📖 任务要求

Rocky Linux 8.6 操作系统通过安装 DNS 服务器，并在配置文件中创建主要区域、正向解析区域和反向解析区域，为用户提供 DNS 服务。服务器的主机名、IP 地址、别名及对应关系见表 7-1-1。

表 7-1-1　服务器的主机名、IP 地址、别名及对应关系

主 机 名	IP 地址	别 名	对应关系
master	192.168.1.201	无	用于主 DNS 服务器
slave	192.168.1.202	无	用于辅助 DNS 服务器和 DHCP 服务器
web	192.168.1.203	www	别名主要用于网络服务
mail	192.168.1.204	无	用于邮件服务器
client	192.168.1.210	无	客户端，用于测试

💻 任务资讯

在网络上所有计算机之间的通信都是依赖 IP 地址的，可是由于 IP 地址实在难以记忆，使用起来很不方便，所以人们就使用文字性的有意义的域名来访问网络上的主机。例如，使用域名 www.phei.com.cn 就可以访问 phei 的主机，但是在访问的过程中，还需要把域名转换为 IP 地址，这样计算机才能正确地访问主机。通常这种转换由 DNS 服务器来完成。

1. DNS 服务器的功能

DNS（Domain Name System，域名系统）是一种基于 TCP/UDP 的服务器，同时监听 TCP 和 UDP 的 53 号端口。DNS 服务器所提供的服务是将主机名或域名与 IP 地址相互转

换。通常把域名转换为 IP 地址的过程称为正向解析，把 IP 地址转换为域名的过程称为反向解析。

2. DNS 服务器的组成

（1）域名空间：指定结构化的域名层次结构和相应的数据。

（2）域名服务器：服务器端用于管理区域（zone）内的域名或资源记录，并负责其控制范围内所有的主机域名解析请求的程序。

（3）解析器：客户端向域名服务器提交解析请求的程序。

整个 Internet 的域名系统采用树形结构，由许多域组成，从上到下依次为根域、顶级域、二级域及三级域，以 www.baidu.com 为例解析 DNS 服务器的树形结构，如图 7-1-1 所示。

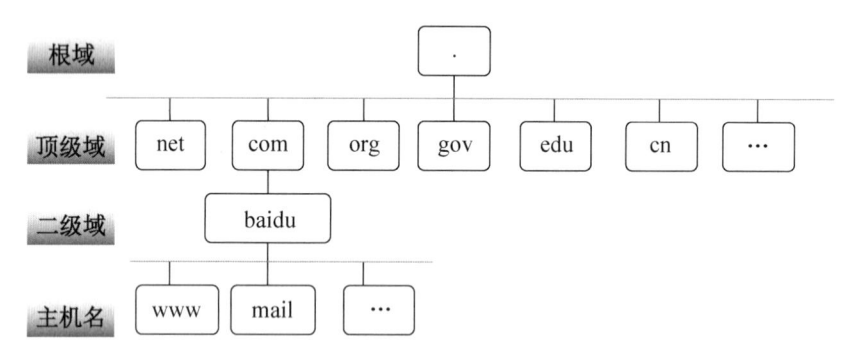

图 7-1-1 以 www.baidu.com 为例解析 DNS 服务器的树形结构

每个域至少有一个域名服务器，该服务器只需存储其管辖内的域名和 IP 地址信息，同时向上级域的 DNS 服务器注册，一级域名服务器管理二级域名服务器，二级域名服务器管理三级域名服务器。若是美国以外的国家，则其顶级域为国家代码，如中国为 cn，英国为 uk，而 com、edu 为二级域，如 www.phei.com.cn，顶级域为 cn，二级域为 com，三级域为 phei，主机名为 www。全球共有 13 台根服务器，大多数位于美国，在亚洲只有一台位于日本，三级域一般由各个国家的网络管理中心统一分配和管理。

3. DNS 服务器的工作过程

由本地主机发出请求，首先查询本地的/etc/hosts 文件，若/etc/hosts 文件中有解析，则返回/etc/hosts 文件的解析结果，若没有则查询本地 DNS 服务器缓存。若本地的 DNS 服务器缓存内保存有结果，则返回结果，若没有则查询本地第一台 DNS 服务器。首先查找该 DNS 服务器缓存，若有对应记录，则返回结果，若没有相应记录，则检查是不是自己负责的域，若不是则启用第二个 DNS 服务器。在第二个服务器也是类似步骤，若是自己负责的域，则去该域的上一级服务器查找，直至根域。若上一级服务器有该记录，则在本地服务器添加该记录方便下次查询，若根域也没有记录则查询失败。

4. DNS 服务器类型

（1）主域名服务器（Master Server）。

主域名服务器是本区域最权威的域名服务器，它在本地存储所管理区域的地址数据库文件，负责为客户提供权威的地址解析。通常可以在主域名服务器的区域配置文件中看到"type=master"这样的属性。

（2）辅助域名服务器（Slave Server）。

辅助域名服务器也称从域名服务器，它通常与主域名服务器一起工作，是主域名服务器的一个备份。辅助域名服务器的地址数据来源于主域名服务器，并且随着主域名服务器数据的变化而变化。通常可以在辅助域名服务器的区域配置文件中看到"type=slave"这样的属性。

（3）缓存域名服务器（Cache Only Server）。

缓存域名服务器可以运行域名服务器软件，但是不保存地址数据库文件。当客户发起查询，它就从其他远程服务器取得每次域名服务器查询的结果，并将结果放在高速缓存中，以后遇到相同查询时就用它予以回答。缓存域名服务器提供的所有信息都是间接的，所以它不是权威服务器。

（4）转发服务器（Forwarder Server）。

转发服务器与其他 DNS 服务器不同的是当它遇到自己无法解析的客户请求，它会把请求转发到其他 DNS 服务器，如果设置了多个转发器，那么它就会按顺序转发，直到找到地址或全部转发为止。

5. 认识 DNS 服务器的相关软件包

在 Linux 操作系统中架设 DNS 服务器应用最多的是由加州大学伯克利分校开发的一款开源软件——BIND，BIND 是一款实现 DNS 服务器的开放源码软件，BIND 能够运行在当前大多数的操作系统平台之上。目前，BIND 软件由互联网系统协会（Internet System Consortium，ISC）负责开发和维护。

DNS 服务器的主程序软件包为 bind-9.9.4-17.x86_64，具体如下所示。

```
bind-license-9.9.4-50.el7.noarch          //BIND许可文件
bind-9.9.4-50.el7.x86_64                  //BIND主程序
bind-utils-9.9.4-17.x86_64                //客户端搜索主机名的相关命令
bind-libs-lite-9.9.4-50.el7.x86_64        //BIND库文件
bind-libs-9.9.4-50.el7.x86_64             //BIND库文件
```

6. 认识 DNS 服务器的配置文件

配置域名服务器需要配置一组配置文件，最为关键的是/etc/named.conf 和/etc/named.rfc1912.zones 主配置文件。named 守护进程首先从 named.conf 文件获取其他配置文件的信息，然后按照各区域文件的设置内容提供域名解析服务。DNS 服务器还有其他重要配置文件，DNS 服务器的重要配置文件及其功能见表 7-1-2。

表 7-1-2 DNS 服务器的重要配置文件及其功能

重要配置文件	功　能
/etc/named.conf	BIND 全局配置文件，用于配置 DNS 服务器的全局参数
/etc/named.rfc1912.zones	定义 zone 的文件，用于指定区域类型、区域文件名及其保存路径
/var/named/named.ca	根解析库，记录全球根域服务器的 IP 地址和域名，用户可以定期对此文件进行更新
/var/named/named.localhost	本地主机解析库，用于将本机名 localhost 解析为本地回送 IP 地址（127.0.0.1）
/var/named/named.loopback	本机反向区域文件，用于将本地回送 IP 地址（127.0.0.1）解析为 localhost

（1）named.conf 文件。

BIND 软件在安装时会在/etc 目录下创建一个名为 named.conf 的全局配置文件。named.conf 文件的内容如下所示。

```
//named.conf
options {                                           //options选项用来定义DNS服务器的全局变量
        listen-on port 53 { 127.0.0.1; };    //指定DNS服务器监听的IPv4地址
        listen-on-v6 port 53 { ::1; };       //指定DNS服务器监听的IPv6地址
        directory    "/var/named";                  //指定zone配置文件的默认目录
        dump-file    "/var/named/data/cache_dump.db";
        statistics-file "/var/named/data/named_stats.txt";
        memstatistics-file "/var/named/data/named_mem_stats.txt";
        allow-query     {localhost; };
        //表示仅允许本地主机查询，使用时一般修改为any，表示允许网络内所有主机查询
        recursion yes;                              //可以递归查询
        dnssec-enable yes;
        dnssec-validation yes;
        dnssec-lookaside auto;
        /* Path to ISC DLV key */
        bindkeys-file "/etc/named.iscdlv.key";
        managed-keys-directory "/var/named/dynamic";
};
logging {                                           //日志系统配置
        channel default_debug {
            file "data/named.run";                  //以文件形式存储日志
            severity dynamic;                       //存储日志的级别为dynamic
        };
};
zone "." IN {                                       //本段定义根区域
        type hint;
//指定zone的类型：master（主域名服务器）；slave（辅助域名服务器）；hint（根域名服务器）
        file "named.ca";                            //指定该区域数据库文件为named.ca，默认已经生成
```

```
    };
    include "/etc/named.rfc1912.zones";            //包含解析文件列表
    include "/etc/named.root.key";
```

（2）named.rfc1912.zone 文件。

在/etc/named.rfc1912.zones 文件中，主要定义的是 zone 语句，用户可以定义域名正向解析、反向解析等，默认 named.rfc1912.zones 文件中包含了本机域名/IP 地址解析的 zone 定义。zone 语句的基本格式如下所示。

```
zone "区域名称" IN {
  type DNS服务器类型;
  file "区域文件名";
  allow-update { none; };
  masters { 主域名服务器地址; };
};
```

zone 声明定义了区域的几个关键属性，包括 DNS 服务器类型、区域文件等。区域配置文件的参数及其功能见表 7-1-3。

表 7-1-3　区域配置文件的参数及其功能

参　　数	功　　能
type	定义 DNS 服务器的类型，分别为 hint（根域名服务器）、master（主域名服务器）、slave（辅助域名服务器）和 forward（转发服务器）
file	指定该区域的区域文件，该区域数据文件以相对路径来表示，区域文件包含区域的域名解析数据
allow-update	指定是否允许客户机或服务器自行更新 DNS 记录
masters	指定主域名服务器的 IP 地址，对应的主域名服务器必须承认并存放有该区域的数据，当 type 的值取 slave 时有效

（3）区域文件。

区域文件用来保存域名配置的文件。对于 BIND 软件来说，一个域名对应一个区域文件。区域文件中包含了域名和 IP 地址的对应关系以及一些其他资源，这些资源称为资源记录。所以说，区域文件就是一个由许多条资源记录按照规定的顺序构成的文件。

区域文件和传统的/etc/hosts 文件类似。/var/named 目录下的 named.localhost、named.loopback 文件是正向解析区域文件和反向解析区域文件的配置模板。反向解析区域的声明格式与正向相同，只是 file 文件所指定的读取的文件不同，再就是区域的名称不同。若要反向解析"x.y.z"的网段，则反向解析的区域名称应设置为"z.y.x.in-addr.arpa"。典型的正向解析区域文件和反向解析区域文件如例 7.1.1 和 7.1.2 所示。

例 7.1.1：典型的正向解析区域文件

```
[root@bogon ~]#cat /var/named/named.localhost
$TTL 1D
@       IN SOA  @ rname.invalid. (
```

```
                                        0       ; serial
                                        1D      ; refresh
                                        1H      ; retry
                                        1W      ; expire
                                        3H )    ; minimum
            NS      @
            A       127.0.0.1
            AAAA    ::1
```

例 7.1.2：典型的反向解析区域文件

```
[root@master ~]#cat /var/named/named.loopback
$TTL 1D
@       IN SOA  @ rname.invalid. (
                                        0       ; serial
                                        1D      ; refresh
                                        1H      ; retry
                                        1W      ; expire
                                        3H )    ; minimum
            NS      @
            A       127.0.0.1
            AAAA    ::1
            PTR     localhost.
```

正向解析区域文件和反向解析区域文件常用的参数及其功能见表 7-1-4。

表 7-1-4　正向解析区域文件和反向解析区域文件常用的参数及其功能

参数	功能
$TTL 1D	表示资源记录的生存周期（Time To Live），代表地址解析记录的默认缓存天数。单位为秒，这里的"1D"表示为 1 天
@	表示当前 DNS 服务器的区域名，如 "phei.com.cn." 或 "1.168.192.in-addr.arpa."
IN	表示将当前记录标识为一个 INTERNET 的 DNS 资源记录
SOA	表示起始授权记录（Start Of Authority），代表资源记录的类型。常见的资源记录类型有 SOA（Start Of Authority）、NS（Name Server，域名服务器）
rname.invalid.	代表区域管理员的邮件地址
serial	表示本区域文件的版本号或更新序列号，当辅助 DNS 服务器要进行数据同步时，会比较这个号码，如果发现主服务器的序号比自己的大，那么就进行更新，否则忽略。一般来说会使用容易记忆的数字，如使用时间作为序号，即 2022 年 8 月 12 日第 01 号写作 2022081201
refresh	表示刷新时间。辅助 DNS 服务器根据定义的时间，周期性检查主 DNS 服务器的序列号是否发生了变化。若发生了变化，则更新自己的区域文件。这里的"1D"表示 1 天
retry	表示辅助 DNS 服务器同步失败后，重试的时间间隔。这里的"1H"表示 1 小时
expiry	表示过期时间。如果辅助 DNS 服务器在有效期内无法与主 DNS 服务器取得联系，那么辅助 DNS 服务器不再响应查询请求，无法对外提供域名解析服务。这里的"1W"表示 1 周

续表

参　数	功　能
minimum	表示对于没有特别指定存活周期的资源记录，默认取最小值为 1 天，即 86 400 秒。这里的"3H"表示 3 小时
NS	表示资源记录（Name Server）。资源记录指定该域名由哪个 DNS 服务器来进行解析，格式为"@　　　　IN　　　　NS　　　　master.phei.com.cn."
A 和 AAAA 资源记录	表示域名与 IP 地址的映射关系。A 资源记录用于 IPv4 地址，AAAA 资源记录用于 IPv6 地址，格式为"master　　IN　　A　　192.168.1.201"
CNAME	表示别名记录，格式为"www1　　　　IN　　　　CNAME　　　　www"，这里"www1"表示 www 主机的别名
MX	定义邮件服务器，优先级默认为 10，数字越小，优先级越高，格式为"@　　IN　　　　MX　　10　　mail.yiteng.cn."
PTR	指针记录（Pointer），表示 IP 地址与域名的映射关系，反向解析区域文件与正向解析区域文件主要区别在此资源记录上。PIR 资源记录常被用于用户 DNS 的反向解析，格式为"201　　　　IN　　　　PTR　　　　www.phei.com.cn."，这里的"201"表示 IP 地址中的主机号，IP 地址是 192.168.1.201，完整的记录名是 201.1.168.192.in-addr.arpa

7. DNS 服务器的启停

BIND DNS 服务器的后台守护进程是 named，因此，在启动、停止 DNS 服务和查询 DNS 服务器状态时要以 named 为参数。

8. 测试 DNS 服务器的工具

在 DNS 客户端上验证 DNS 服务器。BIND 软件包提供了三个实用的 DNS 测试工具——nslookup、dig 和 host。host 和 dig 是命令行工具，nslookup 工具有命令行模式和交互模式两种模式。这里主要简单介绍 nslookup 工具的使用方法。

（1）安装 DNS 测试工具，如下所示。

```
[root@client ~]#dnf install -y bind-utils          //安装DNS测试工具
```

（2）使用 nslookup 工具验证 DNS 服务器。在命令行中使用 nslookup 命令进入交互模式，如下所示。

```
[root@client ~]#nslookup
>master.phei.com.cn.                               //正向解析
Server:         192.168.1.201                      //显示DNS服务器的IP地址
Address:        192.168.1.201#53
Name:   master.phei.com.cn
Address: 192.168.1.201
>192.168.1.203                                     //反向解析
203.1.168.192.in-addr.arpa      name = web.phei.com.cn.
>set type=NS                                       //查询区域的DNS服务器
> phei.com.cn                                      //输入域名
Server:         192.168.1.201
```

```
Address:         192.168.1.201#53

phei.com.cn    nameserver = phei.com.cn.
> set type=MX                                   //查询区域的邮件服务器
> phei.com.cn                                   //输入域名
Server:          192.168.1.201
Address:         192.168.1.201#53

phei.com.cn    mail exchanger = 5 mail.phei.com.cn.
>set type=CNAME                                 //查询别名
> www.phei.com.cn                               //输入域名
Server:          192.168.1.201
Address:         192.168.1.201#53

www.phei.com.cn canonical name = web.phei.com.cn.
>exit                                           //退出
```

> **小提示**
>
> 因为 BIND 软件的后台守护进程默认以 named 用户的身份运行，所以必须保证 named 用户对新建的文件有读权限。

任务实施

1. 查询 DNS 服务器的 BIND 软件包是否安装

使用 rpm -qa |grep bind 命令查询 BIND 软件是否安装，如下所示。

```
[root@master ~]#rpm -qa|grep bind
rpcbind-1.2.5-8.el8.x86_64
bind-libs-lite-9.11.36-3.el8.x86_64
bind-libs-9.11.36-3.el8.x86_64
bind-license-9.11.36-3.el8.noarch
bind-utils-9.11.36-3.el8.x86_64
python3-bind-9.11.36-3.el8.noarch
keybinder3-0.3.2-4.el8.x86_64
//结果显示为该系统未安装BIND软件包
```

2. 安装 DNS 服务器的 BIND 软件包

如果查询结果显示未安装 BIND 软件包，使用 dnf - y install bind 命令安装 DNS 服务器所需要的软件包，如下所示。

```
[root@master ~]#dnf install -y bind
上次元数据过期检查：1 day, 13:49:19 前，执行于 2022年07月27日 星期三 21时10分10秒。
```

依赖关系解决

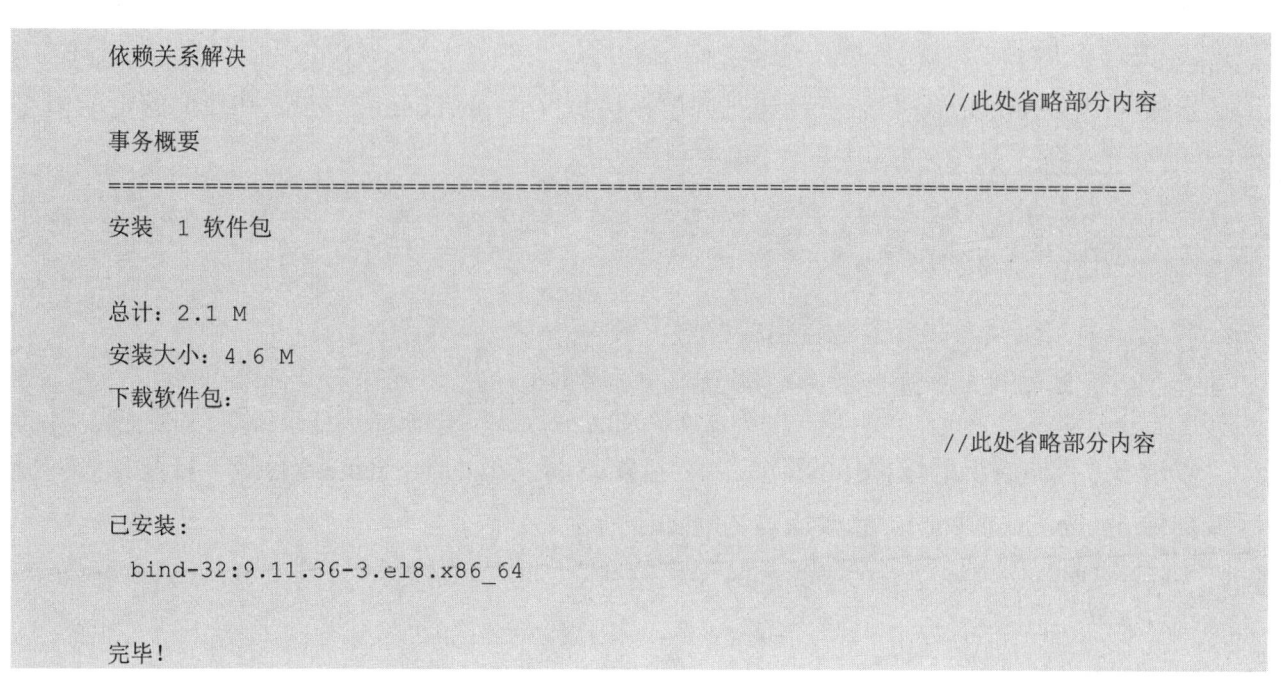

　　　　　　　　　　　　　　　　　　　　　　　　　　　　　//此处省略部分内容

事务概要
==
安装　1 软件包

总计：2.1 M
安装大小：4.6 M
下载软件包：

　　　　　　　　　　　　　　　　　　　　　　　　　　　　　//此处省略部分内容

已安装：
　bind-32:9.11.36-3.el8.x86_64

完毕！

3. 配置主 DNS 服务器

步骤 1：设置 master 服务器的 IP 地址为 192.168.1.201/24 和 DNS 服务器地址为 192.168.1.201，前面已经学习，这里不再详述。

步骤 2：修改全局配置文件/etc/named.conf。在全局配置文件/etc/named.conf 中，需要修改 listen-on port 53 和 allow-query 的参数值为 any，如下所示。

```
[root@master ~]#vim /etc/named.conf
options {
        listen-on port 53 { any; };                //将127.0.0.1修改为any
        listen-on-v6 port 53 { ::1; };
        directory       "/var/named";
        dump-file       "/var/named/data/cache_dump.db";
        statistics-file "/var/named/data/named_stats.txt";
        memstatistics-file "/var/named/data/named_mem_stats.txt";
        allow-query     { any; };                  //将localhost修改为any
```

步骤 3：修改主配置文件/etc/named.rfc1912.zones。在主配置文件/etc/named.rfc1912.zones 末尾添加内容，如下所示。

```
[root@master ~]#vim /etc/named.rfc1912.zones        //在文件末尾添加
zone "phei.com.cn" IN {
        type master;
        file "phei.com.cn.zone";
};
zone "1.168.192.in-addr.arpa" IN {
        type master;
        file "192.168.1.zone";
```

};

步骤 4：在/var/anmed 目录下创建正向解析区域文件 phei.com.cn.zone 和反向解析区域文件 192.168.1.zone，如下所示。

```
[root@master ~]#cd /var/named
[root@master named]#cp -p named.localhost phei.com.cn.zone
[root@master named]#cp -p named.loopback 192.168.1.zone
[root@master named]#ls -l *zone
-rw-r-----. 1 root named 168 12月 15 2009 192.168.1.zone
-rw-r-----. 1 root named 152 6月  21 2007 phei.com.cn.zone
```

步骤 5：正向解析区域文件的配置。在主 DNS 服务器的/var/named 目录下打开正向解析区域文件 phei.com. cn.zone，修改后的内容如下所示。

```
[root@master named]#vim phei.com.cn.zone
$TTL 1D
@       IN SOA  @ rname.invalid. (
                                0       ; serial
                                1D      ; refresh
                                1H      ; retry
                                1W      ; expire
                                3H )    ; minimum
        NS      @
@       MX      5       mail.phei.com.cn.
        A               192.168.1.201
master  A               192.168.1.201
slave   A               192.168.1.202
web     A               192.168.1.203
mail    A               192.168.1.204
client  A               192.168.1.210
www     CNAME           web
```

步骤 6：反向解析区域文件的配置。在主 DNS 服务器的/var/named 目录下打开反向解析区域文件 192.168.1. zone，修改后的内容如下所示。

```
[root@master named]#vim 192.168.1.zone
$TTL 1D
@       IN SOA  @ rname.invalid. (
                                0       ; serial
                                1D      ; refresh
                                1H      ; retry
                                1W      ; expire
                                3H )    ; minimum
        NS      @
@       MX      5       mail.phei.com.cn.
        A               192.168.1.201
```

```
201         PTR      master.phei.com.cn.
202         PTR      slave.phei.com.cn.
203   PTR           web.phei.com.cn.
204   PTR           mail.phei.com.cn.
210   PTR           client.phei.com.cn.
```

4. 重启 DNS 服务

配置完成后，重启 DNS 服务，并设置开机自动启动，如下所示。

```
[root@master ~]#systemctl restart named
[root@master ~]#systemctl enable named
```

5. 关闭防火墙

配置完成后，关闭防火墙和设置开机不自动启动，如下所示。

```
[root@master ~]#systemctl stop firewalld
[root@master ~]#systemctl disable firewalld
```

6. 配置 DNS 服务器地址

在 DNS 客户端，配置客户端的 DNS 服务器地址，确保两台主机之间网络连接正常。客户端的 DNS 服务器地址配置如下所示。

```
[root@client ~]#vim /etc/resolv.conf
nameserver 192.168.1.201
```

7. 测试 DNS 服务

使用 nslookup 工具验证 DNS 服务。在命令行中使用 nslookup 命令进入交互模式，如下所示。

```
[root@client ~]#nslookup
>master.phei.com.cn                              //正向解析
Server:        192.168.1.201                     //显示DNS服务器的IP地址
Address:       192.168.1.201#53
Name:   master.phei.com.cn
Address: 192.168.1.201
>192.168.1.201                                   //反向解析
Server:        192.168.1.201
Address:       192.168.1.201#53
201.1.168.192.in-addr.arpa      name = master.phei.com.cn.
>set type=NS                                     //查询区域的DNS服务器
>phei.com.cn                                     //输入域名
Server:        192.168.1.201
Address:       192.168.1.201#53
phei.com.cn     nameserver = phei.com.cn.
```

```
    >set type=MX                                  //查询区域的邮件服务器
    >phei.com.cn                                  //输入域名
    Server:         192.168.1.201
    Address:        192.168.1.201#53
    phei.com.cn     mail exchanger = 5 mail.phei.com.cn.
    >set type=CNAME                               //查询别名
    >www.phei.com.cn                              //输入域名
    Server:         192.168.1.201
    Address:        192.168.1.201#53
    www.phei.com.cn canonical name = web.phei.com.cn.
    Name:           web.phei.com.cn
    Address: 192.168.1.203
```

任务小结

（1）DNS 服务器的作用主要是提供域名与 IP 地址相互转换的功能。

（2）实现 DNS 服务的软件 BIND，在安装时的软件包为 BIND，服务的名称是 named。

任务 7.2　配置辅助 DNS 服务器

任务描述

随着公司规模扩大，上网人数增加，公司主 DNS 服务器负荷过重，为防止单点故障，小彭想增加一台辅助 DNS 服务器，实现 DNS 的负载平衡和冗余备份，即使主 DNS 服务器出现故障，也不影响用户访问 Internet。

任务要求

辅助 DNS 服务器是 DNS 服务器的一种容错机制，当主 DNS 服务器遇到故障不能正常工作时，辅助 DNS 服务器可以立刻分担主 DNS 服务器的工作，提供解析服务。服务器的主机名、IP 地址及对应关系见表 7-2-1。

表 7-2-1　服务器的主机名、IP 地址及对应关系

主 机 名	IP 地址	对 应 关 系
master	192.168.1.201	用于主 DNS 服务器

续表

主 机 名	IP 地址	对 应 关 系
slave	192.168.1.202	用于辅助 DNS 服务器
client	192.168.1.210	客户端，用于测试

任务资讯

在 Internet 中，通常使用域名来访问 Internet 上的服务器，因此 DNS 服务器在 Internet 的访问中就显得十分重要，如果 DNS 服务器出现故障，即使网络本身通信正常，那么也无法通过域名访问 Internet。

为保障域名解析正常，除了一台主域名服务器，还可以安装一台或多台辅助域名服务器，辅助域名服务器只创建与主域名服务器相同的辅助区域，而不创建区域内的资源记录，所有的资源记录从主域名服务器同步传送到辅助域名服务器上。

任务实施

1. 设置 slave 服务器 IP 地址和安装 DNS 软件包

设置 slave 服务器的 IP 地址为 192.168.1.202/24，使用 dnf -y install bind 命令一键安装 DNS 软件包，前面已经学习，这里不再详述。

2. 配置全局配置文件/etc/named.conf

同配置主 DNS 服务器的配置一样，这里不再详述。

3. 配置主配置文件/etc/named.rfc1912.zones

与配置主 DNS 服务器一样，辅助 DNS 服务器同样需要配置 named.rfc1912.zones 文件，建立接收主 DNS 数据的区域。与主 DNS 服务器不同的是要把 type 的属性设置为 slave，说明这是一个辅助区域并且增加一个 masters 参数，指向该区域的主 DNS 服务器的 IP 地址，辅助 DNS 服务器就会从该 IP 接收数据。在主 DNS 服务器中，区域数据库文件是存放在/var/named 目录下的，一般情况下，这些数据是自己创建的；而在辅助 DNS 服务器中，需要把区域数据库文件存放在/var/named/slaves 目录下，操作系统会自动把主 DNS 服务器传送过来的数据保存在该目录下而无须人为干预。如果想把区域数据库文件存放到 slaves 以外的目录，就必须把该目录的所有者和所属组更改为 named，设置文件权限为 770。这样操作系统才可以自动创建和保存区域数据库文件。辅助 DNS 服务器会把更新请求转发到主 DNS 服务器实现动态更新，如下所示。

```
[root@slave ~]#vim /etc/named.rfc1912.zones        //在文件末尾添加
zone "phei.com.cn" IN {
    type slave;
    file "slaves/phei.com.cn.zone";
```

```
            masters { 192.168.1.201; };
        };
        zone "1.168.192.in-addr.arpa" IN {
            type slave;
            file "slaves/192.168.1.zone";
            masters { 192.168.1.201; };
        };
```

> 💡 **小提示**
>
> 默认情况下，主 DNS 服务器可以传送区域数据到所有服务器，为了安全起见，一般会设定主 DNS 服务器只允许传送区域数据到辅助 DNS 服务器。在主 DNS 服务器的 named.conf 配置文件中加入 "allow-transfer{IP 地址;};" 可以设定全局允许传送的地址，在区域（zone）中加入 "allow-transfer{IP 地址;};" 可以设定某个区域允许传送的地址。

4. 重启辅助 DNS 服务器

配置完成后，重启 DNS 服务器，并设置开机自动启动，如下所示。

```
[root@slave ~]#systemctl restart named
[root@slave ~]#systemctl enable named
```

5. 关闭防火墙

配置完成后，关闭 slave 服务器的防火墙，并设置开机不自动启动，如下所示。

```
[root@salve ~]#systemctl stop firewalld
[root@salve ~]#systemctl disable firewalld
```

6. 查看区域传送情况

（1）查看主 DNS 服务器上的 BIND 日志文件。查看主 DNS 服务器上的 BIND 日志文件的命令如下所示。

```
[root@master ~]#cat /var/named/data/named.run |grep transfer
    client @0x7fbf600b1050 192.168.1.202#35231 (1.168.192.in-addr.arpa): transfer of
'1.168.192.in-addr.arpa/IN': AXFR started (serial 0)
    client @0x7fbf600b1050 192.168.1.202#35231 (1.168.192.in-addr.arpa): transfer of
'1.168.192.in-addr.arpa/IN': AXFR ended
    client @0x7fbf605384b0 192.168.1.202#35373 (phei.com.cn): transfer of 'phei.com.cn/IN':
AXFR started (serial 0)
    client @0x7fbf605384b0 192.168.1.202#35373 (phei.com.cn): transfer of 'phei.com.cn/IN':
AXFR ended
    //可以看出phei.com.cn的正反向区域数据文件已经传送了
```

（2）查看辅助 DNS 服务器上的 BIND 日志文件，如下所示。

```
[root@slave ~]#cat /var/named/data/named.run |grep transfer
```

```
    transfer of '1.168.192.in-addr.arpa/IN' from 192.168.1.201#53: connected using 192.168.1.202#35231
    zone 1.168.192.in-addr.arpa/IN: transferred serial 0
    transfer of '1.168.192.in-addr.arpa/IN' from 192.168.1.201#53: Transfer status: success
    transfer of '1.168.192.in-addr.arpa/IN' from 192.168.1.201#53: Transfer completed: 1 messages, 10 records, 301 bytes, 0.004 secs (75250 bytes/sec)
    transfer of 'phei.com.cn/IN' from 192.168.1.201#53: connected using 192.168.1.202#35373
    zone phei.com.cn/IN: transferred serial 0
    transfer of 'phei.com.cn/IN' from 192.168.1.201#53: Transfer status: success
    transfer of 'phei.com.cn/IN' from 192.168.1.201#53: Transfer completed: 1 messages, 11 records, 287 bytes, 0.001 secs (287000 bytes/sec)
    //可以看出，从192.168.1.201服务器传送过来了区域phei.com.cn，一共11个记录，共287 B，用时0.001 s；区域1.168.192.in-addr.arpa 一共10个记录，共301 B，用时0.004 s
```

（3）查看辅助 DNS 服务器中的 slaves 目录，可看到已经自动生成了正反向解析文件，如下所示。

```
    [root@slave ~]#ll /var/named/slaves/
    总用量 8
    -rw-r--r--. 1 named named 659 10月 10 10:46 192.168.1.zone
    -rw-r--r--. 1 named named 529 10月 10 10:46 phei.com.cn.zone
```

7. 辅助 DNS 服务器的测试

在测试辅助 DNS 服务器前，要先把主 DNS 服务器关闭，然后把测试机的 DNS 指向辅助 DNS 服务器，使用 nslookup 命令来测试，如下所示。

```
    [root@client ~]#cat /etc/resolv.conf
    nameserver 192.168.1.202
    [root@client ~]#nslookup
    > www.phei.com.cn
    Server:         192.168.1.202
    Address:        192.168.1.202#53

    www.phei.com.cn canonical name = web.phei.com.cn.
    Name:   web.phei.com.cn
    Address: 192.168.1.203
    > 192.168.1.203
    203.1.168.192.in-addr.arpa      name = web.phei.com.cn.
    >exit
    //可看到辅助DNS服务器能够独立完成正反向的解析任务，表示辅助DNS服务器配置成功
```

任务小结

（1）在创建正反向解析区域文件时，一定要加-p选项，否则会配置不成功。

（2）在配置辅助DNS服务器时，正反向解析区域文件的数据是自动生成的。

项目实训

搭建 DNS 服务器

（1）某公司内部网络为了员工登录服务器时便于记忆，想要搭建一台DNS服务器。请你为该公司搭建一台DNS服务器。域名与IP地址对应关系如下所示。

www.abc.com	192.168.10.10
ftp.abc.com	192.168.10.100
mail.abc.com	192.168.10.200

（2）搭建主/辅DNS服务器时，设置主服务器IP地址为192.168.20.1，辅助服务器IP地址为192.168.20.2，并对以下域名进行解析。

www1.byxz.cn	192.168.20.11
www2.byxz.cn	192.168.20.22
www1.byxz.net	192.168.20.33
www2.byxz.net	192.168.20.44

要求：主DNS服务器的区域byxz.com不允许传送，而byxz.net只允许传送到辅助DNS服务器中。

项目 8

配置与管理 DHCP 服务器

项目描述

A 公司是一家刚成立不久的创业型公司，现需要让员工的计算机插上网线就能自动获取网络资源，手机连上 Wi-Fi 就能正常通信。而这些连接服务器的过程，以及常见设备自动连接网络的过程，一般都需要 DHCP 服务器来提供支持。

DHCP（Dynamic Host Configuration Protocol，动态主机配置协议）是一个局域网的网络协议，使用 UDP 协议（User Datagram Protocol，用户数据报协议）工作，主要用于管理内部网络的计算机，特别是 IP 地址分配。在计算机网络中，每台计算机都有自己的 IP 地址，IP 地址是它们的唯一标识。如果同一网络中的计算机数量过多，由管理员手动为每台计算机单独指定 IP 地址，这样的工作量很大，就容易出现 IP 地址重复的现象。此时可以借助 DHCP 服务器来配置客户端的网络配置信息，如 IP 地址、子网掩码、网关地址、DNS 服务器等，使网络的集中管理更加方便，因此在企事业单位被广泛应用。

本项目主要介绍 DHCP 服务器的基本工作原理和 DHCP 服务器的配置方法。项目拓扑图如图 8-0-1 所示。

DHCP 服务器　　域名：phei.com.cn　　DHCP 客户端

slave
IP：192.168.1.202/24
GW：192.168.1.254
DNS：192.168.1.201

虚拟交换机
所有连接采用仅主机模式

client
IP：自动获取
GW：自动获取
DNS：自动获取

图 8-0-1　项目拓扑图

知识目标

1. 了解 DHCP 服务器的工作原理。
2. 掌握 DHCP 服务器的主配置文件。

能力目标

1. 能够正确安装、配置和启动 DHCP 服务器。
2. 能够正确配置 DHCP 客户端。
3. 能够让 DHCP 客户端正确获取服务器的 IP 地址。

素质目标

1. 引导读者主动收集客户需求，按需配置服务器，逐步养成爱岗敬业精神和服务意识。
2. 引导读者发扬工匠精神，努力实现服务器的高可用性。
3. 培养读者的节约意识，实现服务器硬件资源使用均衡。

任务 8.1　安装与配置 DHCP 服务器

任务描述

最近一段时间，A 公司的网络管理员小彭收到了很多计算机出现 IP 地址冲突的求助，经检查发现，是由于部分员工自行设置 IP 地址造成的，于是小彭准备在信息中心的 Linux 服务器上使用动态分配 IP 地址的方式来解决地址冲突的问题。

任务要求

在信息中心的 Linux 服务器上安装 DHCP 软件包，可以实现动态分配 IP 地址的功能。DHCP 服务可以为主机动态分配 IP 地址，解决地址冲突问题。DHCP 服务的关键设置项见表 8-1-1。

表 8-1-1　DHCP 服务的关键设置项

DHCP 选项	公司现有网络情况	计划设置方案
IP 地址范围	内网网段为 192.168.1.0/24	起始 IP 地址：192.168.1.1；结束 IP 地址：192.168.1.253
排除	网关地址为 192.168.1.254；服务器使用的 IP 地址范围为 192.168.1.201～192.168.1.209	排除服务器所用 IP 地址范围为 192.168.1.201～192.168.1.209；排除默认网关地址，其 IP 地址已在 IP 地址范围外，此处无须排除
租约时间	无	默认租约时间为 600 s，最大租约时间为 7 200 s
默认网关地址	网关地址为 192.168.1.254	网关地址为 192.168.1.254
DNS 服务器	IP 地址为 192.168.1.201、202.96.128.86	IP 地址为 192.168.1.201、202.96.128.86

任务资讯

1. DHCP 服务的概述

DHCP 服务的前身是 BOOTP（Bootstrap Protocol，引导程序协议），它工作在 OSI 的应用层，是一种帮助计算机从指定的 DHCP 服务器获取信息、用于简化计算机 IP 地址配置和管理的网络协议，可以自动为计算机分配 IP 地址，减轻网络管理员的工作负担。

DHCP 服务基于客户端/服务器模式，请求配置信息的计算机叫作 DHCP 客户端，而提供信息的叫作 DHCP 服务器。服务器使用固定的 IP 地址，在局域网中扮演给客户端提供动态 IP 地址、DNS 配置和网管配置的角色。客户端与 IP 地址相关的配置，都在启动时由服务器自动分配。

2. DHCP 服务的功能

DHCP 服务有两种分配 IP 地址的方式：静态分配和动态分配。静态分配是指由网络管理员或用户直接在网络设备的接口等设置选项中输入 IP 地址及子网掩码等，适合具备一定计算机网络基础的用户使用，但因为这种方式容易因输入错误而造成 IP 地址冲突，所以在网络主机数目较少的情况下，可以手动为网络中的主机分配静态 IP 地址，但有时工作量很大，这就需要使用动态获取的方式。在动态获取的方式中，每台计算机并不设置固定的 IP 地址，而是在计算机开机时才会被分配一个 IP 地址，这台计算机被称为 DHCP 客户端。在网络中提供 DHCP 服务的计算机被称为 DHCP 服务器。DHCP 服务器利用 DHCP 服务为网络中的主机分配动态 IP 地址，并提供子网掩码、默认网关地址、路由器 IP 地址，以及 DNS 服务器的 IP 地址等。

使用动态获取的方式可以减少网络管理员的工作量，减少用户手动输入可能产生的错误，适合计算机数量较多的网络环境。只要 DHCP 服务器正常工作，IP 地址就不会发生冲突。在大批量地更改计算机的所在子网或其他 IP 参数时，只需要在 DHCP 服务器上进行即可，网络管理员不必为每一台计算机设置 IP 地址等参数。

3. DHCP 服务的工作原理

DHCP 采用客户端/服务器模式运行，采用 UDP 作为传输层传输协议，使用 67、68 号端口。DHCP 服务动态分配 IP 地址的方式分为以下三种。

（1）自动分配。当 DHCP 客户端第一次成功地从 DHCP 服务器上获取到 IP 地址后，就永远使用这个地址。

（2）动态分配。当 DHCP 客户端第一次从 DHCP 服务器上租用到 IP 地址之后，并非永久地使用该地址，只要租约到期，DHCP 客户端就得释放这个 IP 地址，让给其他工作站使用。当然，DHCP 客户端可以比其他主机更优先地更新租约，或租用其他 IP 地址。

（3）手动分配。DHCP 客户端的 IP 地址是由网络管理员指定的，DHCP 服务器只是把指定的 IP 地址告诉 DHCP 客户端。

在 DHCP 服务的工作过程中，DHCP 客户端与 DHCP 服务器主要以广播数据包的形式进行通信，发送数据包的目的地址为 255.255.255.255。DHCP 客户端和 DHCP 服务器的交互过程如图 8-1-1 所示。

（1）DHCP DISCOVER：IP 地址租用申请。

DHCP 客户端发送 DHCP DISCOVER 广播包，目的端口为 67 号端口，该广播包中包含 DHCP 客户端的硬件地址（MAC 地址）和计算机名称。

```
           DHCP客户端请求IP地址（DHCP DISCOVER）
       ←─────────────────────────────────────────
           DHCP服务器提供IP地址（DHCP OFFER）
       ─────────────────────────────────────────→
           DHCP客户端选择IP地址（DHCP REQUEST）
       ←─────────────────────────────────────────
           DHCP服务器确认租约（DHCP ACK）
       ─────────────────────────────────────────→
DHCP服务器                                          DHCP客户端
```

图 8-1-1 DHCP 客户端和 DHCP 服务器的交互过程

（2）DHCP OFFER：IP 地址租用提供。

DHCP 服务器在收到 DHCP 客户端的请求后，DHCP 服务器会从地址池中拿出一个未分配的 IP 地址，通过 DHCP OFFER 广播包告知 DHCP 客户端。如果有多台 DHCP 服务器，那么 DHCP 客户端会使用第一个收到的 DHCP OFFER 广播包中的 IP 地址信息。

（3）DHCP REQUEST：IP 地址租用选择。

DHCP 客户端在收到 DHCP 服务器发来的 IP 地址后，会发送 DHCP REQUEST 广播包，以告知网络中的 DHCP 服务器要使用的 IP 地址。

（4）DHCP ACK：IP 地址租用确认。

被选中的 DHCP 服务器会回应一个 DHCP ACK 广播包，以将这个 IP 地址分配给这个 DHCP 客户端使用。

除上述四个主要步骤外，DHCP 的工作过程还会涉及 DHCP 客户端的重新登录，以及更新 IP 地址租用信息。

DHCP 客户端在重新登录网络时，会直接发送包含前一次获得 IP 地址的 DHCP REQUEST 广播包，该广播包的源 IP 地址为 0.0.0.0，目标 IP 地址为前一次为 DHCP 客户端分配 IP 地址的 DHCP 服务器的 IP 地址。当 DHCP 服务器收到消息后，发送 DHCP ACK 单播包允许 DHCP 客户端继续使用原来分配的 IP 地址，若已无法再为 DHCP 客户端分配原来的 IP 地址，则发送 DHCP NACK 单播包告知客户端，后者将发送 DHCP DISCOVER 广播包重新请求新的 IP 地址。

当租用期限到达 50%后，DHCP 客户端就要向 DHCP 服务器以单播的方式发送 DHCP REQUEST 广播包，以便更新 IP 地址租用信息。当客户端收到 DHCP ACK 单播包时，会更新租用期限及其他选项参数。当 DHCP 客户端无法收到 DHCP ACK 单播包时，继续使用现有的 IP 地址，直到租用期限到达 87.5%后再次发送 DHCP REQUEST 广播包，若依然没有得到回复，则发送 DHCP DISCOVER 广播包重新请求新的 IP 地址。

💡 小提示

> DHCP 客户端发送 DHCP DISCOVER 广播包后，如果没有 DHCP 服务器响应 DHCP 客户端的请求，那么 DHCP 客户端就会随机使用 169.254.0.0/16 网段中的一个 IP 地址配置本机地址。

4. 认识 DHCP 服务器相关软件包

DHCP 服务器的主程序软件包为 dhcp-server，具体如下所示。

```
dhcp-server-4.3.6-47.el8.x86_64                //DHCP主程序
dhcp-libs-4.3.6-47.el8.x86_64                  //DHCP库文件
dhcp-common-4.3.6-47.el8.noarch                //DHCP基础包
```

5. 认识 DHCP 服务器配置文件

DHCP 服务器的主配置文件是/etc/dhcp/dhcpd.conf。但在有些 Linux 发行版本中，此文件在默认情况下是不存在的，需要管理员用户自行创建。对于 Rocky Linux 8.6 操作系统而言，在安装好 DHCP 软件之后会生成此文件，打开文件后，默认情况下该文件的内容如下所示。

```
[root@slave ~]#cat -n /etc/dhcp/dhcpd.conf
1#
2# DHCP Server Configuration file.
3#   see /usr/share/doc/dhcp*/dhcpd.conf.example
4#   see dhcpd.conf(5) man page
5#
```

其中 dhcpd.conf 文件中的/usr/share/doc/dhcp-server/dhcpd.conf.example 文件是模板文件，用户可以参考此文件来进行配置。可采用复制或文件重定向的方式，将该文件的内容读入/etc/dhcp/dhcpd.conf 文件中，具体操作如下所示。

```
[root@slave ~]#cp /usr/share/doc/dhcp-server/dhcpd.conf.sample /etc/dhcp/dhcpd.conf
//复制模板文件到配置文件
或
[root@slave ~]#cat /usr/share/doc/dhcp-server/dhcpd.conf.example>/etc/dhcp/dhcpd.conf
//重定向模板文件到配置文件
```

DHCP 主配置文件 dhcpd.conf 分为全局配置和局部配置。全局配置可以包含参数或选项，对整个 DHCP 服务器生效；局部配置通常由声明表示，仅对局部和某个声明生效。下面重点介绍 dhcpd.conf 文件的文件格式和相关配置。

dhcpd.conf 文件的格式如例 8.1.1 所示。

例 8.1.1：dchpd.conf 文件的格式

```
#全局配置
参数或选项;                //全局范围内生效


#局部配置
声明 {
    参数或选项;            //局部范围内生效

}
```

dhcpd.conf 文件的特点如下。

（1）注释内容以"#"开头，可以将临时无须的内容进行注释。

（2）除了"{}"，其他每一行都以";"结尾。

dhcpd.conf 文件由参数、选项和声明组成。

（1）参数。参数表明如何执行任务，是否要执行任务，格式是"参数名 参数值;"。DHCP 服务器常用的参数及其功能见表 8-1-2。

表 8-1-2　DHCP 服务常用的参数及其功能

参　　数	功　　能
ddns-update-style	设置 DNS 服务动态更新的类型
default-lease-time	默认租约时间，单位是秒
max-lease-time	最大租约时间，单位是秒
log-facility	指定日志文件名
hardware	指定网卡接口类型和 MAC 地址
server-name	通知 DHCP 客户服务器名称
fixed-address	分配给客户端一个固定的 IP 地址

（2）选项。选项通常用来配置 DHCP 客户端的可选参数，全部以"option"关键字作为开始，如"option 参数名 参数值;"。DHCP 服务常用的选项及其功能见表 8-1-3。

表 8-1-3　DHCP 服务常用的选项及其功能

选　　项	功　　能
subnet-mask	为客户端设置子网掩码
domain-name	为客户端指定 DNS 服务域名
domain-name-servers	为客户端指定 DNS 服务器地址
host-name	为客户端指定主机名称
routers	为客户端设置默认网关地址
broadcast-address	为客户端设置广播地址

（3）声明。声明一般用来指定 IP 作用域，定义客户端分配的 IP 地址等。两种最常用的声明是 subnet 声明和 host 声明。subnet 声明用于定义作用域和指定子网；host 声明用于定义保留地址，实现 IP 地址和 DHCP 客户端 MAC 地址的绑定。DHCP 服务常用的声明及其功能见表 8-1-4。

表 8-1-4　DHCP 服务常用的声明及其功能

声　　明	功　　能
shared-network	告知是否允许子网络分享相同网络
subnet	描述一个 IP 地址是否属于该网络
range	IP 地址范围
host	指定客户端的主机名称

6. 租约数据库文件

租约数据库文件用于保存一系列的租约声明，其中包含客户端的主机名、MAC 地址、分配到的 IP 地址及 IP 地址的有效期等相关信息。这个数据库文件是可编辑的 ASCII 格式文本文件。每当租约变化时，都会在文件结尾添加新的租约记录。

DHCP 服务器刚安装好时，租约数据库文件 dhcpd.leases 是个空文件。当 DHCP 服务器正常运行时，可以使用 cat 命令查看租约数据库文件内容。

```
cat /var/lib/dhcpd/dhcpd.leases
```

7. DHCP 服务的启停

DHCP 服务的后台守护进程是 dhcpd，因此在启动、停止 DHCP 服务和查询 DHCP 服务状态时要以 dhcpd 为参数。

任务实施

1. 查询 DHCP 服务器软件包是否安装

使用 rpm -qa |grep dchp 命令查询 DHCP 服务器软件包是否安装，如下所示。

```
[root@slave ~]#rpm -qa|grep dhcp
//结果显示为该系统未安装DHCP服务器软件包
```

2. 安装 DHCP 服务器软件包

若查询结果显示未安装 DHCP 服务器软件包，则使用 dnf -y install dhcp-server 命令安装 DHCP 服务器所需要的软件包，如下所示。

```
[root@slave ~]#dnf install -y dhcp-server
上次元数据过期检查：0:01:52 前，执行于 2022年10月11日 星期二 02时59分58秒。
依赖关系解决
                                                                //此处省略部分内容
事务概要
================================================================================
安装  4 软件包

总计：2.0 M
安装大小：4.6 M
下载软件包：
                                                                //此处省略部分内容
已安装：
  bind-export-libs-32:9.11.36-3.el8.x86_64
  dhcp-common-12:4.3.6-47.el8.noarch
  dhcp-libs-12:4.3.6-47.el8.x86_64
```

```
dhcp-server-12:4.3.6-47.el8.x86_64
```
完毕！

3. 配置 DHCP 服务器

步骤 1：设置 slave 服务器的 IP 地址为 192.168.1.202/24 和 DNS 服务器地址为 192.168.1.201，前面已经学习，这里不再详述。

步骤 2：复制模板文件为主配置文件/etc/dhcp/dhcpd.conf，具体命令如下所示。

```
[root@slave ~]#cp /usr/share/doc/dhcp-server/dhcpd.conf.example /etc/dhcp/dhcpd.conf
cp: 是否覆盖"/etc/dhcp/dhcpd.conf"? y
```

步骤 3：修改主配置文件，修改完成后保存退出，具体内容如下所示。

```
[root@slave ~]#vim /etc/dhcp/dhcpd.conf
log-facility local7;

subnet 192.168.1.0 netmask 255.255.255.0 {
  range 192.168.1.1 192.168.1.200;
  range 192.168.1.210 192.168.1.253;
  option domain-name-servers 192.168.1.201,202.96.128.86;
  option domain-name "phei.com.cn";
  option routers 192.168.1.254;
  option broadcast-address 192.168.1.255;
  default-lease-time 600;
  max-lease-time 7200;
}
```

4. 重启 DHCP 服务

配置完成后，重启 DHCP 服务，并设置开机自动启动，如下所示。

```
[root@slave named]#systemctl restart dhcpd
[root@slave named]#systemctl enable dhcpd
```

5. 配置 DHCP 客户端

不同操作系统下的 DHCP 客户端的配置有所不同。

（1）Windows 操作系统。

将 Windows 主机配置为 DHCP 客户端比较简单，可以采用图形化配置。以 Windows 10 为例，配置步骤如下所示。

步骤 1：右击桌面上的"网上邻居"图标，在弹出的快捷菜单中选择"属性"选项，弹出"网络连接"窗口，然后右击"本地连接"图标，弹出"本地连接属性"对话框，双击"Internet 协议（TCP/IPv4）"选项，弹出"Internet 协议版本 4（TCP/IPv4）属性"对话框，如图 8-1-2 所示。

步骤 2：单击"自动获得 IP 地址"和"自动获得 DNS 服务器地址"单选按钮，然后单击"确定"按钮即可完成客户端的配置。

步骤 3：在虚拟机菜单栏中，选择"编辑"→"虚拟网络编辑器"选项，打开"虚拟网络编辑器"对话框，如图 8-1-3 所示，取消勾选"使用本地 DHCP 服务将 IP 地址分配给虚拟机"复选框。

图 8-1-2　"Internet 协议（TCP/IPv4）属性"对话框　　　图 8-1-3　"虚拟机网络编辑器"对话框

步骤 4：选择"开始"→"运行"选项，输入 cmd 命令后按 Enter 键打开字符界面。可以使用 ipconfig/release 命令释放获得的 IP 地址，使用 ipconfig/renew 命令重新获得 IP 地址，使用 ipconfig/all 命令查看获得的 IP 地址参数。查看 DHCP 客户端获得的 IP 地址参数如图 8-1-4 所示，可以看出 DHCP 客户端已经成功获得 IP 地址。

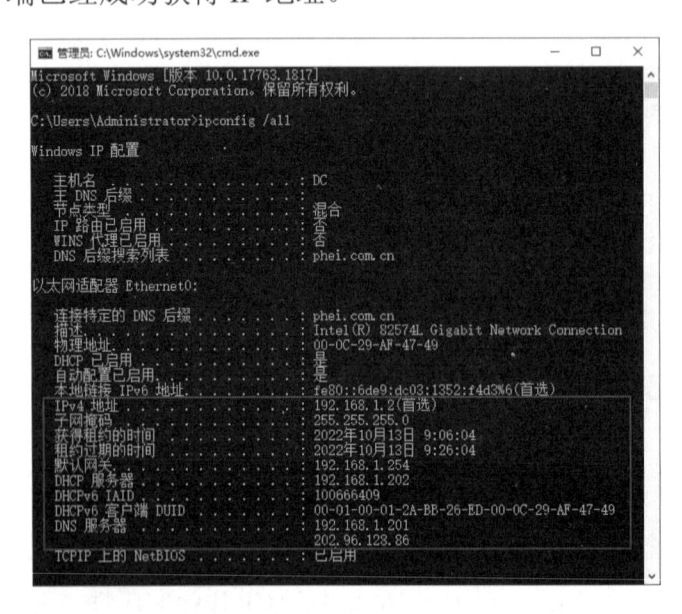

图 8-1-4　查看 DHCP 客户端获得的 IP 地址参数

（2）Linux 操作系统。

步骤 1：打开网卡配置文件/etc/sysconfig/network-scripts/ifcfg-ens160，删除或注释 IPADDR、PREFIX、GATEWAY 等几个条目，并将 BOOTPROTO 的值设为 dhcp，如下所示。

```
[root@client ~]#vim /etc/sysconfig/network-scripts/ifcfg-ens160
BOOTPROTO=dhcp
#IPADDR=192.168.1.228
#PREFIX1=24
#GATEWAY=192.168.1.254
```

步骤 2：修改完成后一定要重新启动 DHCP 客户端，否则网络配置不会生效。使用 ip addr show ens160 命令查看获取到的 IP 地址，如下所示。

```
[root@client ~]#ip addr show ens160
2: ens160: <BROADCAST,MULTICAST,UP,LOWER_UP> mtu 1500 qdisc fq_codel state UP group default qlen 1000
    link/ether 00:0c:29:09:89:fa brd ff:ff:ff:ff:ff:ff
    inet 192.168.1.2/24 brd 192.168.1.255 scope global dynamic noprefixroute ens160
       valid_lft 313sec preferred_lft 313sec
    inet6 fe80::20c:29ff:fe09:89fa/64 scope link noprefixroute
       valid_lft forever preferred_lft forever
```

任务小结

（1）分配 IP 地址的方式有两种，其中动态分配比静态分配更可靠，还能缓解 IP 地址资源紧张。DHCP 服务器采用 UDP 作为传输层传输协议，使用的端口号是 67 和 68。

（2）DHCP 客户端向 DHCP 服务器申请 IP 地址时，如果没有DHCP 服务器响应，那么DHCP 客户端会随机使用 169.254.0.0/16 网段中的其中一个 IP 地址作为本机地址。

任务 8.2　为指定计算机绑定 IP 地址

任务描述

公司的总经理希望每次启动计算机时都能获得相同的 IP 地址，网络管理员小彭曾试过使用固定 IP 地址，但有时总经理出差回来后，其计算机原来获得的 IP 地址会被 DHCP 服务器分配出去。小彭决定使用 DHCP 中的"保留"功能，将总经理计算机网络适配器的 MAC 地址与一个 IP 地址进行绑定，这样 DHCP 服务器就只会将这个 IP 地址分配给对应 MAC 地址的计算机。

任务要求

在相关服务器上已经配置好 DHCP 服务，现需要实现公司总经理的计算机绑定特定的 IP 地址。保留特定的 IP 地址设置项见表 8-2-1。

表 8-2-1 保留特定的 IP 地址设置项

选项	内容
主机名称	PC1
操作系统	Windows 10
MAC 地址	00-0C-29-D0-0D-46
IP 地址	192.168.1.222/24

任务资讯

DHCP 绑定是指 DHCP 服务器为某一 DHCP 客户端始终分配一个无租约期限的 IP 地址。例如，软件或系统测试环境中需要多次为 DHCP 客户端重新安装操作系统，那么使用 DHCP 绑定就能够确保 DHCP 客户端自动获得的始终为同一 IP 地址，其操作方法是在 DHCP 的主配置文件中新建保留项，用于绑定客户端的 MAC 地址与要分配的 IP 地址。

整个配置过程需要用到 host 声明和 hardware、fixed-address 参数。

（1）host + 主机名。

作用：用于定义保留地址，如例 8.2.1 所示。

例 8.2.1：定义保留地址

```
host computer1
```

（2）hardware + 网络接口类型 + 硬件地址。

作用：定义网络接口类型和硬件地址，如例 8.2.2 所示。常用网络接口类型为以太网（ethernet），硬件地址为 MAC 地址。

例 8.2.2：定义网络接口类型和硬件地址

```
hardware ethernet 3a:4b:c5:33:67:34
```

（3）fixed-address + IP 地址。

作用：定义 DHCP 客户端指定的 IP 地址，如例 8.2.3 所示。

例 8.2.3：定义 DHCP 客户端指定的 IP 地址

```
fixed-address 192.168.1.200
```

任务实施

1. 配置 DHCP 保留

步骤 1：本任务在主机名称为 PC1 的计算机上实现，在 PC1 计算机上使用 ipconfig/all 命令查询其 MAC 地址（也称物理地址）。查询计算机的 MAC 地址如图 8-2-1 所示。

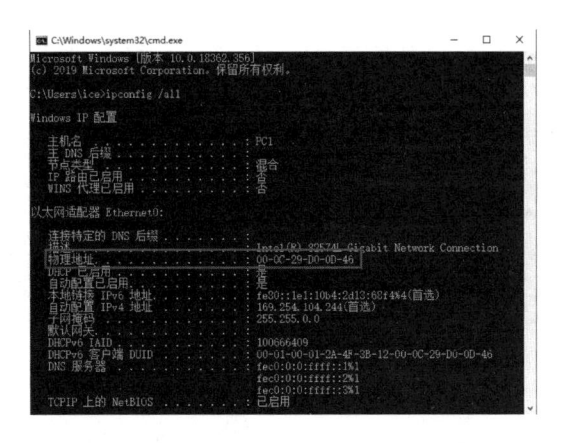

图 8-2-1　查询计算机的 MAC 地址

步骤 2：修改主配置文件。在任务 8.1 的基础上添加 IP 地址绑定内容，具体内容如下所示。

```
[root@slave ~]#vim /etc/dhcp/dhcpd.conf
log-facility local7;

subnet 192.168.1.0 netmask 255.255.255.0 {
  range 192.168.1.1 192.168.1.200;
  range 192.168.1.210 192.168.1.253;
  option domain-name-servers 192.168.1.201,202.96.128.86;
  option domain-name "phei.com.cn";
  option routers 192.168.1.254;
  option broadcast-address 192.168.1.255;
  default-lease-time 600;
  max-lease-time 7200;
}
//以下为IP地址绑定
host PC1 {
    hardware ethernet 00:0C:29:D0:0D:46;
    fixed-address 192.168.1.222;
}
```

2. 重启 DHCP 服务

配置完成后，重启 DHCP 服务，如下所示。

```
[root@slave named]#systemctl restart dhcpd
```

3. 测试 DHCP 保留

步骤 1：在 DHCP 客户端 client 上修改网络适配器本地连接的属性，将网络适配器的 Internet 协议版本 4（TCP/IPv4）属性设置为自动获得 IP 地址和自动获得 DNS 服务器地址。

步骤 2：在客户端的命令提示符中分别执行 ipconfig /release 命令和 ipconfig /renew 命令，即可查看到此计算机已获得了 192.168.1.222 的 IP 地址,即在 DHCP 服务器中设置的保留 IP 地址,在命令提示符中释放并重新获得 IP 地址如图 8-2-2 所示,查看 IP 地址详细信息如图 8-2-3 所示。

图 8-2-2　在命令提示符中释放并重新获得 IP 地址　　图 8-2-3　查看 IP 地址详细信息

任务小结

（1）DHCP 保留就是将某个 IP 地址和需要固定 IP 的计算机的 MAC 地址进行绑定。

（2）DHCP 客户端在向 DHCP 服务器更新租约时,DHCP 服务器都会将相同的 IP 地址出租给此客户端。

项目实训

配置 DHCP 服务

某公司在 Rocky Linux 8.6 服务器上配置 DHCP 服务,具体要求如下所示。

（1）服务器的 IP 地址为 192.168.1.1。

（2）IP 地址的使用范围为 192.168.1.100～192.168.1.199。

（3）子网掩码为 255.255.255.0。

（4）默认网关地址为 192.168.1.254。

（5）DNS 域名服务器的地址为 202.96.128.86。

（6）为物理机分配保留地址 192.168.1.177（提示：物理机的 MAC 地址可通过 ipconfig/all 命令查看）。

项目 9

配置与管理文件共享

项目描述

A 公司是一家刚成立不久的创业型公司,网络管理员为了方便公司员工共享和备份数据,准备对网络进行以下设计:使用 Samba 共享服务器和 NFS 服务器为各部门提供文件共享服务。

Linux 操作系统提供了 Samba 和 NFS 两种非常方便的服务来管理文件共享,Samaba 可以让 Linux 操作系统支持 SMB(Server Message Block,服务信息块)协议,实现跨平台共享文件和打印服务。NFS 允许一个系统在网络上与他人共享目录和文件,共享的目录可以像本地磁盘一样挂载到本地目录并直接使用。通过本项目的学习可以掌握 Samba 和 NFS 服务的配置、启动和验证方法。项目拓扑图如图 9-0-1 所示。

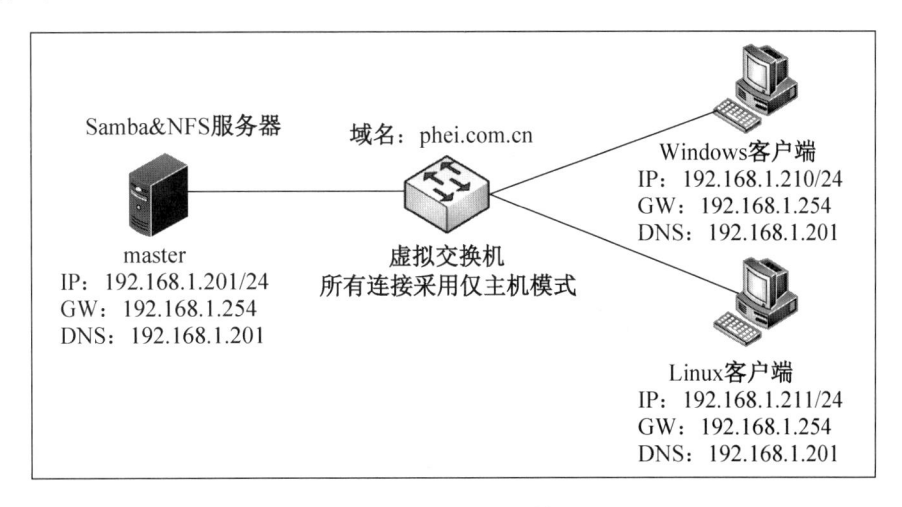

图 9-0-1 项目拓扑图

知识目标

1. 掌握 Samba 服务的配置文件及配置项。
2. 掌握 NFS 服务的配置文件及配置项。

能力目标

1. 能够安装和启动 Samba 服务器和 NFS 服务器。
2. 能够配置 Samba 服务和 NFS 服务实现文件共享。

素质目标

1. 培养读者逐步形成数据共享的安全意识。
2. 培养读者遵守道德法律，自觉履行职责。
3. 培养读者在规划资源共享时，养成严谨、细致的职业素养。

任务 9.1　安装与配置 Samba 服务器

任务描述

A 公司的网络管理员小彭，根据公司的业务需求，需要在信息中心的 Linux 服务器上实现文件共享服务和打印服务。小彭首先想到了 Samba 服务器，现需要安装 Samba 软件包，并对 Samba 服务器进行配置。

任务要求

在信息中心的 Linux 服务器上安装和配置 Samba 服务器，可以实现文件共享服务和打印服务。Samba 服务器主要用来在不同的操作系统之间提供文件和打印机共享服务。因其良好的跨平台功能，已经成为局域网上文件管理和打印管理的重要手段。Samba 服务器的配置主要是通过修改 Samba 服务的配置文件来实现。本任务的具体要求如下所示。

（1）A 公司的网络管理员搭建了 Samba 服务器，IP 地址为 192.168.201。

（2）Samba 服务器只允许 192.168.1.0/24 网段访问。

（3）Samba 服务器的安全级别为 user 级，所在工作组为 workgroup。

（4）共享名为 Text，共享目录为/MyText，使用户 user1 和 manager 可以访问其个人主目录和 Text 共享目录，并对目录可读/写。

（5）共享名为 Share，共享目录为/MyShare，其他用户只能访问个人主目录和只读访问 Share 共享目录。

任务资讯

Samba 服务器在 Windows 操作系统和 Linux 操作系统之间提供一个公共存储区，从而在两者之间共享文件和打印机。

1. Samba 的发展历史

在计算机网络发展的早期，文件在不同的主机之间的传输，基本都是使用 FTP 服务器来实现的。但 FTP 服务器有一个缺点，即无法直接修改 Linux 主机上的文件，需要将该文件从 FTP 服务器上把文件下载后再修改，修改后再上传到 FTP 服务器，导致该文件在服务器和客

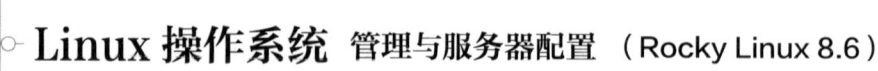

户端均在，经过一段时间后可能无法分辨哪一份文件是最新的。

为了解决这个问题，Samba 服务可以让 Linux 操作系统加入 Windows 操作系统的网上邻居支持，既可以用于 Windows 和 Linux 操作系统之间的文件共享，又可以用于 Linux 和 Linux 操作系统之间的资源共享，不仅如此，Samba 服务也可以让 Linux 操作系统上的打印机成为打印服务器（Printer Server）。

2. Samba 服务的工作原理

要想了解 Samba 服务的工作原理，必须介绍 NetBIOS（Network Basic Input/Output System，网络基本输入/输出系统）协议，因为 Samba 服务就是架构在 NetBIOS 协议上开发出来的。NetBIOS 协议是由 IBM 公司开发的，主要用于数十台计算机的小型局域网。Windows 操作系统也是基于 NetBIOS 协议开发的。由于 Samba 服务发展的本意就是为了让 Linux 操作系统与 Windows 操作系统进行通信，因此 Samba 服务也采用了 NetBIOS 协议。

Samba 服务通过两个后台守护进程来支持以下两个步骤。

（1）nmbd 守护进程：使用基于 Ipv4 地址的 NetBIOS 协议提供主机名和 IP 解析服务。使用 UDP 的 137 号、138 号端口来提供名称解析服务。

（2）smbd 守护进程：提供文件和打印机共享服务及身份验证和授权服务。使用 TCP 的 139 号、445 号端口管理共享和数据传输。

3. 认识 Samba 服务的配置文件

Samba 服务的配置文件一般放在/etc/samba/目录下，由主配置文件 smb.conf 和模板文件 smb.conf.example 组成。

（1）Samba 服务主配置文件 smb.conf。

smb.conf 文件中包含 Samba 服务的大部分参数配置，其文件结构如例 9.1.1 所示。

例 9.1.1：smb.conf 文件结构

```
[global]
        workgroup = SAMBA
        security = user
        ...
[homes]
        comment = Home Directories
        valid users = %S, %D%w%S
        ...
```

Samba 服务的配置参数分为全局配置参数和共享配置参数两种。

① 全局配置参数。

全局配置参数用于设置整体的资源共享环境，对里面的每一个独立共享资源都有效。在 smb.conf 文件中，"[global]"之后的内容表示全局配置参数。Samba 服务程序中的全局配置参数及其功能见表 9-1-1。

表 9-1-1　Samba 服务程序中的全局配置参数及功能

类　别	全局配置参数	功　　能
网络相关参数	workgroup= MYGROUP	设置工作组名称
	server string=Samba Server Version %v	服务器描述，%v 是变量，用来描述当前 Samba 服务器的版本信息
	max connections = 0	指定连接 Samba 服务器的最大连接数，若超出连接数量，则新的连接请求将被拒绝，0 表示不限制
日志相关参数	log file = /var/log/samba/log.%m	设置日志文件的存储位置和日志文件名称
	max log size = 50	设置日志文件的最大容量为 50 KB，若值为 0 则表示不做限制
安全性相关参数	security = share	Samba 客户端无须提供账号和密码，安全性较低
	security = user	Samba 客户端需要提供账号和密码，提升了安全性，系统默认方式
	security = server	设置使用独立的远程主机来验证来访主机提供的密码（集中管理账号）
	security = domain	设置使用域控制器进行身份验证
	passdb backend = tdbsam	设置 Samba 服务器用户密码的存放方式，使用数据库文件来建立用户数据库
	passdb backend = smbpasswd	设置使用 smbpasswd 命令为系统用户设置访问 Samba 服务器的密码
	passdb backend = ldapsam	设置基于 LDAP 的账号管理方式来验证用户
	encrypt passwords = yes|no	设置是否对账号的密码进行加密，默认为开启
打印机相关参数	load printer　=yes|no	设置在 Samba 服务启动时是否共享打印机设备，默认为开启
	cups options = raw	打印机的选项

② 共享配置参数。

共享配置参数用来设置单独的共享，且仅对该资源有效。共享属性及其功能见表 9-1-2。

表 9-1-2　共享属性及其功能

共享属性	功　　能
comment=任意字符串	共享目录的描述信息，可以是任意字符串
path=共享目录路径	指定共享目录的绝对路径
browseable = yes|no	指定共享目录是否可以浏览
public = yes|no	指定该共享目录是否允许用户匿名访问
read only = yes|no	指定该共享目录是否只读，当与 writable 发生冲突时，以 writable 为准，默认只读
writable=yes|no	指定该共享目录是否可写，当与 read only 发生冲突时，忽略 read only
valid users=用户名|@组名	特定用户或组才能访问该共享，若为空，则将允许所有用户，用户名之间用空格分隔
read list=用户名|@组名	指定该共享目录具有读权限的用户和组
write list =用户名|@组名	指定可以在该共享目录内进行写操作的用户和组
guest ok = yes	guest 账号可以访问

> **小提示**
>
> 当 Samba 服务器将 Linux 操作系统中的部分目录共享时，共享目录的权限除了与表 9-1-2 中给定的权限有关，还与其本身的文件系统权限有关。

在 Samba 服务中，存在两个特殊的共享，分别是[homes]和[printers]。其中"[homes]"表示用户的主目录共享，当使用者登录 Samba 服务器后，会看到自己的主目录，目录名称和用户的用户名相同；"[printers]"表示打印机共享。

（2）管理 Samba 用户。

在 Smaba 服务器发布共享资源后，Samba 客户端访问 Samba 服务器，需要提交用户名和密码进行身份验证，在验证合格后才可以登录。创建 Samba 用户之前要先创建一个同名的系统用户，来保证 Samba 用户与 Linux 操作系统用户相对应。Samba 服务器为了实现客户端身份验证功能，将用户名和密码信息都保存在/etc/samba/smbpasswd 文件中。

管理 Samba 用户的命令是 smbpasswd，其基本语法格式如下所示。

```
smbpasswd [选项] 用户名
```

smbpasswd 命令的常用选项及其功能见表 9-1-3。

表 9-1-3 smbpasswd 命令常用选项及其功能

选项	功能
-a	添加指定用户并设置密码（必须已存在同名的 Linux 操作系统用户）
-x	删除指定的用户
-d	禁用指定的用户
-e	激活指定的用户
-n	将指定用户的密码置空

创建 Samba 用户如例 9.1.2 所示。

例 9.1.2：创建 Samba 用户

```
[root@master ~]#useradd user1              //创建Linux操作系统用户
[root@master ~]#passwd user1               //设置Linux操作系统用户密码
[root@master ~]#smbpasswd -a user1         //创建Samba用户并设置密码
New SMB password:                          //输入密码
Retype new SMB password:                   //再次输入密码
Added user user1.
```

4. 认识 Samba 服务相关软件包

Samba 服务的主程序软件包为 samba-4.15.5，具体如下所示。

```
samba-common-4.15.5-5.el8.noarch           //Samba基础包
samba-client-libs-4.15.5-5.el8.x86_64      //Samba客户端软件
samba-4.15.5-5.el8.x86_64                  //Samba主程序
```

```
samba-libs-4.15.5-5.el8.x86_64                    //Samba库文件
samba-common-tools-4.15.5-5.el8.x86_64            //Samba客户端工具
```

5. Samba 服务的启停

Samba 服务的后台守护进程是 smb，因此，在启动、停止 Samba 服务和查询 Samba 服务状态时要以 smb 为参数。

6. 访问 Samba 共享资源

Windows 计算机需要安装 TCP/IP 和 NetBIOS 协议，才能访问到 Samba 服务器提供的共享文件和打印机。如果 Windows 计算机要向 Linux 或 Windows 计算机提供共享文件，那么在 Windows 计算机上不仅要设置共享的文件夹，还必须设置 Microsoft 网络共享的文件和打印机。

在 Linux 客户端中验证 Samba 服务器需要使用 smbclient 命令。smbclient 命令用来存取远程 Samba 服务器上的资源，它是 Samba 服务套件中的一部分，在 Linux 终端窗口中为用户提供了一种交互式工作环境。必须先安装 samba-client 软件包才可以使用 smbclient 工具，配置好 dnf 源后，可以使用 dnf install -y samba-client 命令进行安装。

```
smbclient [服务名] [选项]
```

服务名就是要访问的共享资源，格式为"//server/service"。其中，"server"是 Samba 服务器的 NetBIOS Name 或 IP 地址，"service"是共享名。smbclient 命令的常用选项及其功能见表 9-1-6。

表 9-1-6　smbclient 命令的常用选项及其功能

选　项	功　能
-L	显示 Samba 服务器所分享的可用资源
-I	指定 Samba 服务器的 IP 地址
-U	指定 Samba 服务器的用户名和密码

任务实施

user 级是 Samba 服务器的默认级别，除了配置 /etc/samba/smb.conf 主配置文件，还要配置用户信息。

1. 查询 Samba 服务软件包是否安装

使用 rpm -qa |grep samba 命令查询 Samba 软件包是否安装，如下所示。

```
[root@master ~]#rpm -qa|grep samba
samba-common-4.15.5-5.el8.noarch
samba-client-libs-4.15.5-5.el8.x86_64
samba-common-libs-4.15.5-5.el8.x86_64
//结果显示为该系统未安装Samba软件包
```

2. 安装 Samba 服务软件包

如果查询结果显示未安装 Samba 软件包，就使用 yum －y install samba 命令安装 Samba 所需要的软件包，如下所示。

```
[root@master ~]# dnf install -y samba
上次元数据过期检查：1:31:42 前，执行于 2022年10月17日 星期一 03时53分33秒。
依赖关系解决
……                                                          //此处省略部分内容
事务概要
================================================================================
安装  10 软件包

总计：5.2 M
安装大小：23 M
下载软件包：
                                                              //此处省略部分内容
已安装：
python3-dns-1.15.0-10.el8.noarch  python3-ldb-2.4.1-1.el8.x86_64
python3-samba-4.15.5-5.el8.x86_64    python3-talloc-2.3.3-1.el8.x86_64
python3-tdb-1.4.4-1.el8.x86_64       python3-tevent-0.11.0-0.el8.x86_64
samba-4.15.5-5.el8.x86_64            samba-common-tools-4.15.5-5.el8.x86_64
samba-libs-4.15.5-5.el8.x86_64       tdb-tools-1.4.4-1.el8.x86_64

完毕！
```

3. 编辑主配置文件的全局定义部分

根据任务要求，将模板文件/etc/samba/smb.conf.example 复制为主配置文件/etc/samba/smb.conf，设置 global 部分主要参数，修改服务器所在工作组为 workgroup 和只允许 192.168.1.0/24 网段访问，如下所示。

```
[root@master ~]#cd /etc/samba
[root@master samba]#cp smb.conf.example smb.conf
cp：是否覆盖"smb.conf"？ y
[root@master samba]#vim smb.conf
 84        workgroup = workgroup
 90        hosts allow = 192.168.1.
```

4. 编辑主配置文件的共享定义部分

根据任务要求增加共享定义部分，在文档最后进行添加，如下所示。

```
314  [Text]
315       path = /MyText
316       valid users = user1 manager
```

```
317         read only=no
318 [Share]
319         path = /MyShare
```

5. 创建共享目录

创建两个共享目录，由于/MyText 目录为 root 用户所建，默认用户 user1 和 manager 没有写权限，因此需要通过 chmod o=rwx /MyText 命令给其他用户加上写权限，如下所示。

```
[root@master ~]#mkdir /MyText
[root@master ~]#mkdir /MyShare
[root@master ~]#chmod o=rwx /MyText
```

6. 设置 Samba 用户

添加用户 user1 和 manager，并设置登录密码，并将用户 user1 和 manager 设置为 Samba 用户，并设置共享访问密码，可使用 pdbedit -L 命令查看现有 Samba 用户，如下所示。

```
[root@master ~]#useradd user1
[root@master ~]#useradd manager
[root@master ~]#echo "123456"|passwd --stdin user1
[root@master ~]#echo "123456"|passwd --stdin manager
[root@master ~]#smbpasswd -a user1
New SMB password:
Retype new SMB password:
Added user user1.
[root@master ~]#smbpasswd -a manager
New SMB password:
Retype new SMB password:
Added user manager.
[root@master ~]#pdbedit -L
user1:1003:
manager:1004:
```

7. 使用 testparm 命令测试配置文件

可使用#testparm 命令测试配置文件的语法格式是否正确，且具有部分语句的自动修正和语法统一功能，如需查看共享定义部分，可以按 Enter 键，如下所示。

```
[root@master ~]#testparm
Load smb config files from /etc/samba/smb.conf
rlimit_max: increasing rlimit_max (1024) to minimum Windows limit (16384)
Processing section "[homes]"
Processing section "[printers]"
Processing section "[MyText]"
Processing section "[Share]"
Loaded services file OK.
```

```
Server role: ROLE_STANDALONE
Press enter to see a dump of your service definitions
# Global parameters
[global]
        server string = Samba Server Version %v
        workgroup = MYGROUP
        log file = /var/log/samba/log.%m
        max log size = 50
        security = USER
        idmap config * : backend = tdb
        cups options = raw
[homes]
        comment = Home Directories
        browseable = No
        read only = No
[printers]
        comment = All Printers
        path = /var/spool/samba
        browseable = No
        printable = Yes
[Text]
        path = /MyText
        read only = No
        valid users = user1 manager
[Share]
        path = /MyShare
```

8. 重启 Samba 服务

配置完成后，重启 Samba 服务和设置开机自动启动，如下所示。

```
[root@master ~]#systemctl restart smb
[root@master ~]#systemctl enable smb
```

9. 关闭防火墙

配置完成后，关闭服务器的防火墙，并设置开机不自动启动，如下所示。

```
[root@master ~]#systemctl stop firewalld
[root@master ~]#systemctl disable firewalld
```

10. 关闭 SELinux

使用 getenforce 命令可查看 SELinux 状态，若是 enforcing 状态，则需要使用 setenforce 0 命令设置为 Permissive 状态；或打开/etc/selinux/config 文件，将 SELinux = enforcing 更改为 SELinux = disabled，但此时需要重新启动计算机才能生效。这里使用 setenforce 0 命令可立即

生效，如下所示（注意：使用 setenforce 0 命令设置的状态在计算机重启后会失效）。

```
[root@master ~]#setenforce 0
[root@master ~]#getenforce
Permissive
```

11．使用客户端测试 Samba 服务

（1）Windows 客户端验证。

步骤 1：设置客户端和 Samba 服务器之间的网络连通，此处略。

步骤 2：在 Windows 客户端上，打开任意一个 Windows 窗口，在地址栏内输入 "\\192.168.1.201"，按 Enter 键会弹出如图 9-1-1 所示的 "Windows 安全中心" 对话框，在用户名中输入指定的共享用户，密码是 Samba 用户的密码。

步骤 3：进入 Text 共享目录，新建 test1.txt 文本文件测试权限，如图 9-1-2 所示。

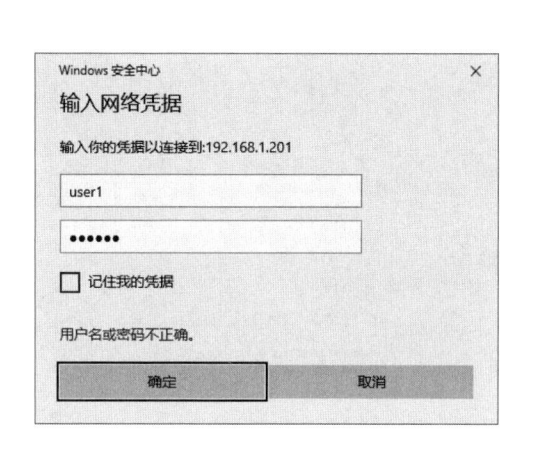

图 9-1-1 "Windows 安全中心" 对话框 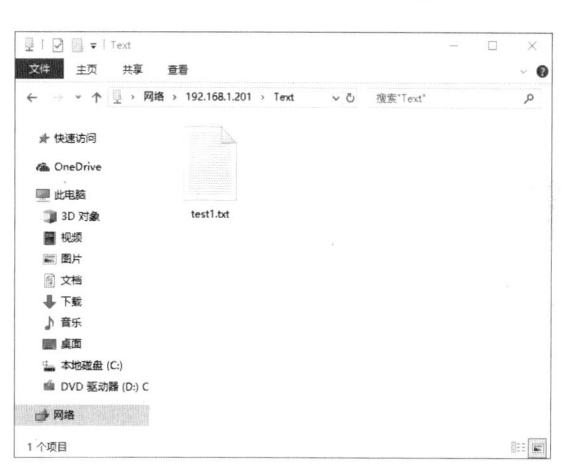　　图 9-1-2 新建 text1.txt 文本文件测试权限

步骤 4：进入 Share 共享目录，新建 a.txt 文本文件测试权限，如图 9-1-3 所示。

步骤 5：进入用户主目录 user1，新建 test2.txt 文本文件测试权限，如图 9-1-4 所示。

图 9-1-3 新建 a.txt 文本文件测试权限 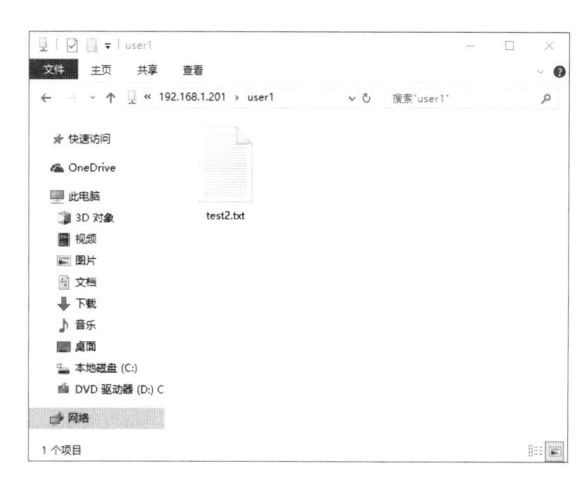　　图 9-1-4 新建 test2.txt 文本文件测试权限

（2）Linux 客户端验证。

步骤 1：设置 Linux 客户端和 Samba 服务器之间的网络连通，此处略。

步骤 2：使用 smbclient 命令查看 Samba 服务器的可用资源，如下所示。

```
[root@client ~]#smbclient -L 192.168.1.201 -U user1%123456
Domain=[MASTER] OS=[Windows 6.1] Server=[Samba 4.6.2]

    Sharename       Type        Comment
    ---------       ----        -------
    Text            Disk
    Share           Disk
    IPC$            IPC         IPC Service (Samba Server Version 4.6.2)
    user1           Disk        Home Directories
```

步骤 3：在 smbclient 命令中指定具体的服务名，随机进入 smbclient 的交互环境，可使用 ls 命令直接查看共享资源，如下所示。

```
[root@client ~]#smbclient //192.168.1.201/Text -U user1%123456
Try "help" to get a list of possible commands.
smb: \> ls
  .                                   D        0  Tue Oct 18 03:24:27 2022
  ..                                  D        0  Tue Oct 18 03:00:56 2022
  test1.txt                           A        0  Tue Oct 18 03:09:38 2022

            17811456 blocks of size 1024. 12585412 blocks available
```
//还有 cd、lcd、get、mget、put 和 mput 命令等。关于这些命令的详细用法可参阅其他相关书籍，这里不再深入讨论。

任务小结

（1）在进行不同系统间的文件共享时，Samba 服务是一个很好的选择。
（2）配置 Samba 服务时，需要添加 Samba 用户和设置共享访问密码，才能访问共享内容。
（3）在测试 Samba 服务时，要关闭 SELinux 和防火墙，否则会失败。

任务 9.2　安装与配置 NFS 服务器

任务描述

A 公司的网络管理员小彭，根据公司的业务需求，需要在信息中心的 Linux 服务器上实现文件共享，小彭首先想到了 NFS 服务器，现需要安装 NFS 服务器的相关组件，并进行配置。

任务要求

在信息中心的 Linux 服务器安装 NFS 服务器相关组件后，可以通过网络实现资源共享。NFS 通过网络让不同的机器、不同的操作系统能够彼此分享各自的数据，让应用程序在客户端通过网络访问位于服务器磁盘中的数据，是在 Linux 操作系统中实现磁盘文件共享的一种方法。本任务的具体要求如下所示。

（1）NFS 服务器的 IP 地址为 192.168.1.201。

（2）NFS 服务器输出共享目录为/MyText，对 192.168.1.211 主机可读/写，远程 root 映射为匿名用户，进行数据同步。

（3）NFS 服务器输出共享目录为/MyShare，对所有 192.168.1.0 网段的主机可读/写，进行数据同步，并将远程用户映射为本地 UID 为 333 的用户；/MyShare 对其他所有非 192.168,1.0 网段的主机只读，远程用户映射为匿名用户。

任务资讯

1. 认识 NFS 服务

NFS 服务是一种用于分散式文件系统的协议，由 Sun 公司开发，于 1984 年向外公布。

NFS 服务的基本原则是允许不同的客户端及服务器端通过一组 RPC 分享相同的文件系统。它独立于操作系统，允许不同的硬件及操作系统共同进行文件的分享。

NFS 服务在文件传送或信息传送过程中依赖于 RPC 协议。RPC（Remote Procedure Call，远程过程调用）协议是能使客户端执行其他系统中的程序的一种机制。NFS 服务本身是没有提供信息传输协议的功能的，但 NFS 却能让我们通过网络进行资料的分享，这是因为 NFS 服务使用了一些其他的传输协议。而这些传输协议会用到 RPC 功能，可以说 NFS 服务本身就是使用 RPC 功能的一个程序，或者说 NFS 服务是一个 RPC Server。所以只要用到 NFS 服务的地方就要启动 RPC 功能，无论是 NFS Server 还是 NFS Client。这样 Server 和 Client 才能通过 RPC 功能来实现 PROGRAM PORT 的对应。换句话说，NFS 服务是一个文件系统，而 RPC 功能负责信息的传输。

NFS 服务的优点如下所示。

（1）节省本地存储空间，可以将常用的数据存放在一台 NFS 服务器上，并且可以通过网络访问这些数据。

（2）用户无须在网络中的每个机器上都创建主目录，主目录可以放在 NFS 服务器上，并且可以在网络上被访问和使用。

（3）一些存储设备，如软驱、CD-ROM 和 Zip（一种高储存密度的磁盘驱动器与磁盘）

等都可以在网络上被其他的机器使用。这可以减少整个网络上可移动介质设备的数量。

2. 认识 NFS 服务相关软件包

（1）NFS 服务的主程序软件包为 nfs-utils-2.3.3-51，具体如下所示。

```
nfs-utils-2.3.3-51.el8.x86_64                    //NFS主程序
```

（2）rpcbind 服务的主程序软件包为 rpcbind-1.2.5-8，具体如下所示。

```
rpcbind-1.2.5-8.el8.x86_64                       //rpcbind主程序
```

3. 认识 NFS 配置文件

NFS 服务的主配置文件是/etc/exports，配置文件比较简单，主要通过权限控制来完成，基本语法格式如下所示。

```
<输出目录>[客户端1 选项(访问权限,用户映射,其他)] [ 客户端2 选项(访问权限,用户映射,其他)]
```

NFS 服务配置示例如例 9.2.1 所示。

例 9.2.1：NFS 服务配置示例

```
/sharedir1 192.168.0.0/24(rw,sync) *.abc.com(ro,all_squash)
/sharedir2 192.168.1.211(rw,sync,no_root_squash) *(ro)
```

每一行首先都是要共享的目录，然后是这个目录依照权限共享给不同的主机，主机后面的小括号内就是权限参数，参数不止一个时，可以用逗号隔开（注意：主机和小括号之间不能有空格）。

各项参数的详细说明如下所示。

（1）输出目录：共享给客户端使用的目录，使用绝对路径。

（2）客户端：客户端可以是一个，也可以是多个。名称可以是单台主机、IP 网络地址或者 IP 网段也支持通配符，如"*"或者"?"，但是通配符只能使用在主机名上。客户端常用的指定方式及其功能见表 9-2-1。

表 9-2-1　客户端主机常用的指定方式及其功能

指 定 方 式	功　　能
jsj	表示主机名（需在同一域下）
jsj.phei.com.cn	表示完整的主机名+域名
*.phei.com.cn	表示域下所有的主机
192.168.0.33	表示指定 IP 地址
192.168.0.0/24	表示指定网段中所有客户端主机
*	表示所有客户端主机

（3）选项：NFS 能不能用，好不好用，最重要就是小括号内相关选项的设置，exports 文件中的分类、常用选项及其功能见表 9-2-2。

表 9-2-2　exports 文件中的分类、常用选项及其功能

分　类	选　项	功　能
访问权限	ro	read-only 只读，只允许客户机挂载这个文件系统为只读模式
	rw	read-write 明确指定共享目录为读/写权限。用户能否真正写入，还要看该目录对该用户有没有开放 Linux 文件系统权限的写入权限
常规	sync	根据请求进行同步，数据同步写入内存与硬盘
	async	数据暂时存放在内存中，而非直接写入磁盘
	subtree_check	若输出目录是一个子目录，则 NFS 服务器将检查其父目录权限
	no_subtree_check	即使输出目录是一个子目录，NFS 服务器也检查其父目录的权限
	noaccess	禁止访问某一目录下的所有文件和目录，这样可以阻止别人访问共享目录下的一些子目录
	link_relative	如果共享文件系统中包括绝对链接，就把全路径转换为相对路径
	link_absolute	不改变软链接的任何内容
用户映射	root_squash	登录 NFS 主机的如果是 root 身份，那么这个用户将被视为匿名用户，通常它的 UID 和 GID 都会变成 nobody（nfsnobody）系统账号身份
	no_root_squash	让客户机的 root 用户在服务器上拥有 root 权限（不安全，不推荐使用）
	all_squash	把所有远程用户映射到 nfsnobody 用户/组，使得所有用户以匿名用户身份访问共享资源
	no_all_squash	不把所有远程用户映射到 nfsnobody 用户/组（默认）
	anonuid=xx	将远程用户映射为匿名用户并指定到本地特定的用户账号上，当然这个 UID 要存在于 /etc/passwd 中
	anongid=xx	将远程用户映射为匿名用户，并指定到本地特定的用户组账号上

4. exportfs 命令

在修改 /etc/exports 文件后，使用 exportfs 命令挂载共享目录，可以不重启 NFS 服务，平滑重载配置文件，从而避免进程挂起导致宕机。无须像其他的服务那样，当修改了主配置文件之后必须重启服务，使用 exportfs 命令就可以使设置立即生效。exportfs 命令基本语法格式如下所示。

```
exportfs [选项]
```

exportfs 命令常用选项及其功能见表 9-2-3。

表 9-2-3　exportfs 命令常用选项及其功能

选　项	功　能
-a	表示全部挂载或者卸载
-r	表示重新挂载
-u	表示卸载某一个目录
-v	表示显示共享目录

5. showmount 命令

showmount 命令主要用于查询 NFS 服务器的相关信息，该命令基于语法格式如下所示。

```
showmount [-ade] 服务器名称或IP地址
```

showmount 命令常用选项及其功能见表 9-2-4。

表 9-2-4 showmount 命令常用选项及其功能

选项	功能
-a	显示指定 NFS 服务器的所有客户端主机及其所连接的目录
-d	仅显示被客户端连接的所有输出目录
-e	显示 NFS 服务器上所有输出的共享目录
-h	显示帮助信息
-v	显示版本信息

6. RPC 与 NFS 服务的启停

（1）RPC 服务的后台守护进程是 rpcbind，因此，在启动、停止 RPC 服务和查询 RPC 服务状态时要以 rpcbind 为参数。

（2）NFS 服务的后台守护进程是 nfs-server，因此，在启动、停止 NFS 服务和查询 NFS 服务状态时要以 nfs-server 为参数。

7. NFS 客户端的配置

NFS 服务器端配置完成后，客户端如果想要使用该 NFS 就必须先挂载该文件系统，而使用完成后应及时卸载 NFS 文件系统。用户可以通过 mount 命令将可用输出目录挂载到本地文件系统中，也可以直接修改/etc/fstab 文件实现开机自动挂载 NFS。

（1）NFS 客户端安装 NFS 软件包和 rpcbind 软件包，参照 NFS 服务器端的安装方法，这里不再讲述。

（2）查看 NFS 服务器信息。

在客户端挂载 NFS 服务器的共享目录之前，可以使用 showmount 命令查看服务器上有哪些输出目录，以及共享目录是否允许客户端连接。NFS 服务器的 IP 地址为 192.168.1.201，查看结果如下所示。

```
[root@client ~]#showmount -e 192.168.1.201
Export list for 192.168.1.201:
/MyShare (everyone)
/MyText  192.168.1.210
```

（3）挂载输出目录到本地。

使用 mount 命令挂载 NFS 文件系统，mount 命令基本语法格式如下所示。

```
mount -t nfs <NFS服务器地址:共享目录> <本地挂载点>
```

（4）修改/etc/fstab 文件实现自动挂载。

如果要经常使用远程服务器上的共享目录，每次挂载略显麻烦，可以在客户端直接修改/etc/fstab 文件的内容，实现自动挂载。在 NFS 客户端的/etc/fstab 文件中需添加的内容如下所示。
```
192.168.1.201:/MyText    /nfstext    nfs    defaults    0 0
//再次开机时NFS服务器的输出目录将被自动挂载
```
（5）卸载输出目录。

当用户无须使用某个 NFS 服务器的输出目录时，为了安全，最好及时将共享目录卸载。例如，要卸载前面所挂载的目录，可以使用 umount 挂载点命令，如下所示。

```
[root@client ~]#df -TH|grep nfs
192.168.1.201:/MyText    nfs4    19G    3.6G    15G    20%    /nfstext
[root@client ~]#umount /nfstext
[root@client ~]#df -TH|grep nfs
```

任务实施

1. 查询 NFS 服务的 nfs-utils 软件包是否安装

使用 rpm -qa |grep nfs 命令查询 nfs-utils 软件包是否安装，如下所示。

```
[root@master ~]#rpm -qa|grep nfs
libnfsidmap-2.3.3-51.el8.x86_64
sssd-nfs-idmap-2.6.2-3.el8.x86_64
nfs-utils-2.3.3-51.el8.x86_64                       //NFS主程序
//nfs-utils软件包默认安装
```

2. 查询 rpcbind 软件包是否安装

使用 rpm -qa |grep rpcbind 命令查询 rpcbind 软件包是否安装，如下所示。

```
[root@master ~]#rpm -qa|grep rpcbind
rpcbind-0.2.0-42.el7.x86_64                         //rpcbind主程序
//rpcbind软件包默认安装
```

3. 配置 NFS 服务器

步骤 1：创建共享目录，如下所示。

```
[root@master ~]#mkdir /MyText
[root@master ~]#mkdir /MyShare
```

步骤 2：编辑主配置文件/etc/exports，输入以下内容并保存退出。

```
[root@master ~]#vim /etc/exports
/MyText        192.168.1.211(rw,sync,root_squash)
/MyShare       192.168.1.0(rw,sync,anonuid=333)       *(ro,all_squash)
```

> 小提示
>
> 若无 UID 为 333 的用户，则请读者自行创建。

步骤3：使用exportfs命令重新输出共享目录，如下所示。

```
[root@master ~]#exportfs -arv
exporting 192.168.1.0:/MyShare
exporting 192.168.1.211:/MyText
exporting *:/MyShare
```

4. 重启NFS服务器相关服务

配置完成后，重启rpcbind、nfs-utils和nfs-server，并设置开机自动启动，如下所示。

```
[root@master ~]#systemctl restart rpcbind
[root@master ~]#systemctl enanle rpcbind
[root@master ~]#systemctl restart nfs-utils
[root@master ~]#systemctl restart nfs-server
[root@master ~]#systemctl enable nfs-serverr
//三个服务的启动顺序不能变
```

5. 关闭NFS服务器端的防火墙

关闭NFS服务器端的防火墙，并设置开机不自动启动，如下所示。

```
[root@master ~]#systemctl stop firewalld
[root@master ~]#systemctl disable firewalld
```

6. 使用客户端测试NFS服务

步骤1：使用showmount命令查看服务器中NFS所有输出的共享目录，如下所示。

```
[root@client ~]#showmount -e 192.168.1.201
Export list for master.phei.com.cn:
/MyShare (everyone)
/MyText  192.168.1.211
```

步骤2：将NFS服务器的/MyText输出目录挂载到客户端本地的/nfstext目录下，如下所示。

```
[root@client ~]#mkdir /nfstext
[root@client ~]#mount -t nfs 192.168.1.201:/MyText /nfstext
//这样就完成了远程服务器192.168.1.201上的/MyText输出目录到本地的挂载,打开/nfstext目录就可以访问远程主机上的文件了
[root@client ~]#df -TH|grep nfs              //查询结果显示已挂载成功
192.168.1.201:/MyText    nfs4    19G  3.6G  15G  20% /nfstext
```

任务小结

（1）NFS服务依赖RPC协议，使用NFS服务时，应确保RPC协议已安装。

（2）NFS服务启动的顺序是rpcbind、nfs-utils和nfs-server，这三个服务的顺序不能改变，否则服务会启动失败。

（3）在进行测试 NFS 服务时，要关闭服务器端的防火墙，否则会失败。

项目实训

1. Samba 服务器的配置

（1）设置工作组名为 workgroup。

（2）建立 Linux 操作系统的本地账号为 shareuser，登录密码为 123456，主目录为 /home/shareuser，对应 Windows 的管理员账号为 administrator，Samba 共享密码为 share。

（3）设定 Samba 访问验证方式为用户验证。

（4）共享/ShareDocs 目录，共享名为 wdgx，权限为可写，并在 Windows 操作系统下测试。

（5）将 Widows 操作系统中的 C:\Windows\Fonts 目录下的任意一个字体文件，复制至该共享目录。

2. NFS 服务器的配置

（1）NFS 服务器地址为 192.168.1.10。

（2）输出/tmp/nfssharedocs 目录，供所有用户读取信息。

（3）输出/tmp/nfsupload 目录作为 192.168.1.0/24 网段的数据上传目录，并将所有用户及所属的用户组都映射为 nfstest 用户，其 UID 与 GID 均为 222。

（4）输出/tmp/nfstest 仅共享给 192.168.1.20 这台主机，权限为可读/写。

（5）把 NFS 服务器上的/tmp/nfsupload 共享目录挂载到客户机的/tmp/nfsshare 文件夹，并实现自动挂载。

（6）在客户端上测试、访问共享资源。

项目 10

配置与管理 Web 服务器

项目描述

A 公司是一家中小型的互联网公司，为了对外宣传和扩大影响，决定搭建公司的门户网站。网站相关页面已经设计完成，现需要部署网站。考虑到成本和维护问题，公司决定使用 Linux 操作系统配合 Apache 或 Nginx 搭建 Web 服务器。

Apache HTTP Server（简称 Apache）是 Apache 软件基金会的一个开放源码的网页服务器，可以在大多数计算机操作系统中运行，由于其跨平台特性和安全性被广泛使用，是最流行的 Web 服务器端软件之一。Nginx（engine x）是一款轻量级的 Web 服务器/反向代理服务器及电子邮件（IMAP/POP3）代理服务器，其特点是占用内存少，并发能力在同类型的网页服务器中表现较好。

本项目主要介绍 Apache 和 Nginx 的基本原理、配置文件、服务器的搭建、虚拟主机的使用。项目拓扑图如图 10-0-1 所示。

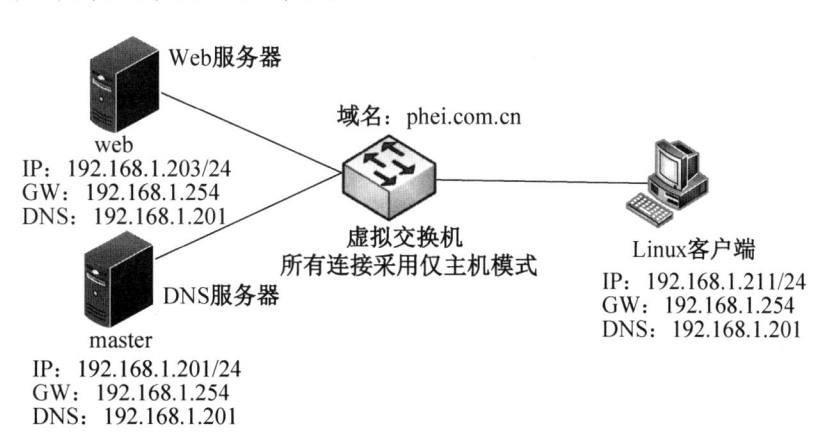

图 10-0-1　项目拓扑图

知识目标

1. 了解 Web 服务的应用场景、基本工作过程。
2. 了解 Apache 和 Nginx 的发展和技术特点。
3. 掌握 Apache 和 Nginx 服务的配置文件和配置项。

能力目标

1. 能够实现 Apache 和 Nginx 软件的安装和启动。
2. 能够实现 Apache 和 Nginx 服务常见配置项的配置。
3. 能够实现三种虚拟主机的配置。

素质目标

1. 培养读者树立节约意识,建立网站时充分利用现有服务器资源。
2. 培养读者形成服务意识,主动关注用户需求,协助发布网站。

任务 10.1　安装与配置 Apache 服务器

任务描述

A 公司的网络管理员小彭，根据公司的业务需求，需要将公司程序员开发好的网站部署到信息中心的 Web 服务器上。公司使用的是 Linux 服务器，现需要安装 Apache 软件包，并对 Apache 服务器进行配置。

任务要求

在信息中心的 Linux 服务器中安装 Apache 软件包，可以实现网站的部署功能。世界上很多著名的网站都在使用 Apache。它快速、可靠，并且具有出色的安全性和跨平台特性，是目前最流行的 Web 服务器软件之一。Web 服务器的配置主要是通过修改 Apache 服务的配置文件来实现，网站主要设置项及计划设置方案见表 10-1-1。

表 10-1-1　网站主要设置项及计划设置方案

设　置　项	计划设置方案
端口	80
Web 服务器 IP 地址	192.168.1.203
主目录	/web/www
首页文件	首页文件名为 default.html，内容按需呈现

任务资讯

万维网（World Wide Web，WWW）即全球广域网，它是一种基于超文本和 HTTP 的、全球性的、动态交互的、跨平台的分布式图形信息系统。是建立在 Internet 上的一种网络服务，为浏览者在 Internet 上查找和浏览信息提供了图形化的、易于访问的直观界面，其中的文档及超级链接将 Internet 上的信息节点组织成一个互为关联的网状结构。

我们通常所说的 WWW 服务、Web 服务，其实是一个意思，泛指通过 HTTP 协议传输，使用图形化界面来展示信息的一种方式。也就是俗称的网站或者网页。

1. Web 服务的工作原理

Web 服务是采用典型的客户端/服务器模式运行的。Web 服务运行于 TCP（Transmission Control Protocol，传输控制协议）之上。用户可以通过客户端浏览器访问 Web 服务器上的图、文、音、视并茂的网页信息资源。Web 服务器的交互过程一般可分为 4 个步骤，即连接过程、请求过程、应答过程及关闭连接。Web 服务的交互过程如图 10-1-1 所示。

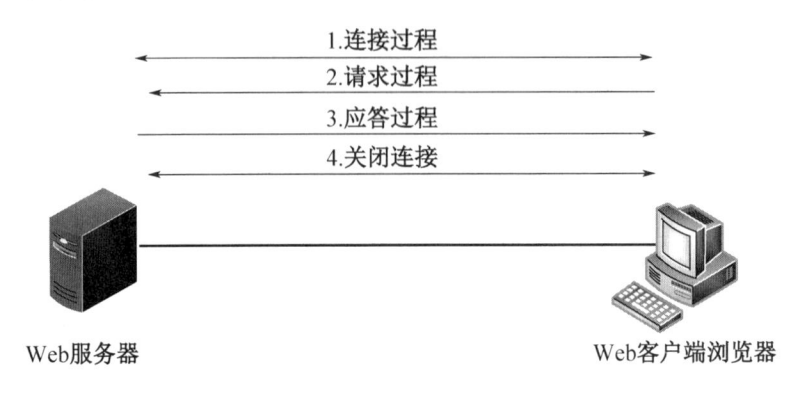

图 10-1-1　Web 服务的交互过程

（1）连接过程：Web 浏览器与 Web 服务器之间建立 TCP/IP 连接，以便传输数据。

（2）请求过程：浏览器向 Web 服务器发出资源查询请求。

（3）应答过程：Web 服务器接收 HTTP 请求，并通过 HTTP 响应将 Web 资源发送给 Web 浏览器。

（4）关闭连接：在应答过程完成以后，浏览器和 Web 服务器之间断开 TCP/IP 连接的过程。

2. Web 服务相关技术

（1）HTTP（Hyper Text Transfer Protocol，超文本传输协议）是浏览器和 Web 服务器通信时所使用的应用层协议，允许浏览器向服务器请求 Web 资源并接收响应。

（2）HTML（Hyper Text Markup Language，超文本标记语言）是由一系列标签组成的一种标记性语言，主要用来描述网页的内容和格式。它包括一系列标签，通过这些标签可以将网络上的文档格式统一，使分散的 Internet 资源连接为一个逻辑整体。网页中的不同内容，如文字、图形、动画、声音、表格、超链接等，都可以用 HTML 标签来表示。

3. 认识 Apache 服务

Apache 源于 NCSA 所开发的 httpd。1994 年后许多 Web 管理员在 httpd 基础上不断发展附加功能，一批 Web 管理员通过电子邮件沟通实现其功能，并以补丁（patches）形式发布。1995 年几位核心成员成立了 Apache 组织（取自 APatche）。随后 Apache 不断更新版本，革新服务器架构，一年内超过了 httpd 成为排名第一的 Web 服务器软件。

Apache 以其开源、快速、可靠并且可通过简单的 API 扩展，将 Perl/Python 等解释器编译到服务器中等优点，成为世界使用率排名第一的 Web 服务器软件。它可以运行在所有广泛使用的计算机平台上，可移植性非常好。很多著名的网站使用 Apache 作为服务器，其市场占有率已超过 60%。

4. 认识 Apache 服务相关软件包

Apache 服务的主程序软件包为 httpd-2.4.37，如下所示。

```
httpd-2.4.37-47.module+el8.6.0+823+f143cee1.1.x86_64          //Apache主程序
httpd-filesystem-2.4.37-47.module+el8.6.0+823+f143cee1.1.noarch //基本目录
httpd-tools-2.4.37-47.module+el8.6.0+823+f143cee1.1.x86_64     //Apache工具
```

5. 认识 Apache 主配置文件

Apache 服务器的全部配置信息都存储在主配置文件/etc/httpd/conf/httpd.conf 中。下面来学习 Apache 主配置文件的结构和基本用法。

（1）Apache 主配置文件。

httpd.conf 文件内绝大部分内容都是以"#"开头的注释。为了保持主配置文件的简洁性，降低学习难度，可过滤掉所有的说明行，只保留有效的行。过滤 httpd.conf 文件的说明行如例 10.1.1 所示。

例 10.1.1：过滤 httpd.conf 文件的说明行

```
[root@web ~]#grep -v '#' /etc/httpd/conf/httpd.conf

ServerRoot "/etc/httpd"
Listen 80
……                                        //此处省略部分内容
<Directory />
    AllowOverride none
    Require all denied
</Directory>
……                                        //此处省略部分内容
DocumentRoot "/var/www/html"
……                                        //此处省略部分内容
```

在 httpd.conf 文件中有三种类型的信息，包括注释行信息、全局配置、区域配置。httpd.conf 文件中的参数及其功能见表 10-1-2。

表 10-1-2　httpd.conf 文件中的参数及其功能

参　　数	功　　能
ServerRoot	指定 Apache 的服务目录，默认是/etc/httpd
DocumentRoot	指定网站的根目录，一般要设置为绝对路径，默认值是/var/www/html

续表

参数	功能
Listen	指定 Apache 的监听端口，默认工作端口号是 80
User 和 Group	指定运行 Apache 的用户和组，默认都是 apache
ServerAdmin	指定网站管理员的邮箱。当用户访问该网站时，若遇到错误，则会向管理员邮箱发送错误信息
ServerName	指定 Apache 服务器的域名，要保证能够被 DNS 服务器解析
ErrorLog	指定错误日志文件的路径，默认是 logs/error_log
CustomLog	指定访问日志文件的路径和格式，默认是 logs/access_log
LogLevel	指定控制日志详细程度的级别，
TimeOut	指定访问超时时间，默认是 300 s
Directory	设置服务器上资源目录的路径、权限等
DirectoryIndex	指定网站的首页，默认的首页文件是 index.html
MaxClients	指定 Apache 的最大连接数，即 Web 服务器可以允许多少客户端同时连接

（2）Directory 配置段。

在 Apache 主配置文件和虚拟主机配置文件中，都需要使用 Directory 配置段。<Directory> 和 </Directory> 是一对命令，它们中间所包含的指定，仅对指定的目录有效。Directory 配置段包含的选项及其功能见表 10-1-3。

表 10-1-3 Directory 配置段包含的选项及其功能

选项	功能
Options	配置指定目录具体使用哪些功能特性
AllowOverride	设置是否把 ".htaccess" 作为配置文件，可以允许该文件的全部命令，也可以只允许某些类型的指定，或者全部禁止
Order	控制默认访问状态，以及 Allow 和 Deny 指定的生效顺序
Allow	控制哪些主机可以访问。可以根据主机名、IP 地址、IP 范围或其他环境变量的定义来进行控制
Deny	限制访问 Apache 服务器的主机列表，其语法和参数与 Allow 命令完全相同

6. Apache 服务的启停

Apache 软件的后台守护进程是 httpd，因此，在启动、停止 Apache 服务和查询 Apache 服务状态时要以 httpd 为参数。

任务实施

1. 查询 Apache 服务器的 httpd 软件包是否安装

```
[root@web ~]#rpm -qa|grep httpd
//结果显示为该系统未安装httpd软件包
```

2. 安装 Apache 服务器的 httpd 软件包

如果查询结果显示未安装 Apache 服务器的 httpd 软件包，就使用 dnf -y install httpd 命令安装 Apache 服务器所需要的软件包，如下所示。

```
[root@web ~]#dnf install -y httpd
上次元数据过期检查：1 day, 0:29:27 前，执行于 2022年10月18日 星期二 03时04分47秒。
依赖关系解决。
                                                                //此处省略部分内容
事务概要
================================================================================
安装  9 软件包

总计：2.0 M
安装大小：5.4 M
下载软件包：
                                                                //此处省略部分内容
已安装：
apr-1.6.3-12.el8.x86_64
apr-util-1.6.1-6.el8.1.x86_64
apr-util-bdb-1.6.1-6.el8.1.x86_64
apr-util-openssl-1.6.1-6.el8.1.x86_64
httpd-2.4.37-47.module+el8.6.0+823+f143cee1.1.x86_64
httpd-filesystem-2.4.37-47.module+el8.6.0+823+f143cee1.1.noarch
httpd-tools-2.4.37-47.module+el8.6.0+823+f143cee1.1.x86_64
mod_http2-1.15.7-5.module+el8.6.0+823+f143cee1.x86_64
rocky-logos-httpd-85.0-4.el8.noarch

完毕！
```

3．检查 Web 服务器初始状态

当确认 Apache 的相关软件包正确安装后，为了验证 Apache 服务器是否正常运行，无须更改任何配置文件，直接启动服务，然后在"应用程序"菜单中可打开 Firefox 浏览器，并在地址栏中输入 http://127.0.0.1。若 Apache 服务器正常运行，则会进入如图 10-1-2 所示的测试页面。

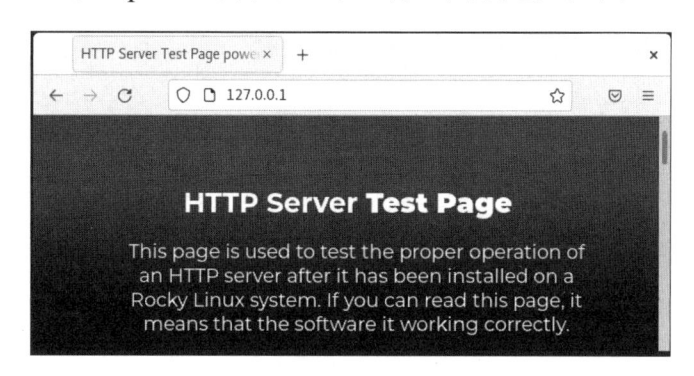

图 10-1-2　测试页面

4. 配置 Web 服务器

步骤 1：设置 Web 服务器的 IP 地址为 192.168.1.203/24，这里不再详述。

步骤 2：创建文档根目录和首页文件，如下所示。

```
[root@web ~]#mkdir -p /web/www
[root@web ~]#echo "This is my first Website." > /web/www/default.html
[root@web ~]#ls -l /web/www/default.html
-rw-r--r--. 1 root root 26 7月  15 09:56 /web/www/default.html
```

步骤 3：修改 DocumentRoot 和 DirectoryIndex 参数，并将默认的 Directory 配置段中的路径改为/web/www，如下所示。

```
[root@web ~]#vim /etc/httpd/conf/httpd.conf
……                                                    //此处省略部分内容
    //修改122行处,将/var/www/html改为/web/www
  122 DocumentRoot "/web/www"
 //修改134行处,将/var/www/html改为/web/www
  134 <Directory "/web/www">
  147     Options Indexes FollowSymLinks
  154     AllowOverride None
  159     Require all granted
  160 </Directory>
 //修改167行处,加入default.html
  166 <IfModule dir_module>
  167     DirectoryIndex index.html default.html
  168 </IfModule>
……                                                    //此处省略部分内容
```

5. 重启 Apache 服务

配置完成后，重启 Apache 服务和设置开机自动启动，如下所示。

```
[root@web ~]#systemctl restart httpd
[root@web ~]#systemctl enable httpd
```

6. 关闭防火墙

配置完成后，关闭防火墙，并设置开机不自动启动，如下所示。

```
[root@web ~]#systemctl stop firewalld
[root@web ~]#systemctl disable firewalld
```

7. 关闭 SELinux

配置完成后，将 SELinux 的安全策略设置为允许模式，如下所示。

```
[root@web ~]#setenforce 0
[root@web ~]#getenforce
```

Permissive

8. 测试 Apache 服务

在客户端中，确保两台主机之间网络连接正常，即可显示新的网页，如下所示。

```
[root@client ~]#curl http://192.168.1.203
This is my first Website.
```

任务小结

（1）Apache 软件的后台守护进程是 httpd，在启动、停止 Apache 服务和查询 Apache 服务状态时要以 httpd 为参数。

（2）Apache 服务更换主目录时，需要将 SELinux 的安全策略设置为允许或关闭模式，否则无法显示新的网页。

任务 10.2　发布多个网站

任务描述

公司的一台 Web 服务器上已经有了一个网站，但公司新购置的基于 B/S 架构的内控系统也需要创建一个网站。此外，公司销售部、后勤部的网页内容经常需要更新，希望能建立独立的网站。公司让网络管理员小彭完成这一任务。

任务要求

Rocky Linux 8.6 操作系统的 Web 服务器 Apache 软件支持在同一台服务器上发布多个网站，这些网站也称为虚拟主机，它们至少要在 IP 地址、端口、主机名三项中有一项与其他网站有所不同。可以创建 IP 地址、端口和主机名不同的多个网站，网站的主要设置项见表 10-2-1。

表 10-2-1　网站的主要设置项

设 置 项	IP 地址	主 机 名	端 口 号	主 目 录	首页文件
销售部网站	192.168.1.203	xs.phei.com.cn	80	/vh/xs	index.html
后勤部网站		hq.phei.com.cn		/vh/hq	

续表

设置项	IP 地址	主机名	端口号	主目录	首页文件
财务部网站	192.168.1.203	cw.phei.com.cn	8088	/vh/8088	index.html
			8089	/vh/8089	
人事部网站	192.168.1.205	无	80	/vh/205	
	192.168.1.206			/vh/206	

任务资讯

虚拟主机是在一台物理机上搭建多个 Web 站点的一种技术，每个 Web 站点都能独立运行，互不干扰。虚拟主机技术减少了服务器数量，管理方便，降低网站维护成本。在 Apache 服务器上有 3 种类型的虚拟主机，分别是基于 IP 地址、基于域名和基于端口号的虚拟主机。

（1）基于 IP 地址的虚拟主机，是指先为一台 Web 服务器设置多个 IP 地址，并且每个 IP 地址与服务器上发布的网站一一对应，那么当用户请求访问不同的 IP 地址时，就会访问不同网站的页面资源。

（2）基于域名的虚拟主机，当服务器无法为每个网站都分配一个独立 IP 地址的时候，基于域名的虚拟主机可以解决通过不同的域名来传输不同的内容。在 DNS 服务器中建立多条主机资源记录即可实现不同的域名对应同一个 IP 地址。

（3）基于端口号的虚拟主机，可以让用户通过指定的端口号来访问服务器上的网站资源，只要为物理主机分配一个 IP 地址即可，需要在 Apache 主配置文件中通过 Listen 命令指定多个监听端口。

在 httpd.conf 文件中，虚拟主机由<VirtualHost>段定义，基本语法格式如下所示。

```
//可以改为IP地址或者域名，冒号后跟的是端口号，也可以进行修改
<VirtualHost *:80>
        //定义虚拟主机的管理员邮件地址
    ServerAdmin webmaster@dummy-host.example.com
        //定义虚拟主机的主目录。
    DocumentRoot /www/docs/dummy-host.example.com
//定义虚拟主机的名称，特别是基于主机头的虚拟主机，此处非常重要
    ServerName dummy-host.example.com
//错误日志
    ErrorLog logs/dummy-host.example.com-error_log
//访问日志
    CustomLog logs/dummy-host.example.com-access_log common
</VirtualHost>
```

任务实施

1. 基于域名的虚拟主机

步骤 1：为 Web 服务器配置 IP 地址 192.168.1.203，这里不再详述。

步骤2：在 DNS 服务的正向解析区域文件中添加两条 CNAME 资源记录，如下所示。DNS 服务器的具体配置方法请参考任务 7.1。

```
[root@master ~]#vim /var/named/phei.com.cn.zone
xs      CNAME          web
hq      CNAME          web
```

步骤3：为两个网站分别创建文档根目录和首页文件，如下所示。

```
[root@web ~]#mkdir -p /vh/xs
[root@web ~]#mkdir -p /vh/hq
[root@web ~]#echo "This is xs homepage.">/vh/xs/index.html
[root@web ~]#echo "This is hq homepage.">/vh/hq/index.html
```

步骤4：修改 /etc/httpd/conf.d/vhost.conf 文件的内容，如下所示。

```
<Virtualhost 192.168.1.203>
    DocumentRoot    /vh/xs
    ServerName      xs.phei.com.cn
    <Directory /vh/xs>
        AllowOverride none
        Require all granted
    </Directory>
</Virtualhost>
<Virtualhost 192.168.1.203>
    DocumentRoot    /vh/hq
    ServerName      hq.yiteng.com.cn
    <Directory /vh/hq>
        AllowOverride none
        Require all granted
    </Directory>
</Virtualhost>
```

步骤5：重启 httpd 服务和设置开机自动启动，如下所示。

```
[root@web ~]#systemctl restart httpd
[root@web ~]#systemctl enable httpd
```

步骤6：关闭防火墙服务和设置开机不自动启动，如下所示。

```
[root@web ~]#systemctl stop firewalld
[root@web ~]#systemctl disable firewalld
```

步骤7：关闭 SELinux，把 SELinux 的安全策略设置为允许模式，如下所示。

```
[root@web ~]#setenforce 0
```

步骤8：在客户端配置客户端的 DNS 服务器地址，确保两台主机之间网络连接正常。

步骤9：在文本命令行中使用 curl 命令分别进行测试，如下所示。

```
[root@client ~]#curl http://xs.phei.com.cn
This is xs homepage.
[root@client ~]#curl http://hq.phei.com.cn
```

```
This is hq homepage.
```

2. 基于端口号的虚拟主机

步骤 1：在 DNS 服务的正向解析区域文件中添加一条 CNAME 资源记录，如下所示。DNS 服务器的具体配置方法请参考任务 7.1。

```
[root@master ~]#vim /var/named/phei.com.cn.zone
cw          CNAME           web
```

步骤 2：在 Apache 主配置文件中添加 8088 和 8089 两个监听端口，如下所示。

```
[root@web ~]#vim /etc/httpd/conf/httpd.conf
Listen 8088
Listen 8089
```

步骤 3：为两台虚拟主机分别创建文档和首页文件，如下所示。

```
[root@web ~]#mkdir -p /vh/8088
[root@web ~]#mkdir -p /vh/8089
[root@web ~]#echo "This is 8088 homepage.">/vh/8088/index.html
[root@web ~]#echo "This is 8089 homepage.">/vh/8089/index.html
```

步骤 4：修改 /etc/httpd/conf.d/vhost.conf 文件的内容，如下所示。

```
<Virtualhost 192.168.1.203:8088>
    DocumentRoot    /vh/8088
    ServerName      cw.phei.com.cn
    <Directory /vh/8088>
        AllowOverride none
        Require all granted
    </Directory>
</Virtualhost>
<Virtualhost 192.168.1.203:8089>
    DocumentRoot    /vh/8089
    ServerName      cw.phei.com.cn
    <Directory /vh/8089>
        AllowOverride none
        Require all granted
    </Directory>
</Virtualhost>
```

步骤 5：重启 httpd 服务和设置开机自动启动，如下所示。

```
[root@web ~]#systemctl restart httpd
[root@web ~]#systemctl enable httpd
```

步骤 6：关闭防火墙，并设置开机不自动启动，如下所示。

```
[root@web ~]#systemctl stop firewalld
[root@web ~]#systemctl disable firewalld
```

步骤 7：关闭 SELinux，把 SELinux 的安全策略设置为允许模式，如下所示。

```
[root@web ~]#setenforce 0
```

步骤 8：在文本命令行中使用 curl 命令分别进行测试，如下所示。

```
[root@client ~]#curl http://cw1.phei.com.cn:8088
This is 8088 homepage.
[root@client ~]#curl http://cw1.phei.com.cn:8089
This is 8089 homepage.
```

3. 基于 IP 地址的虚拟主机

步骤 1：为 Web 服务器配置两个 IP 地址 192.168.1.205 和 192.168.1.206，使用 nmtui 命令进行添加，这里不再详述。

步骤 2：为两台虚拟主机分别创建文档根目录和首页文件，如下所示。

```
[root@web ~]#mkdir -p /vh/205
[root@web ~]#mkdir -p /vh/206
[root@web ~]#echo "This is 205 homepage.">/vh/205/index.html
[root@web ~]#echo "This is 206 homepage.">/vh/206/index.html
```

步骤 3：新建和虚拟主机对应的配置文件/etc/httpd/conf.d/vhost.conf，为两台虚拟主机分别指定文档根目录，如下所示。

```
<Virtualhost 192.168.1.205>
        DocumentRoot    /vh/205
        <Directory /vh/205>
                AllowOverride none
                Require all granted
        </Directory>
</Virtualhost>

<Virtualhost 192.168.1.206>
        DocumentRoot    /vh/206
        <Directory /vh/206>
                AllowOverride none
                Require all granted
        </Directory>
</Virtualhost>
```

步骤 4：重启 httpd 服务和设置开机自动启动，如下所示。

```
[root@web ~]#systemctl restart httpd
[root@web ~]#systemctl enable httpd
```

步骤 5：关闭防火墙，并设置开机不自动启动，如下所示。

```
[root@web ~]#systemctl stop firewalld
[root@web ~]#systemctl disable firewalld
```

步骤 6：关闭 SELinux，把 SELinux 的安全策略设置为允许模式，如下所示。

```
[root@web ~]#setenforce 0
```

步骤 7：在文本命令行中使用 curl 命令分别进行测试，如下所示。

```
[root@client ~]#curl http://192.168.1.205
This is 205 homepage.
[root@client ~]#curl http://192.168.1.206
This is 206 homepage.
```

任务小结

（1）在同一台 Web 服务器上创建多个网站（虚拟主机）可充分利用硬件资源，发布多个网站可以使用三种形式：不同 IP 地址、不同端口、不同主机名。

（2）利用主机名不同发布多个网站时，需要在 Web 服务器所使用的 DNS 服务器上建立相应的记录（主机记录或别名记录），并且在 Web 服务器上得到正确的解析结果。

任务 10.3　安装与配置 Nginx 服务器

任务描述

A 公司的 Web 服务器使用 Apache 软件搭建，网络管理员小彭发现 Rocky Linux 8.6 操作系统中自带 Nginx 服务器，考虑到 Nginx 服务器的诸多优点，小彭准备将公司现有的 Web 服务器 Apache 替换为 Nginx，现需要实现对 Nginx 服务器的配置。

任务要求

小彭使用 Rocky Linux 8.6 操作系统中的 Nginx 软件来替换 Apache 软件，作为公司的 Web 服务器软件，其网站主要设置项见表 10-2-1。

任务资讯

1. 认识 Nginx 服务

Nginx 相较于 Apache 有占用内存少、稳定性高等优势。该软件的设计充分使用了异步逻辑，削减了上下文调度开销，所以并发服务能力更强；整体采用模块化设计，有丰富的官方模块库和第三方模块库，配置非常灵活。Nginx 服务除了支持常用的 Web 服务器功能，还支持反向代理服务、IMAP/POP3 代理服务和负载均衡服务等。

2. 认识 Nginx 服务相关软件包

Nginx 服务的主程序软件包为 nginx-1.14.1，如下所示。

```
nginx-1.14.1-9.module+el8.4.0+542+81547229.x86_64            //nginx主程序
```

3. 认识 Nginx 主配置文件

Nginx 服务器的主配置文件是/etc/nginx/nginx.conf。除了主配置文件，Nginx 服务器的正常运行还需要其他几个相关的辅助文件，如日志文件和错误文件等。下面来学习 Nginx 主配置文件的结构和基本用法。

安装 Nginx 软件后自动生成的 nginx.conf 文件大部分是以"#"开头的说明行或空行。为了保持主配置文件的简洁，降低对于初学者的学习难度，可过滤掉所有的说明行，只保留有效的行，如例 10.3.1 所示。

例 10.3.1：过滤 nginx.conf 的说明行

```
[root@web ~]#grep -v '#' /etc/nginx/nginx.conf
//全局参数
user nginx;
worker_processes auto;
error_log /var/log/nginx/error.log;
pid /run/nginx.pid;

include /usr/share/nginx/modules/*.conf;

events {
    worker_connections 1024;
}
//http部分，配置与http相关的参数
http {
    ……                                              此处省略部分内容
//server部分，配置Web服务器相关参数
    server {
        listen       80 default_server;
        listen       [::]:80 default_server;
        server_name  _;
        root         /usr/share/nginx/html;

        include /etc/nginx/default.d/*.conf;
//location部分，配置服务器对用户请求的分发路由和错误处理
        location / {
        }
        error_page 404 /404.html;
```

```
            location = /40x.html {
            }

            error_page 500 502 503 504 /50x.html;
            location = /50x.html {
            }
        }
    }
```

nginx.conf 文件中包含一些单行的命令和配置段。命令的基本语法格式是"参数名 参数值",配置段是用一对标签表示的配置选项。Nginx 服务程序中的参数及其功能见表 10-3-1。

表 10-3-1　Nginx 服务程序中的参数及其功能

参　数	功　能
user nginx	设置以何种身份运行 Nginx 服务,默认是 Nginx 用户身份
worker_processes auto	设置 Nginx 的进程数量,默认为 auto,通常 CPU 有几个核,就将 worker_processes 的值设为多少
error_log /var/log/nginx/error.log	错误日志的位置,默认值为/var/log/nginx/error.log
pid /run/nginx.pid	指定保存 Nginx PID 的文件
include /usr/share/nginx/modules/*.conf	包含所启用的模块配置文件
worker_connections 1024	设置单个 worker process 进程的最大并发连接数
sendfile on	启用高效文件传输模式
keepalive_timeout 65	设置客户端保持连接的超时时间(单位为秒),时间超时则连接中断
include /etc/nginx/mime.types	包含文件扩展名和文件类型对应关系文件
default_type application/octet-stream	默认文件类型
server	Nginx 默认的 Web 服务器,也可视为默认的虚拟主机
listen 80 default_server	IPv4 默认端口为 80
listen [::]:80 default_server	IPv6 默认端口为 80
server_name _	Web 服务的域名
root usr/share/nginx/html	Web 服务的根目录
include /etc/nginx/default.d/*.conf	加载默认配置
location /	定义 404 错误页面
error_page 500 502 503 504 /50x.html	定义 50x 错误页面
# Settings for a TLS enabled server.	SSL 相关配置,默认为注释状态

4. Nginx 服务的启停

Nginx 软件的后台守护进程是 nginx,因此,在启动、停止 Nginx 服务和查询 Nginx 服务状态时要以 nginx 为参数。

任务实施

1. 查询 Nginx 服务器的 nginx 软件包是否安装

```
[root@web ~]#rpm -qa|grep nginx
//结果显示为该系统未安装nginx软件包
```

2. 安装 Nginx 服务器的 nginx 软件包

如果查询结果显示未安装 Nginx 服务器的 nginx 软件包，就使用 dnf –y install nginx 命令安装 Nginx 服务器所需要的软件包，如下所示。

```
[root@web ~]#dnf install -y httpd
上次元数据过期检查：1 day, 0:29:27 前，执行于 2022年10月19日 星期三 03时34分25秒。
依赖关系解决
                                                           //此处省略部分内容
事务概要
================================================================================
安装   8 软件包

总计：870 K
安装大小：2.0 M
下载软件包：
                                                           //此处省略部分内容
已安装：
  nginx-1:1.14.1-9.module+el8.4.0+542+81547229.x86_64
  nginx-all-modules-1:1.14.1-9.module+el8.4.0+542+81547229.noarch
  nginx-filesystem-1:1.14.1-9.module+el8.4.0+542+81547229.noarch
nginx-mod-http-image-filter-1:1.14.1-9.module+el8.4.0+542+81547229.x86_64
nginx-mod-http-perl-1:1.14.1-9.module+el8.4.0+542+81547229.x86_64
nginx-mod-http-xslt-filter-1:1.14.1-9.module+el8.4.0+542+81547229.x86_64
  nginx-mod-mail-1:1.14.1-9.module+el8.4.0+542+81547229.x86_64
  nginx-mod-stream-1:1.14.1-9.module+el8.4.0+542+81547229.x86_64

完毕！
```

3. 检查 Nginx 服务器初始状态

当确认 Nginx 的相关软件包正确安装后，为了验证 Nginx 服务器是否正常运行，无须更改任何配置文件，直接启动服务，然后在"应用程序"菜单中可打开 Firefox 浏览器，并在地址栏中输入 http://127.0.0.1。若 Nginx 服务器正常运行，则会进入如图 10-3-1 所示的测试页面。

图 10-3-1　测试页面

4. 配置 Nginx 服务器

（1）基于域名的虚拟主机。

步骤 1：设置 Nginx 服务器的 IP 地址为 192.168.1.203/24，这里不再详述。

步骤 2：在 DNS 服务的正向解析区域文件中添加两条 CNAME 资源记录，操作步骤同任务 10.2。

步骤 3：创建文档根目录和首页文件，操作步骤同任务 10.2。

步骤 4：创建和输入/etc/nginx/conf.d/vhost.conf 文件的内容，如下所示。

```
[root@web ~]#vim /etc/nginx/conf.d/vhost.conf
    server {
        listen          80;
        server_name     xs.phei.com.cn;
        root            /vh/xs;
        index           index.html;
    }
    server {
        listen          80;
        server_name     hq.phei.com.cn;
        root            /vh/hq;
        index           index.html;
    }
```

（2）基于端口号的虚拟主机。

步骤 1：在 DNS 服务的正向解析区域文件中添加一条 CNAME 资源记录，操作步骤同任务 10.2。

步骤 2：为两台虚拟主机分别创建文档和首页文件，操作步骤同任务 10.2。

步骤 3：在/etc/nginx/conf.d/vhost.conf 文件中，添加基于端口号的虚拟主机的配置，如下所示。

```
[root@web ~]#vim /etc/nginx/conf.d/vhost.conf
                                        //此处省略部分内容
    server {
```

```
        listen       8088;
        server_name  cw.phei.com.cn;
        root         /vh/8088;
        index        index.html;
    }
    server {
        listen       8089;
        server_name  cw.phei.com.cn;
        root         /vh/8089;
        index        index.html;
    }
```

（3）基于 IP 地址的虚拟主机

步骤 1：为 Nginx 服务器配置两个 IP 地址 192.168.1.205 和 192.168.1.206，使用 nmtui 命令进行添加，这里不再详述。

步骤 2：为两台虚拟主机分别创建文档根目录和首页文件，操作步骤同任务 10.2。

步骤 3：在/etc/nginx/conf.d/vhost.conf 文件中，添加基于 IP 地址的虚拟主机，如下所示。

```
[root@web1 ~]#vim /etc/nginx/conf.d/vhost.conf
                                              //此处省略部分内容
    server {
        listen       80;
        server_name  192.168.1.205;
        root         /vh/205;
        index        index.html;
    }
    server {
        listen       80;
        server_name  192.168.1.206;
        root         /vh/206;
        index        index.html;
    }
```

5. 重启 Nginx 服务

配置完成后，重启 Nginx 服务并设置开机自动启动，如下所示。

```
[root@web ~]#systemctl restart nginx
[root@web ~]#systemctl enable nginx
```

6. 关闭防火墙

配置完成后，关闭防火墙，并设置开机不自动启动，如下所示。

```
[root@web ~]#systemctl stop firewalld
[root@web ~]#systemctl disable firewalld
```

7. 关闭 SELinux

配置完成后，将 SELinux 的安全策略设置为允许模式，如下所示。

```
[root@web ~]#setenforce 0
[root@web ~]#getenforce
Permissive
```

8. 测试 Nginx 服务

在客户端配置客户端的 DNS 服务器地址，确保两台主机之间网络连接正常。在文本命令行中使用 curl 命令分别进行测试，如下所示。

```
[root@client ~]#curl http://xs.phei.com.cn
This is xs homepage.
[root@client ~]#curl http://hq.phei.com.cn
This is hq homepage.
[root@client ~]#curl http://cw1.phei.com.cn:8088
This is 8088 homepage.
[root@client ~]#curl http://cw1.phei.com.cn:8089
This is 8089 homepage.
[root@client ~]#curl http://192.168.1.205
This is 205 homepage.
[root@client ~]#curl http://192.168.1.206
This is 206 homepage.
```

任务小结

（1）Nginx 软件的后台守护进程是 nginx，在启动、停止 Nginx 服务和查询 Nginx 服务状态时要以 nginx 为参数。

（2）在 Apache 服务器上有三种类型的虚拟主机，分别是基于 IP 地址、基于域名和基于端口号的虚拟主机。

项目实训

1. 常规配置

（1）安装 Apache 服务相关软件，并启动服务。

（2）设置主目录为/var/www/myweb，添加 myhomepage.html 文件作为默认文档。

（3）增加监听端口 8888。

（4）创建两个虚拟目录：vd1 对应实际目录/vds/vd1；vd2 对应实际目录/vds/vd2，并在虚拟目录下建立页面进行访问。

（5）在客户端上测试以上配置。

2. 虚拟主机配置

（1）设置 Nginx 服务器地址为 172.16.0.6/24，DNS 地址为 172.16.0.6。

（2）配置基于端口号的虚拟主机，添加两个端口 8086、8087，分别对这两个端口设定主目录和主页，并进行测试。

（3）配置基于 IP 地址的虚拟主机，添加一块网卡，绑定 IP 地址为 172.16.0.7，对 172.16.0.6 和 172.16.0.7 分别设定主目录和主页，并进行测试。

（4）设置基于域名的虚拟主机，在 DNS 服务中添加以下解析，对这两个域名分别设定主目录和主页，并进行测试。

① 172.16.0.6　www.srv1.com。

② 172.16.0.7　www.srv2.com。

项目 11

配置与管理邮件服务器

项目描述

A 公司是一家电子商务运营公司，网络管理员为了方便公司员工之间传递消息，准备对公司的网络进行以下设计：建立邮件服务器，实现员工之间邮件的收发。

电子邮件（Electronic Mail，E-mail）是互联网上的重要信息传递方式，普通邮件通过邮局送达用户手中，而电子邮件则以电子的形式，通过互联网为全球的 Internet 用户提供了一种极为快速、简单和经济的通信和交换信息的方法。Linux 操作系统中较为流行的 E-Mail 服务器是 Sendmail 和 Postfix，读取邮件一般由 Dovecot 服务负责。

本项目将介绍邮件服务器的工作原理，并学习 Postfix+Dovecot 的配置方法，使读者能够为 Internet 用户打造一个虚拟的电子邮局，并通过 Foxmail 客户端软件对其进行验证。项目拓扑图如图 11-0-1 所示。

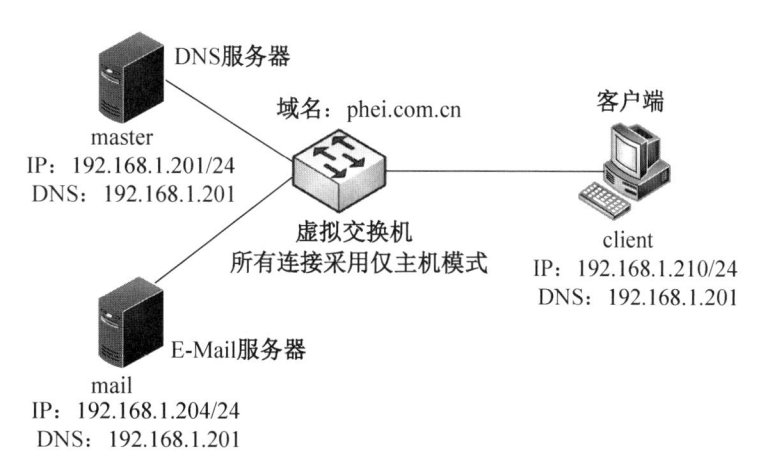

图 11-0-1　项目拓扑图

知识目标

1. 了解电子邮件的工作原理和组成。
2. 了解 Postfix 相关配置文件。
3. 了解 Dovecot 相关配置文件。

能力目标

1. 能够正确配置 Postfix 邮件服务器和 Dovecot 邮件服务器。
2. 能够正确配置 Foxmail 软件,并使用该软件收发邮件。

素质目标

1. 培养读者提升邮件系统安全意识,预防垃圾邮件产生。
2. 培养读者保护邮件安全意识,防止用户邮件和隐私泄露。
3. 培养读者严谨、细致的工作态度。

任务 11.1　认识与安装 Postfix 邮件服务器

任务描述

A 公司的网络管理员小彭，根据公司的业务需求，需要在信息中心的 Linux 服务器上实现邮件服务器的功能，小彭首先想到了 Postfix 服务器，现需要认识与安装 Postfix 邮件服务器。

任务要求

在信息中心的 Linux 服务器上安装 Postfix 软件包，可以实现邮件服务器的功能。Postfix 是一种负责电子邮件收发管理的软件，相较于以前的邮件服务器，Postfix 减少了的很多不必要的配置步骤，而且在稳定性、并发性方面也有很大改进。本任务的具体要求如下所示。

（1）查看该 Linux 服务器是否已经安装 Postfix 服务软件包。
（2）查看该 Linux 服务器是否已经安装 Dovecot 服务软件包。
（3）如果未安装，就使用 dnf 命令安装 Postfix 服务软件包和 Dovecot 服务软件包。

任务资讯

1. 电子邮件工作原理

一个完整的邮件系统除了底层操作系统，还包括 MTA、MDA、MUA 和 MRA 功能。
（1）MUA。

邮件用户代理（Mail User Agent）为客户端软件，它可以提供用户读取、编辑、回复及时处理邮件等功能，根据使用者的需要，一个操作系统中可以同时存在多个 MUA 程序。一般常见的 MUA 程序包括 Linux 平台上的 mailx、elm 和 mh 等，以及 Windows 操作系统的 Outlook Express 或 Foxmail。
（2）MTA。

邮件传输代理（Mail Transfer Agent）为服务器运行软件，即邮件服务器。用户使用 MUA 发送和接收邮件，这一系列操作看上去是透明的，而实际上是由 MTA 完成的。与 MUA 不同，每个系统只能有一个 MTA 处于工作状态，负责邮件的发送。类 UNIX 平台中使用最为广泛的

MTA 程序有 Sendmail、Postfix 等。

（3）MDA。

邮件分发代理（Mail Delivery Agent）为服务器运行软件，用来把 MTA 所接收的邮件传送至指定的邮箱。

（4）MRA。

邮件接收代理（Mail Receive Agent）负责实现 IMAP 与 POP3 协议，与 MUA 进行交互；相当于让你的邮件账号支持离线邮件收取，而不是打开计算机才能收取邮件。常用的 MRA 有 Dovecot。

如图 11-1-1 所示为电子邮件的工作原理。

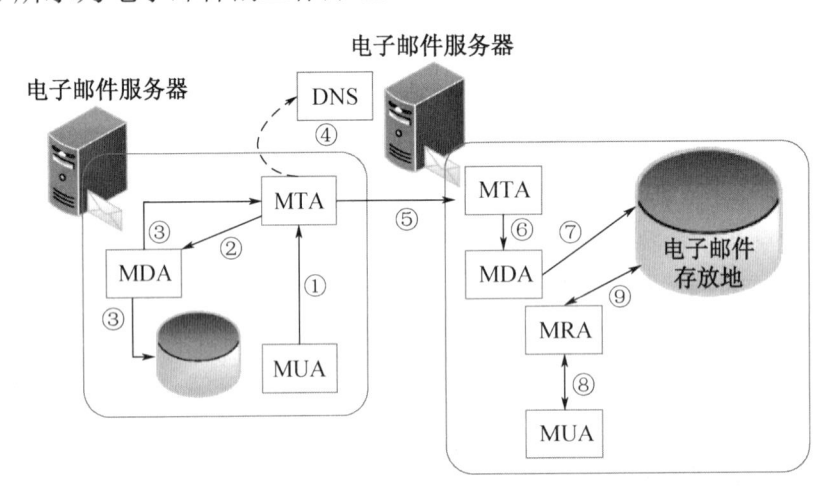

图 11-1-1　电子邮件的工作原理

2．邮件系统

（1）邮件服务器。

邮件服务器用于运行相应的网络协议，也是负责发送和接收用户电子邮件的服务器。

① 邮件交换服务器：该服务器运行 SMTP 协议（Simple Mail Transfer Protocol，简单邮件传输协议），完成用户邮件的转发工作。

② 邮件接收服务器：该服务器运行 POP 协议（Post Office Protocol，邮局协议）和 IMAP 协议（Internet Message Access Protocol，交互邮件访问协议），接收电子邮件，并进行存储。

（2）邮箱。

邮箱（MailBox）是在指定邮件服务器上，用户注册申请的，如 admin@phei.com.cn，那么 admin@ phei.com.cn 域的邮件服务器就会为该用户建立硬盘空间，存储该用户的信件。

（3）邮件交换记录。

邮件交换记录（MX）用于查询邮件服务器的 DNS 资源记录。客户端在发送 E-mail 时，只填写一个目的地的邮件地址，如 admin@phei.com.cn。然而不填写 admin 用户的 MTA 邮件服务器地址，邮件是无法发送成功的。这时就必须通过 DNS 服务器存储的 admin@phei.com.cn

域的 MX 记录，查询该域的邮件服务器地址。

（4）搭建邮件服务器所需软件。

通常在 Rocky Linux 8.6 操作系统中搭建邮件服务需要用到 Sendmail+Dovecot 或 Postfix+Dovecot，其中 Sendmail 和 Postfix 负责邮件的收发，Dovecot 负责邮件的管理。本项目以 Postfix+Dovecot 作为邮件系统来进行讲述。

Postfix 是 Wietse Venema 在 IBM 的 GPL 协议之下开发的 MTA 软件。Postfix 是 Wietse Venema 想要为使用最广泛的 Sendmail 提供替代品的一个尝试。在 Internet 世界中，大部分的电子邮件都是通过 Sendmail 投递的，大约有 100 万用户使用 Sendmail，每天投递上亿封邮件。Postfix 试图更快、更容易管理、更安全，同时还与 Sendmail 保持足够的兼容性。

POP 和 IMAP 是 MUA 从电子邮件服务器中读取电子邮件时使用的协议。其中 POP3 协议从电子邮件服务器中下载电子邮件并将其存储起来，IMAP4 协议则将电子邮件留在服务器端直接对电子邮件进行管理、操作。Dovecot 是一个开源的 IMAP 和 POP3 电子邮件服务器，由 Timo Sirainen 开发，将安全性放在第一位。另外，Dovecot 支持多种认证方式，所以在功能方面也比较符合一般的应用。

3．认识 Postfix 和 Dovecot 服务软件包

Postfix 服务的主程序软件包为 postfix-3.5.8，具体如下所示。

```
postfix-2:3.5.8-4.el8.x86_64                    //Postfix主程序
```

Dovecot 服务的主程序软件包为 dovecot-2.3.16，具体如下所示。

```
dovecot-1:2.3.16-2.el8.x86_64                   //Dovecot主程序
```

4．Postfix 服务的启停

Postfix 服务的后台守护进程是 postfix，因此，在启动、停止 Postfix 服务和查询 Postfix 服务状态时要以 postfix 为参数。

5．Dovecot 服务的启停

Dovecot 服务的后台守护进程是 dovecot，因此，在启动、停止 Dovecot 服务和查询 Dovecot 服务状态时要以 dovecot 为参数。

任务实施

1．查询 Postfix 服务器的 postfix 软件包是否安装

使用 rpm -qa|grep postfix 命令，查询 Postfix 服务软件包安装情况，如下所示。

```
[root@mail ~]#rpm -qa|grep postfix
//结果显示为该系统未安装postfix软件包
```

2. 查询 Dovecot 服务器的 dovecot 软件包是否安装

使用 rpm -qa|grep dovecot 命令，查询 Dovecot 服务软件包安装情况，如下所示。

```
[root@mail ~]#rpm -qa|grep dovecot
//结果显示为该系统未安装dovecot软件包
```

3. 安装 Postfix 服务器的 postfix 软件包

如果查询结果显示未安装 postfix 软件包，就使用 dnf install -y postfix 命令进行安装，如下所示。

```
[root@mail ~]#dnf install -y postfix
上次元数据过期检查：0:00:01 前，执行于 2022年10月15日 星期六 22时10分53秒。
依赖关系解决
                                                           //此处省略部分内容
事务概要
================================================================
安装  1 软件包

总计：1.5 M
安装大小：4.3 M
下载软件包：
                                                           //此处省略部分内容
已安装：
  postfix-2:3.5.8-4.el8.x86_64

完毕！
//结果显示为该系统已经成功安装postfix软件包
```

4. 安装 Dovecot 服务器的 dovecot 软件包

如果查询结果显示未安装 dovecot 软件包，就使用 dnf install -y dovecot 命令进行安装，如下所示。

```
[root@mail ~]#dnf install -y dovecot
上次元数据过期检查：0:00:49 前，执行于 2022年10月15日 星期六 22时10分53秒。
依赖关系解决。
                                                           //此处省略部分内容

事务概要
================================================================
安装  2 软件包

总计：5.8 M
安装大小：19 M
```

下载软件包：

//此处省略部分内容

已安装：
    clucene-core-2.3.3.4-31.20130812.e8e3d20git.el8.x86_64
dovecot-1:2.3.16-2.el8.x86_64

完毕！
//结果显示为该系统已经成功安装dovecot软件包

任务小结

（1）Postfix 邮件服务器在 Rocky Linux 8.6 操作系统中默认是未安装的，需要自己安装，其邮件服务器具有速度快、容易管理和更安全的特性。

（2）Dovecot 是一个开源的 IMAP 和 POP3 电子邮件服务器，在安全性方面比较出众。

任务 11.2　配置 Postfix 邮件服务器

任务描述

A 公司的网络管理员小彭，根据公司的业务需求，已经在信息中心的 Linux 服务器中安装了 Postfix 软件包，现需要对 Postfix 邮件服务器进行配置。

任务要求

Postfix 邮件服务器的配置需要通过修改 Postfix 服务的配置文件来实现，然而这些配置对于 Linux 的初学者是比较困难的，因此小彭请来公司的工程师帮忙完成。要求内部员工可以使用该服务器自由收发邮件，邮件服务器主机名、IP 地址、角色对应关系见表 11-2-1。

表 11-2-1　邮件服务器主机名、IP 地址、角色对应关系

主 机 名	IP 地址	操 作 系 统	角　　色
master	192.168.1.201	Rocky Linux 8.6	DNS 服务器
mail	192.168.1.204	Rocky Linux 8.6	邮件服务器
client	192.168.1.210	Windows 10	邮件客户端，用于测试

任务资讯

1. 认识 Postfix 主配置文件

Postfix 是 Rocky Linux 默认安装的邮件服务器,其主配置文件是/etc/postfix/main.cf。在 Postfix 的主配置文件中,参数的基本配置格式是"参数名=参数值"。main.cf 文件中以"#"开头的行表示注释,起到说明的作用,可以忽略。如果要引用配置文件的参数可以用"$+参数名"的形式。在主配置文件中,有 8 个应该重点掌握的参数,Postfix 主配置文件中的重要参数及其功能见表 11-2-2。

表 11-2-2 Postfix 主配置文件中的重要参数及其功能

参 数	功 能
myhostname	指定所在主机的主机名,要注意的是一定要用 FQDN 的形式,如 mail.yiteng.com。默认为本地机器名
mydomain	指定你所在的域名,默认为 myhostname 指定的域名
myorigin	指定发件人所在的域名,默认为$mydomain
inet_interfaces	指定 postfix 监听的网络地址,默认为所有地址
mydestination	指定本服务器可以接收的邮件的域名,如用户 mail1@phei.com.cn 通过该服务器接收邮件,那么 mydestination 的值应该设置为 phei.com.cn。该参数可以有多个值,多个值之间用","号分开
mynetworks	设定可转发哪些主机的邮件
relay_domains	设置可转发哪些网域的邮件
home_mailbox	指定邮件存储的位置

2. 认识 Dovecot 主配置文件

Dovecot 服务是一个开源的 IAMP/POP3 电子邮件服务器,其主配置文件是/etc/dovecot/dovecot.conf。在 dovecot.conf 的主配置文件中,参数的基本配置格式是"参数名=参数值"。dovecot.conf 文件中以"#"开头的行表示注释,起到说明的作用,可以忽略。如果要引用配置文件的参数可以用"$+参数名"的形式。在主配置文件中,有两个应该重点掌握的参数,如下所示。

```
[root@mail ~]#vim /etc/dovecot/dovecot.conf
    //使Dovecot支持的电子邮件协议为IMAP、POP3和LMTP
 24 #protocols = imap pop3 lmtp submission
    //设置允许登录的网段地址,如果想允许所有人都能使用电子邮件系统,就不用修改本参数
 48 #login_trusted_networks =
```

3. 认识 Dovecot 子配置文件

在/etc/dovecot/conf.d 目录下有一个 Dovecot 的子配置文件为 10-mail.conf。在子配置文件中,有一个应该重点掌握的参数,如下所示。

```
[root@mail ~]#vim /etc/dovecot/conf.d/10-mail.conf
    //指定将收到的电子邮件存放到本地服务器的位置
 25 mail_location = mbox:~/mail:INBOX=/var/mail/%u
```

任务实施

1. 配置 DNS 服务器

在 master 服务器上配置 DNS 服务器和关闭该服务器的防火墙，操作步骤参考任务 7.1，此处省略。

2. 配置 Postfix 服务器

步骤 1：安装 Postfix 服务器，操作步骤参考任务 11.1，此处省略。

步骤 2：使用 vim 编辑器打开并编辑 Postfix 服务主配置文件，修改内容如下所示。

```
[root@mail ~]#vim /etc/postfix/main.cf
//将94行"#"注释去掉，更改参数myhostname的值为mail.phei.com.cn
 94 myhostname = mail.phei.com.cn
//将102行"#"注释去掉，更改参数mydomain的值为phei.com.cn
102 mydomain = phei.com.cn
//将117行"#"注释去掉，指定发件人所在的域名为$mydomain
117 myorigin = $mydomain
//将135行localhost改成all，代表所有IP地址都能提供电子邮件服务
135 inet_interfaces = all
//将183行localhost.$mydomain, localhost修改成$mydomain, 直接调用前面定义好的myhostname变
量和mydomain变量
183 mydestination = $myhostname, $mydomain
```

3. 创建电子邮件系统的登录账号和配置邮件路径

```
[root@mail ~]#useradd test1
[root@mail ~]#echo "test1"|passwd --stdin test1
[root@mail ~]#useradd test2
[root@mail ~]#echo "test"|passwd --stdin test2
[root@mail ~]#mkdir -p /home/test1/mail/.imap/INBOX    //建立邮件目录
[root@mail ~]#mkdir -p /home/test2/mail/.imap/INBOX    //建立邮件目录
```

4. 重启 Postfix 服务

配置完成后，重启 Postfix 服务和设置开机自动启动，如下所示。

```
[root@mail ~]#systemctl restart postfix
[root@mail ~]#systemctl enable postfix
```

5. 配置 Dovecot 服务器

步骤 1：安装 Dovecot 服务器，操作步骤参考任务 11.1，此处省略。

步骤 2：使用 vim 编辑器打开并编辑 Dovecot 服务主配置文件，修改内容如下所示。

```
[root@mail ~]#vim /etc/dovecot/dovecot.conf
   //将24行"#"注释去掉
 24 protocols = imap pop3 lmtp submission
   //将48行"#"去掉，设置允许登录的网段地址为192.168.1.0/24，如果想允许所有人都能使用电子邮件系统，就不用修改本参数
 48 login_trusted_networks = 192.168.1.0/24
```

步骤 3：使用 vim 编辑器打开 10-mail.conf 子配置文件，修改内容如下所示。

```
[root@mail ~]#vim /etc/dovecot/conf.d/10-mail.conf
   //将25行"#"注释去掉，指定将收到的电子邮件存放到本地服务器的位置
 25 mail_location = mbox:~/mail:INBOX=/var/mail/%u
```

6. 重启 Dovecot 服务

配置完成后，重启 Dovecot 服务和设置开机自动启动，如下所示。

```
[root@mail ~]#systemctl restart dovecot
[root@mail ~]#systemctl enable dovecot
```

7. 关闭防火墙

配置完成后，关闭邮件服务器端的防火墙，并设置开机不自动启动，如下所示。

```
[root@mail ~]#systemctl stop firewalld
[root@mail ~]#systemctl disable firewalld
```

8. 设置邮箱账号

在日常生活中经常使用的邮件收发工具有 Office 套件中的 Outlook 和 Foxmail 等。这些 MUA 工具配置方法类似，这里使用 Foxmail 软件来测试 Postfix 邮件服务。

步骤 1：打开 Foxmail 软件，选择"其他邮箱"选项，如图 11-2-1 所示。

步骤 2：单击"手动设置"按钮，如图 11-2-2 所示。

步骤 3：输入邮件账号为"test1@phei.com.cn"，密码为"test1"，POP 服务器为"mail.phei.com.cn"，SMTP 服务器为"mail.phei.com.cn"，单击"创建"按钮完成。输入用户信息如图 11-2-3 所示。

步骤 4：连接邮件服务器成功后，即可完成账号的创建，如图 11-2-4 所示。

步骤 5：使用同样的方法在 Foxmail 中添加 test2 账号。

图 11-2-1 选择"其他邮箱"选项

图 11-2-2 单击"手动设置"按钮

图 11-2-3 输入用户信息

图 11-2-4 完成账号的创建

9. 发送和接收邮件

（1）发送邮件。

Foxmail 账号创建完毕，使用 test1 账号向 test2 账号发送一封邮件。单击"开始"菜单下的"新建电子邮件"按钮，在发件人处选择"test1@phei.com.cn"，收件人处填写"test2@phei.com.cn"，主题为"This is a test."和内容为"This is a test."。发送测试邮件如图 11-2-5 所示。

（2）接收邮件。

在"发送/接收"菜单下单击"发送/接收所有文件夹"按钮，就可以接收所有账号的邮件。

如图 11-2-6 所示为 test2 账号接收邮件，可以看出 test2 账号已经收到了来自 test1 账号的邮件。

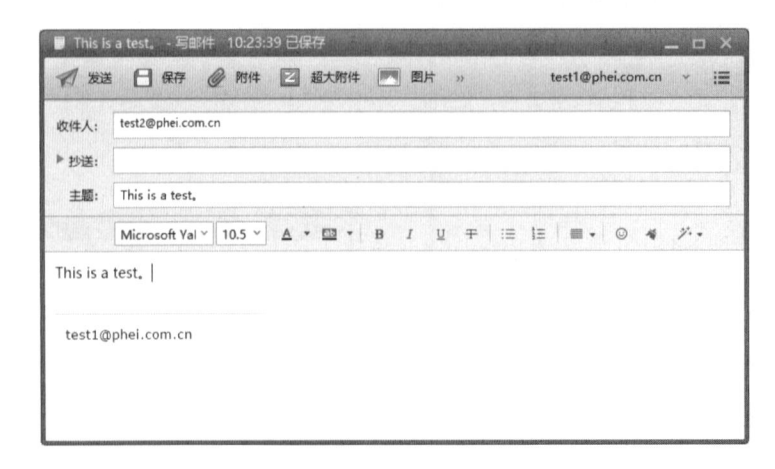

图 11-2-5　发送测试邮件

图 11-2-6　test2 账号接收邮件

任务小结

（1）Rocky Linux 8.6 操作系统中如果有其他的邮件服务器软件正在运行，应先暂停服务或卸载该邮件服务器，否则会影响 Postfix 的使用。

（2）添加 POP 和 SMTP 服务器时，也可以添加邮件服务器对应的 IP 地址。

项目实训

搭建邮件服务

根据要求搭建邮件系统服务，并使用 Foxmail 进行测试。使用三台虚拟机，三台虚拟机的信息见表 11-2-3。

表 11-2-3 三台虚拟机的信息

全 称 域 名	角 色	操 作 系 统
ns1.dd.com	DNS 服务器	Rocky Linux 8.6
mail.dd.com	Mail 服务器	Rocky Linux 8.6
cl.dd.com	测试客户端	Windows 10

服务器 ns1.dd.com 作为 DNS 服务器为全域提供 DNS 服务；mail.dd.com 使用 Mail 服务器，在该服务器上创建账号 user1 和 user2，使得它们能通过邮件通信；cl.dd.com 使用测试客户端，通过自带的 Outlook 来测试邮件的收发。

项目 12

配置与管理 MariaDB 服务器

项目描述

A 公司是一家小型网上商品运营公司，公司因市场扩大，收入增加，所以决定扩大规模，实现更丰富的功能。公司经过讨论后，决定在公司内部搭建 OA 办公系统，为员工提供便利，同时进行有效的信息存储和管理。数据库管理系统可以很好地解决此问题。数据库是按照数据结构来组织、存储和管理数据的仓库。随着信息时代的发展，用户产生的信息量逐渐增长，都需要数据库来组织、存储和管理信息。

在 Linux 操作系统中，MySQL 是常用的数据库服务器。MySQL 服务器，即在互联网上提供数据管理的计算机。CentOS 6 或早期版本中提供的是 MySQL 的服务器/客户端安装包，Rocky Linux 中同时存在 MySQL 和 MariaDB 数据库软件包。本项目主要介绍 MariaDB 数据库的配置和基本管理。

知识目标

1. 了解 MariaDB 的工作原理。
2. 了解 MariaDB 数据类型。
3. 掌握 MariaDB 数据库备份与还原。

能力目标

1. 能够掌握 MariaDB 服务器的配置和管理。
2. 能够使用命令实现数据库和数据表的基本操作。
3. 能够使用命令实现数据库的备份与还原操作。

素质目标

1. 培养读者更多地认识和了解国产数据库的发展,建立科技强国的自信。
2. 培养读者自觉地建立良好的职业道德和操守。
3. 培养读者增强数据安全意识。

任务 12.1　认识与安装 MariaDB 数据库

任务描述

A 公司的网络管理员小彭，根据公司的业务需求，需要在信息中心的 Linux 服务器上实现数据库服务器，小彭首先想到了 MariaDB 数据库，现需要安装 MariaDB 软件包。

任务要求

在信息中心的 Linux 服务器安装 MariaDB 数据库服务，可以满足公司搭建 OA 办公系统的需求。 MariaDB 数据库服务以后台运行的数据库管理系统为基础，加上一定的前台程序，为用户提供数据的存储、查询等功能。本任务的具体要求如下所示。

（1）查看该 Linux 服务器是否已安装 MariaDB 软件包。

（2）如果没有安装，就使用 dnf 命令安装 MariaDB 软件包。

（3）安装完成后，初始化 MariaDB 数据库。

任务资讯

MySQL 是当今最受信任和使用最广泛的开源数据库平台。MySQL 在全球 Web 服务的数据库中占有绝对的优势。CentOS 6 或早期版本中提供的是 MySQL 的服务器/客户端安装包，而 Rocky Linux 中包含 MariaDB 和 MySQL 两种数据库软件包。MariaDB 数据库管理系统是 MySQL 的一个分支，主要由开源社区维护，采用 GPL 授权许可。MariaDB 的目的是完全兼容 MySQL，包括 API 和命令行，使之能轻松成为 MySQL 的代替品。

1. MariaDB 的相关概念

MariaDB 为关系型数据库（Relational Database Management System），"关系型"可以理解为"表格"，一个关系型数据库由一个或数个表格组成。

（1）表头（header）：每一列的名称。

（2）列（row）：具有相同数据类型的数据集合。

（3）行（col）：每一行用来描述某一条数据的具体信息。

（4）值（value）：行的具体信息，每个值必须与该列的数据类型相同。

（5）键（key）：表中用来识别某个特定数据的方法，键的值在当前列中具有唯一性。

2．MariaDB 脚本

与常规的脚本语言类似，MariaDB 也具有一套对字符、单词及特殊符号的使用规定，MariaDB 通过执行 SQL 脚本来完成对数据库的操作，该脚本由一条或多条 MariaDB 语句（SQL 语句+扩展语句）组成，保存时脚本文件扩展名一般为".sql"。在控制台下，MariaDB 客户端也可以对语句进行单句的执行而不用保存为 SQL 文件。

3．标识符

标识符用来命名一些对象，如数据库、表、列、变量等，以便在脚本中的其他地方引用。MariaDB 标识符命名规则稍微有点烦琐，可以使用万能命名规则：标识符由字母、数字或下画线组成，且第一个字符必须是字母或下画线。

对于标识符是否区分大小写取决于当前的操作系统，如在 Windows 操作系统下是不敏感的，但对于大多数 Linux/Unix 系统来说，这些标识符大小写是敏感的。

4．关键字

MariaDB 的关键字众多，这里不一一列出。这些关键字有自己特定的含义，尽量避免作为标识符。

5．语句

MariaDB 语句是组成 MariaDB 脚本的基本单位，每条语句能够完成特定的操作，它是由 SQL 标准语句 + MariaDB 扩展语句组成的。

6．函数

MariaDB 函数用来实现数据库操作的一些高级功能，这些函数大致分为字符串函数、数学函数、日期和时间函数、搜索函数、加密函数、信息函数等。

7．MariaDB 中的数据类型

MariaDB 有三大数据类型，分别为数字、日期和时间、字符串，这三大类型中又更细致地划分了许多子类型，如下所示。

（1）数字类型。

① 整数：包括 tinyint、smallint、mediumint、int、bigint。

② 浮点数：包括 float、double、real、decimal。

（2）日期和时间类型。

如 date、time、datetime、timestamp 和 year。

(3)字符串类型。

① 字符串：包括 char 和 varchar。

② 文本：包括 tinytext、text、mediumtext 和 longtext。

③ 二进制（可用来存储图片、音乐等）：包括 tinyblob、blob、mediumblob 和 longblob。数据库数据类型很多，可自行根据需要查询资料。

8. 认识 MariaDB 服务相关软件包

MariaDB 服务的主程序软件包为 mariadb-server-5.5.56，具体如下所示。

```
mariadb-server-5.5.56-2.el7.x86_64        //MariaDB服务主文件
mariadb-libs-5.5.56-2.el7.x86_64          //MariaDB服务库文件
mariadb-5.5.56-2.el7.x86_64               //MariaDB服务客户端文件
```

9. MariaDB 服务的启停

MariaDB 服务的后台守护进程是 mariadb，因此，在启动、停止 MariaDB 服务和查询 MariaDB 服务状态时要以 mariadb 为参数。

10. 初始化 MariaDB 数据库的过程

确认 MariaDB 数据库软件程序安装完毕，启动成功后请不要立即使用，为了确保数据库的安全性和正常运转，需要先对数据库进行程序初始化操作，可运行 mysql_secure_installation 命令进行初始化操作。运行 mysql_secure_installation 命令会进行如下设置。

（1）设置 root 用户在数据库中的密码值（注意：该密码并非 root 用户在系统中的密码，这里的密码值默认应该为空，可直接按 Enter 键）。

（2）设置 root 用户在数据库中的专有密码。

（3）删除匿名账号，并使用 root 用户身份从远程登录数据库，以确保数据库上运行业务的安全性。

（4）删除默认的测试数据库，取消测试数据库的一系列访问权限。

（5）刷新授权列表，让初始化的设定立即生效。

任务实施

1. 查询 MariaDB 数据库的 mariadb-server 软件包是否安装

使用 rpm -qa|grep mariadb-server 命令，查询 MariaDB 数据库的安装情况，如下所示。

```
[root@master ~]#rpm -qa|grep mariadb-server
//结果显示为该系统未安装mariadb-server软件包
```

2. 安装 MariaDB 数据库的 mariadb-server 软件包

如果查询结果显示未安装 mariadb-server 软件包，就使用 dnf install -y mariadb-server 命令进行安装，如下所示。

```
[root@master ~]#dnf install -y mariadb-server            //安装MariaDB软件包
上次元数据过期检查: 0:07:40 前，执行于 2022年07月27日 星期三 20时46分22秒。
依赖关系解决。
                                                        //此处省略部分内容
事务概要
================================================================================
安装 10 软件包

总计: 30 M
安装大小: 154 M
下载软件包:
运行事务检查
事务检查成功。
运行事务测试
事务测试成功。
运行事务
  准备中  :
                                                        //此处省略部分内容
已安装:
  mariadb-3:10.3.32-2.module+el8.5.0+777+18007c86.x86_64
  mariadb-backup-3:10.3.32-2.module+el8.5.0+777+18007c86.x86_64
  mariadb-common-3:10.3.32-2.module+el8.5.0+777+18007c86.x86_64
  mariadb-connector-c-3.1.11-2.el8_3.x86_64
  mariadb-connector-c-config-3.1.11-2.el8_3.noarch
  mariadb-errmsg-3:10.3.32-2.module+el8.5.0+777+18007c86.x86_64
  mariadb-gssapi-server-3:10.3.32-2.module+el8.5.0+777+18007c86.x86_64
  mariadb-server-3:10.3.32-2.module+el8.5.0+777+18007c86.x86_64
  mariadb-server-utils-3:10.3.32-2.module+el8.5.0+777+18007c86.x86_64
  perl-DBD-MySQL-4.046-3.module+el8.6.0+904+ef468285.x86_64

完毕!
//结果显示为该系统已经成功安装mariadb-server软件包
```

3. 启动 MariaDB 数据库

启动 MariaDB 数据库，并设置开机自动启动，如下所示。

```
[root@master ~]#systemctl restart mariadb
[root@master ~]#systemctl enable mariadb
```

4. 初始化 MariaDB 数据库

通过初始化 MariaDB 数据库的设置，可提高 MariaDB 数据库的安全性能。建议生产环境中的 MariaDB 数据库在安装完成后一定要运行一次 mysql_secure_installation 命令，详细步骤如下所示。

```
[root@master ~]#mysql_secure_installation
NOTE: RUNNING ALL PARTS OF THIS SCRIPT IS RECOMMENDED FOR ALL MariaDB
      SERVERS IN PRODUCTION USE!  PLEASE READ EACH STEP CAREFULLY!
In order to log into MariaDB to secure it, we'll need the current
password for the root user.  If you've just installed MariaDB, and
you haven't set the root password yet, the password will be blank,
so you should just press enter here.
//初次运行直接按Enter键
Enter current password for root (enter for none):
OK, successfully used password, moving on...
Setting the root password ensures that nobody can log into the MariaDB
root user without the proper authorisation.
// 是否设置root用户密码，输入y并直接按Enter键或直接按Enter键
Set root password? [Y/n]
Please set the password for root here.
//输入root用户登录MariaDB服务的密码
New password:
//再次输入密码确认
Re-enter new password:
Password updated successfully!
Reloading privilege tables..
 ... Success!


By default, a MySQL installation has an anonymous user,
allowing anyone to log into MySQL without having to have
a user account created for them.  This is intended only for
testing, and to make the installation go a bit smoother.
You should remove them before moving into a production
environment.
//是否删除匿名用户，生活环境建议删除
Remove anonymous users? [Y/n] y
 ... Success!
Normally, root should only be allowed to connect from'localhost'. This
ensures that someone cannot guess atthe root password from the network.
//是否禁止远程登录，根据自己需求选择Y/n并按Enter键，建议禁止
Disallow root login remotely? [Y/n]y
 ... Success!
```

```
By default, MySQL comes with a database named 'test' that
anyone can access. This is also intended only for testing,
and should be removed before moving into a production
environment.
//是否删除测试数据库test，直接按Enter键
Remove test database and access to it? [Y/n]y
 - Dropping test database...
 ... Success!
 - Removing privileges on test database...
 ... Success!
Reloading the privilege tables will ensure that all changes
made so far will take effect immediately.
//是否重新加载权限表，直接按Enter键
Reload privilege tables now? [Y/n]y
 ... Success!

Cleaning up...

All done!  If you've completed all of the above steps, your MariaDB
installation should now be secure.

Thanks for using MariaDB!
```

任务小结

（1）从 Rocky Linux 操作系统开始 MariaDB 和 MySQL 两种数据库软件包同时存在于映像中。MariaDB 数据库管理系统是 MySQL 的一个分支。

（2）安装 MariaDB 数据库的主程序时，一定要注意软件包为 mariadb-server。

任务 12.2　使用数据库和数据表

任务描述

网络管理员小彭为公司完成数据库服务器的安装后，现需要对数据库服务器进行配置，包括数据库的创建、数据表的创建和对数据表实行的增、删、改、查功能。

任务要求

数据库服务器的配置主要是通过命令的操作来实现对数据库的功能实现。本任务的具体要求如下。

（1）将此服务器配置为 MariaDB 数据库服务器。

（2）创建数据库为 myschool，在 myschool 数据库中创建数据表，表名为 mystudent。

（3）在 mystudent 数据表中创建 2 个用户，分别为（202209001，myuser1，2002-7-1，male），（202209002，myuser2，2003-9-1，female），密码与用户名相同，mystudent 数据表结构见表 12-2-1。

表 12-2-1　mystudent 数据表结构

字　段　名	数　据　类　型	主　　键
ID	Int	是
Name	varchar(10)	否
Birthday	Datetime	否
Sex	char(8)	否
Password	char（128）	否

（4）对 myschool 数据库进行备份，通过设置故障，使 myschool 数据库损坏后恢复。

任务资讯

1. 数据库和数据表的基本操作

在 MariaDB 数据库管理系统中，一个数据库可以存放多个数据表，数据表是数据库中最核心的内容。可以根据自己的需求自定义数据库表结构，合理地存放数据，方便后期维护和修改。数据库和数据表常用的命令及其功能见表 12-2-2。

表 12-2-2　数据库和数据表常用命令及其功能

命　　　　令	功　　能
show databases	显示当前已有的数据库
show table	显示当前数据库中的数据表
create database 数据库名称	创建新的数据库
create table 数据表名称（字段名称 字段类型 字段长度……）	创建新的数据表
drop database 数据库名称	删除数据库
drop table 数据表名称	删除数据表
use 数据库名称	切换数据库
Desc 数据表名称	显示数据表的结构

续表

命　　令	功　　能
insert into 数据表名称 values ('数据1'……)	向数据表中录入一条记录
select * from 数据表名称	查看数据表内所有记录（*代表所有）
delete from 表单名 where 字段名称=值	删除符合条件的记录

2. 数据库的备份与恢复

MySQL 中的每一个数据库和数据表分别对应文件系统中的目录和其下的文件。在 Linux 操作系统中数据库文件的存放目录一般为/var/lib/mysql。

（1）备份数据库。

mysqldump 命令用于备份数据库，基本语法格式如下所示。

```
mysqldump -user=root -password=root密码 数据库名 > 备份文件.sql
```

（2）恢复数据库。

恢复数据数据库时，需要先创建好一个数据库（不一定同名），然后将备份出来的文件导入创建的数据库中。

mysql 命令用于恢复数据库，基本语法格式如下所示。

```
mysql -u root -password=root密码 数据库名 < 备份文件.sql
```

任务实施

1. 使用命令行登录 MariaDB 数据库

第一次启动 MariaDB 数据库只能使用 MariaDB 管理员权限，即 root 用户。该用户密码为任务 12.1 中刚刚设置的内容（若没设置，则默认密码为空）。

使用 mysql 命令进行登录，具体操作如下所示。

```
[root@master ~]#mysql -u root -p
//-u用来指定以root用户的身份登录，-p用来验证该用户在登录数据库时的密码
Enter password:
Welcome to the MariaDB monitor.  Commands end with ; or \g.
Your MariaDB connection id is 24
Server version: 10.3.32-MariaDB MariaDB Server

Copyright (c) 2000, 2018, Oracle, MariaDB Corporation Ab and others.

Type 'help;' or '\h' for help. Type '\c' to clear the current input statement.

MariaDB [(none)]>
```

2. 创建 myschool 数据库

使用 create database 命令可创建数据库，使用 show databases 命令查看数据库，如下所示。

```
MariaDB [(none)]>create database myschool;        //创建数据库
Query OK, 1 row affected (0.00 sec)
MariaDB [(none)]>show databases;                  //查询数据库
+--------------------+
|Database            |
+--------------------+
|information_schema  |
|mysql               |
|performance_schema  |
|myschool            |
+--------------------+
4 rows in set (0.01 sec)
```

3. 创建 mystudent 数据表

（1）使用 create table 命令创建数据表，创建数据表之前先切换到自己创建的数据库中。使用 use 命令切换数据库，如下所示。

```
MariaDB [(none)]>use myschool;
Database changed
MariaDB [myschool]>create table mystudent(ID int primary key,Name varchar(10),Birthday Datetime,Sex char(8),Password varchar(128));
Query OK, 0 rows affected (0.00 sec)
```

（2）数据表创建完成后，可使用 desc 命令显示表的结构，使用 show tables 命令查看当前数据内的数据表，如下所示。

```
MariaDB [myschool]>desc mystudent;                //查询表结构
+----------+--------------+------+-----+---------+-------+
| Field    | Type         | Null | Key | Default | Extra |
+----------+--------------+------+-----+---------+-------+
| ID       | int(11)      | NO   | PRI | NULL    |       |
| Name     | varchar(10)  | YES  |     | NULL    |       |
| Birthday | datetime     | YES  |     | NULL    |       |
| Sex      | char(8)      | YES  |     | NULL    |       |
| Password | varchar(128) | YES  |     | NULL    |       |
+----------+--------------+------+-----+---------+-------+
5 rows in set (0.01 sec)5 rows in set (0.00 sec)
MariaDB [myschool]>show tables;                   //查询表
+-------------------+
| Tables_in_school  |
+-------------------+
```

```
| mystudent        |
+------------------+
1 rows in set (0.00 sec)
```

> 小提示
>
> primary key 表示主键。

4. 插入和修改数据表

（1）使用 insert into 命令向数据表中插入记录，并使用 select * from mystudent 命令显示表内记录，如下所示。

```
MariaDB [myschool]>insert into mystudent values(202209001,'myuser1','2002-7-1','male','myuser1');                                    //插入数据
Query OK, 1 row affected, 1 warning (0.00 sec)
MariaDB [myschool]>insert into mystudent values(202209002,'myuser2','2003-9-1','female','myuser2');
Query OK, 1 row affected, 1 warning (0.00 sec)
MariaDB [myschool]>select *from mystudent;
+-----------+---------+---------------------+--------+----------+
| ID        | Name    | Birthday            | Sex    | Password |
+-----------+---------+---------------------+--------+----------+
| 202209001 | myuser1 | 2002-07-01 00:00:00 | male   | myuser1  |
| 202209002 | myuser2 | 2003-09-01 00:00:00 | female | myuser2  |
+-----------+---------+---------------------+--------+----------+
2 rows in set (0.00 sec)
```

（2）使用 update 命令对数据表中的记录进行修改，如下所示。

```
MariaDB [myschool]>update mystudent set Birthday='2003-05-20' whereID=202209002;
                                                                    //更新表格数据
Query OK, 1 row affected (0.00 sec)
Rows matched: 1  Changed: 1  Warnings: 0
MariaDB [myschool]>select * from mystudent;
+-----------+---------+---------------------+--------+----------+
| ID        | Name    | Birthday            | Sex    | Password |
+-----------+---------+---------------------+--------+----------+
| 202209001 | myuser1 | 2002-07-01 00:00:00 | male   | myuser1  |
| 202209002 | myuser2 | 2003-05-20 00:00:00 | female | myuser2  |
+-----------+---------+---------------------+--------+----------+
2 rows in set (0.00 sec)
```

（3）使用 delete 命令对数据表中的记录进行删除，如下所示。

```
MariaDB [myschool]>delete from mystudent;                //删除表格内容
Query OK, 2 rows affected (0.00 sec)
MariaDB [myschool]>select * from mystudent;
```

```
Empty set (0.00 sec)
MariaDB [myschool]>exit                              //退出数据库
Bye
```

5. 数据库备份

（1）使用 mysqldump 命令将数据库导出到指定目录下保存，并查看备份文件，如下所示（在数据库备份前，mystudent 数据表中有两条记录）。

```
[root@master ~]#mkdir mysqlbak
[root@master ~]#mysqldump myschool -u root -p > /root/mysqlbak/myschool_bak.sql
Enter password:
```

（2）删除数据库。使用 drop database 命令彻底删除 myschool 数据库，并显示当前所有数据库，如下所示。

```
MariaDB [(none)]>show databases;                    //查询数据库
+--------------------+
| Database           |
+--------------------+
| information_schema |
| mysql              |
| performance_schema |
| myschool           |
+--------------------+
4 rows in set (0.01 sec)
MariaDB [myschool]>drop database myschool;          //删除数据库
Query OK, 1 row affected (0.02 sec)
MariaDB [(none)]>show databases;                    //查询数据库
+--------------------+
| Database           |
+--------------------+
| information_schema |
| mysql              |
| performance_schema |
+--------------------+
3 rows in set (0.00 sec)
```

6. 数据库恢复

（1）使用命令登录 MariaDB 数据库后，创建空数据库 myschool，并查看数据内的数据表，如下所示。

```
MariaDB [(none)]>create database myschool;
Query OK, 1 row affected (0.00 sec)
MariaDB [(none)]>use myschool;
```

```
Database changed
MariaDB [myschool]>show tables;
Empty set (0.00 sec)
```

（2）使用重定向符"<"把备份的数据库文件导入到刚创建的空数据库中，如下所示。

```
[root@master ~]#mysql -u root -p myschool < /root/mysqlbak/myschool_bak.sql
Enter password:
[root@master ~]#mysql -u root -p
Enter password:
Welcome to the MariaDB monitor.  Commands end with ; or \g.
Your MariaDB connection id is 26
Server version: 10.3.32-MariaDB MariaDB Server

Copyright (c) 2000, 2018, Oracle, MariaDB Corporation Ab and others.

Type 'help;' or '\h' for help. Type '\c' to clear the current input statement.

MariaDB [(none)]>use myschool;
Database changed
MariaDB [myschool]>show tables;
+--------------------+
| Tables_in_myschool |
+--------------------+
| mystudent          |
+--------------------+
1 row in set (0.00 sec)
```

（3）使用命令查看导入数据库中的数据表结构和记录，如下所示。

```
MariaDB [myschool]>desc student;               //查询表结构
+----------+--------------+------+-----+---------+-------+
| Field    | Type         | Null | Key | Default | Extra |
+----------+--------------+------+-----+---------+-------+
| ID       | int(11)      | NO   | PRI | NULL    |       |
| Name     | varchar(10)  | YES  |     | NULL    |       |
| Birthday | datetime     | YES  |     | NULL    |       |
| Sex      | char(8)      | YES  |     | NULL    |       |
| Password | varchar(128) | YES  |     | NULL    |       |
+----------+--------------+------+-----+---------+-------+
5 rows in set (0.01 sec)5 rows in set (0.00 sec)
MariaDB [myschool]>select * from mystudent;
+-----------+---------+---------------------+------+----------+
| ID        | Name    | Birthday            | Sex  | Password |
+-----------+---------+---------------------+------+----------+
| 202209001 | myuser1 | 2002-07-01 00:00:00 | male | myuser1  |
```

```
| 202209002 | myuser2  | 2003-05-20 00:00:00 | female | myuser2   |
+-----------+----------+---------------------+--------+-----------+
2 rows in set (0.00 sec)
```

任务小结

（1）首次登录 MariaDB 服务器时，密码默认为空。

（2）删除数据库和数据表应慎重，一旦删除便无法恢复。

项目实训

MariaDB 数据库实训

（1）安装和初始化 MariaDB 数据库。

（2）创建属于自己的数据库并在数据库内创建数据表。

（3）在自己创建的数据表中插入记录，并进行查询操作。

（4）修改数据表内记录，并进行查询操作。

反侵权盗版声明

电子工业出版社依法对本作品享有专有出版权。任何未经权利人书面许可，复制、销售或通过信息网络传播本作品的行为；歪曲、篡改、剽窃本作品的行为，均违反《中华人民共和国著作权法》，其行为人应承担相应的民事责任和行政责任，构成犯罪的，将被依法追究刑事责任。

为了维护市场秩序，保护权利人的合法权益，我社将依法查处和打击侵权盗版的单位和个人。欢迎社会各界人士积极举报侵权盗版行为，本社将奖励举报有功人员，并保证举报人的信息不被泄露。

举报电话：（010）88254396；（010）88258888

传　　真：（010）88254397

E-mail：　dbqq@phei.com.cn

通信地址：北京市万寿路173信箱
　　　　　电子工业出版社总编办公室

邮　　编：100036